21 世纪机电类专业规划教材

机械设计基础（上）项目教程

主　编　于晓文　李康举
副主编　李翠玲　庄园园　赵　月
参　编　金　晓　崔吉丽　李银玉　李春雪
　　　　那雪姣　曲　姣
主　审　关学锋　张素媛

机 械 工 业 出 版 社

本教材采用项目编写方式，按照项目实施过程安排知识点，力求做到突出应用特色。每个项目都设有“教学导航”“知识梳理与总结”和“思考与练习”，方便学生自学和练习。本教材主要内容包括：绪论，绘制单缸内燃机的机构运动简图并计算自由度，设计单缸内燃机中的平面连杆机构，用瞬心法对内燃机曲柄滑块机构进行速度分析，设计单缸内燃机中的凸轮机构，设计单缸内燃机中的齿轮机构，设计汽车机械式变速器中的轮系，设计牛头刨床中的间歇机构，设计牛头刨床执行系统。

本教材可供应用型本科院校机械类专业师生使用，也可供相关工程技术人员参考。

图书在版编目（CIP）数据

机械设计基础（上）项目教程/于晓文，李康举主编．—北京：机械工业出版社，2016.9

21世纪机电类专业规划教材

ISBN 978-7-111-53939-1

Ⅰ.①机…　Ⅱ.①于…②李…　Ⅲ.①机械设计-高等学校-教材
Ⅳ.①TH122

中国版本图书馆CIP数据核字（2016）第206188号

机械工业出版社（北京市百万庄大街22号　邮政编码100037）
策划编辑：赵磊磊　责任编辑：赵磊磊
责任校对：樊钟英　责任印制：李　飞
北京富生印刷厂印刷
2016年11月第1版第1次印刷
184mm×260mm·9印张·217千字
0 001—3000册
标准书号：ISBN 978-7-111-53939-1
定价：25.00元

凡购本书，如有缺页、倒页、脱页，由本社发行部调换

电话服务
服务咨询热线：010-88379833
读者购书热线：010-88379649

网络服务
机 工 官 网：www.cmpbook.com
机 工 官 博：weibo.com/cmp1952
教育服务网：www.cmpedu.com
金 书 网：www.golden-book.com

前　言

为了适应目前我国普通高等应用型本科院校发展的需要，培养和造就满足一线需求的高素质、高技能型人才，本教材结合“机械原理”课程的教学规律以及现代科学技术对学生机械设计方面的要求，按照项目教学方式进行编写。在编写过程中，力求做到突出应用特色，按应用、创新的总体思路，将课程内容按照项目工作过程进行重构。本教材主要内容包括：绪论，绘制单缸内燃机的机构运动简图并计算自由度，设计单缸内燃机中的平面连杆机构，用瞬心法对内燃机曲柄滑块机构进行速度分析，设计单缸内燃机中的凸轮机构，设计单缸内燃机中的齿轮机构，设计汽车机械式变速器中的轮系，设计牛头刨床中的间歇机构，设计牛头刨床执行系统。

本教材主要特色如下：

1. 围绕一些常见的机器设定了8个项目，每个项目的选择既保证遵循学生职业能力培养规律，又保证难易程度适当、操作性强。

2. 每个项目按照实施过程安排内容，保证内容既新颖又很实用。

3. 降低学习起点，理论知识以够用为度，突出工程实践性和项目化。

4. 每个项目中都设有“教学导航”和“知识梳理与总结”栏目，便于学生自学。

5. 为了检验学习效果，还设置了“思考与练习”，以便学生自测。

参加本教材编写工作的有沈阳工学院于晓文副教授、李康举教授及东北大学李翠玲副教授编写了绪论、项目1~2、项目4~6，沈阳工学院庄园园、赵月、那雪姣、曲姣讲师编写了项目7~8，沈阳工学院李银玉、李春雪和烟台南山学院金晓、崔吉丽编写了项目3。本教材由沈阳广播电视大学关学锋教授和沈阳理工大学张素媛副教授担任主审，他们对本书进行了详细审阅，提出了很多宝贵意见，对保证本书的质量起到了很大的作用，在此表示衷心的感谢。

由于编者水平有限，书中难免存在错误和不足之处，恳请广大读者批评指正。

编　者

目　录

绪　论

教学导航

知识目标

1. 熟悉机械、机器及机构、构件与零件的基本概念
2. 掌握本课程的研究对象和研究内容
3. 熟悉本课程的主要任务和学习方法

能力目标

1. 分析机器与机构的特征
2. 判断零件、构件和标准件
3. 明确本课程的研究对象和研究内容

重点与难点

1. 机器与机构的特征
2. 零件与构件的区别
3. 本课程的研究对象和研究内容

建议学时

2 学时

典型案例

单缸内燃机、压力机、颚式破碎机等

教学方法

1. 动画演示单缸内燃机、压力机、颚式破碎机的组成及工作原理，分析机器与机构的特征
2. 演示零件与构件的图片，用列举方法说明两者的区别
3. 以提问的方式给出本课程的研究对象

0.1　机械的基本概念

机械是人类进行生产以减轻体力劳动和提高劳动生产率的主要劳动工具。机械是机器和机构的统称。机械工业的生产水平是一个国家现代化建设水平的主要标志之一。

0.1.1　机器的组成及特征

人们在长期的劳动中创造出了许多机器，它们广泛应用在人们的生产和生活中。在生产活动中，根据用途的不同，可将它们分为：用来实现将其他形式的能转换为机械能的动力机器，如电动机、内燃机、液压机等；用来加工物料的工作机器，如金属切削机床、压力机、

颚式破碎机等；用来搬运物料的起重、运输机器，如起重机、飞机、汽车及拖拉机、工业用机器人及机械手等；用来获取信息的机器，如照相机、打印机、录像机等。在日常生活中常见的机器有缝纫机、洗衣机等。虽然机器的种类繁多，结构形式和用途也各不相同，但它们都具有一些共同的特征。

图0-1所示为一台单缸内燃机，它由机架（气缸体）1、活塞2、连杆3、曲柄4、进气阀5、排气阀6、推杆7、凸轮8、齿轮9和10等组成。齿轮、凸轮和推杆的作用是按一定的运动规律按时开闭阀门以吸入燃气和排出废气；连杆机构的作用是将活塞的往复直线运动转换为曲柄的连续转动。单缸内燃机是将燃气燃烧时的热能转化为机械能的机器。

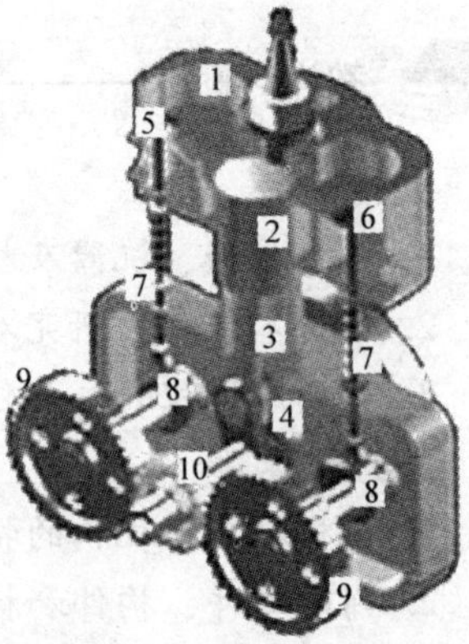

图0-1　单缸内燃机

1—机架　2—活塞　3—连杆

4—曲柄　5—进气阀　6—排气阀

7—推杆　8—凸轮　9、10—齿轮

图0-2所示为一台压力机，它是由齿轮1（与曲柄同轴）、齿轮5（与凸轮同轴）、连杆2、滑杆3、摆杆4、凸轮6、滑块7、冲头8和机座9等组成。在齿轮1的带动下齿轮5绕*B*转动，连杆2驱动滑杆3上下移动，摆杆4在滑杆3及偏置凸轮6带动下摆动，从而拨动滑块7移动带动冲头上下移动冲压工件。齿轮的作用是输入运动，凸轮及连杆机构实现力的放大，达到冲压目的。压力机是把电能转换为机械能的一种机器。

图0-3所示为一台颚式破碎机，它是由电动机1、带轮2和4、V带3、偏心轴5、动颚板6、摇杆7、定颚板8等组成。电动机1带动V带轮机构将运动输入给偏心轴5，通过曲柄摇杆机构中连杆的平面运动，实现将动、定颚板间的物料破碎的功能。颚式破碎机是把电能转换为机械能的一种机器。

图0-2　压力机

1、5—齿轮　2—连杆　3—滑杆

4—摆杆　6—凸轮　7—滑块　8—冲头　9—机座

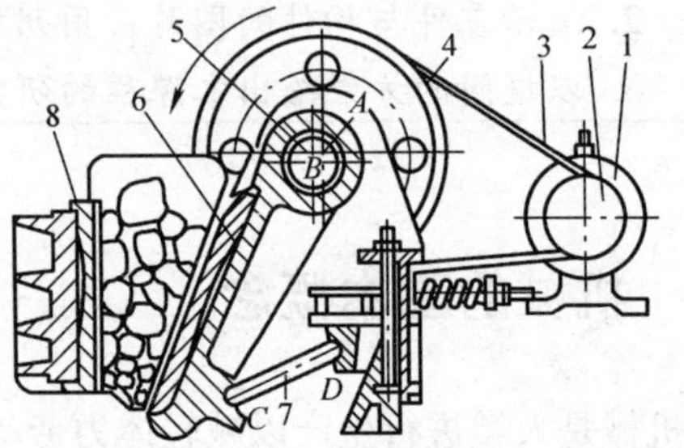

图0-3　颚式破碎机

1—电动机　2、4—带轮　3—V带　5—偏心轴

6—动颚板　7—摇杆　8—定颚板

通过以上实例可以看出，机器具有以下共同特征：

1）机器是人为的实物组合体，其主体是若干机构的组合。

2）每一部分形成一个运动单元，各个单元之间都具有确定的相对运动。

3）具有实现能量的转换或传递能量、物料和信息的作用。如内燃机把油燃烧的热能转换为曲柄转动所需的机械能；压力机把电能转换为冲头冲压所需的机械能；颚式破碎机把电能转化为压碎物料所需的机械能。现代机器还包括信息处理、影像处理等功能。

机器一般由原动机、传动部分、执行部分和控制部分组成。其具体组成及作用见表0-1。

表0-1　机器的组成及作用

名称	组成	作用
原动机	机器的动力来源	为机器提供动力，常用的有电动机、内燃机
执行部分	处于整个机械传动路线的终端	是完成工作任务的部分
传动部分	介于原动机与执行部分之间	把原动机的运动或动力传递给执行部分
控制部分	各种控制机构（如内燃机中的凸轮机构）、控制离合器、制动器、电动机开关等	实现或终止各自预定的功能

0.1.2　机构的组成及特征

当仔细分析机器时，可以看到机器是由机构所组成的。如单缸内燃机和压力机都是由连杆机构、凸轮机构和齿轮机构所组成的；颚式破碎机是由连杆机构和带轮机构所组成的。所谓的机构是用来传递动力、传递或转换运动的装置。机构具有机器的前两个特征，从结构和运动的观点来看，机器与机构二者之间并无区别。

一部机器，可能是多个机构的组合体，也可能只包含一个简单的机构。各种机器中普遍使用的机构称为常用机构。例如平面连杆机构、凸轮机构、齿轮机构和间歇运动机构等。

组成机构的具有独立运动的实物组合称为构件，构件是机构运动的最小单元。如单缸内燃机（见图0-1）中曲柄、连杆、活塞和气缸体四个构件组成连杆机构；凸轮、推杆和气缸体三个构件组成凸轮机构；齿轮9、10和气缸体三个构件组成齿轮机构。

机械制造中不可拆的最小单元称为零件，零件是组成构件的基本部分。构件可以是单一的零件，如图0-4所示的轴，也可以是几个零件组成的刚性体，如图0-5所示的连杆，就是由连杆体1、连杆盖4、螺栓2以及螺母3等几个零件刚性连接而成的。由此可见，构件是机械中独立的运动单元，零件是机械中的制造单元。

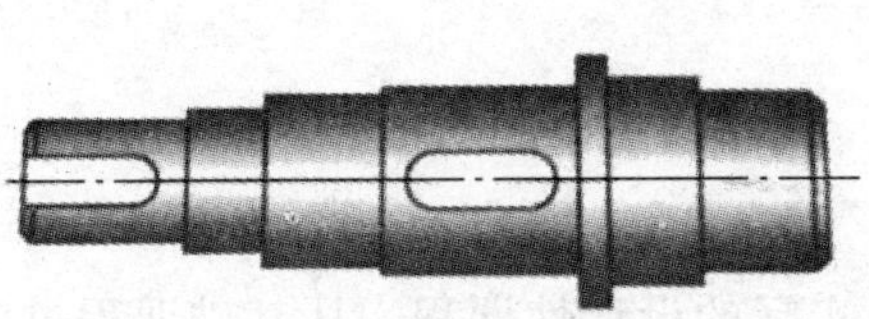

图0-4　轴

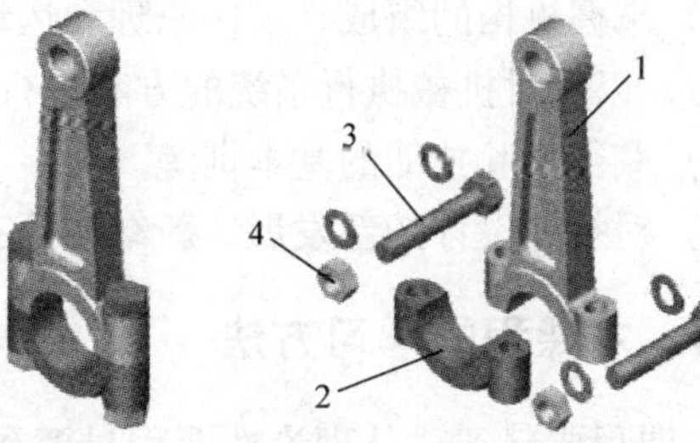

图0-5　连杆

1—连杆体　2—螺栓　3—螺母　4—连杆盖

零件按作用可分为两类：一类是通用零件，是在各种机器中经常使用的零件，如螺栓、键、凸轮、齿轮、带轮、轴承等；另一类是专用零件，是仅在特定类型机器中使用的零件，如活塞、曲轴、叶片、飞轮等。

完成同一功能，在结构上组合在一起，协调工作的零件总成称为部件。经过优选、简化、统一并给以标准代号的零件和部件称为标准件。

0.2　熟悉机械设计基础（上）课程

0.2.1　本课程的研究对象

机械设计基础（上）是一门培养学生具有一定机械设计能力和分析能力的技术基础课，是研究机械类产品的设计、开发、改造，以满足经济发展和社会需求的基础知识课程。其研究对象为组成机器的常用机构，研究其工作原理、运动特性、结构特点，以及设计和计算的基本理论和方法。

0.2.2　本课程研究的主要内容

本课程为机械设计基础（上）项目教程，针对其研究对象，在研究的主要内容上围绕一些常见的机器设定了 8 个项目，分别是：

项目 1—绘制单缸内燃机的机构运动简图并计算其自由度。

项目 2—设计单缸内燃机中的平面连杆机构。

项目 3—用瞬心法对内燃机曲柄滑块机构进行速度分析。

项目 4—设计单缸内燃机中的凸轮机构。

项目 5—设计单缸内燃机中的齿轮机构。

项目 6—设计汽车机械式变速器中的轮系。

项目 7—设计牛头刨床中的间歇机构。

项目 8—设计牛头刨床执行系统。

0.2.3　本课程的主要任务

本课程的主要任务为：

1）掌握机构的组成、工作原理和运动特性的基本知识，具有一定分析和设计常用机构的能力，以及对机械执行系统的方案进行分析设计的能力。

2）获得实验技能的基本训练。

3）对机械设计的新发展、新结构等有所了解。

0.2.4　本课程的学习方法

本课程要起到“从理论性课程过渡到结合工程实际的设计性课程、从基础课程过渡到专业课程”的作用，因而必须认清“过渡”二字。学习本课程时学生必须在学习方法上有所转变和适应，应注意以下几个特点：

1）本课程将先修课程（机械制图、理论力学等）的基础理论应用到实际中去解决有关工程实际问题。因此，先修课程的掌握程度直接影响到本课程的学习。

2）本课程中虽然不同研究对象所牵涉的理论基础不相同，且相互之间也无多大的关系，但最终的目的只有一个，即设计出能应用的常用机构（如平面连杆机构、凸轮机构、齿轮机构等），部分内容均是按照其组成、工作原理、结构特点、运动特性、设计计算（及尺寸计算）等顺序来介绍的。总之，本课程各部分内容有其自身的系统性，在学习时应注意这一特点。

3）由于实践中发生的问题很复杂，很难用纯理论的方法来解决，因此常常采用很多经验公式及数据、假定及简化计算（条件性计算）等，这一点必须在学习过程中逐步适应。

4）因为本课程是联系实际的设计性课程，所以计算步骤和计算结果不像数学课那样具有唯一性。

5）计算对解决设计问题虽然很重要，但并不是唯一所要求的能力。学生应逐步注意培养把理论计算与结构设计、工艺等结合起来解决工程设计的能力。

学习本课程，主要是靠学生结合自己的具体情况，创造性地建立起自己的一套最有效的学习方法。以上内容是针对本课程的特点，向学生做必要的介绍与引导，供学生参考。

知识梳理与总结

通过对绪论的学习，我们学会了分析单缸内燃机的组成及工作原理，也学会了机械、机器与机构、构件与零件的基本概念。具体如下：

1）机械设计基础（上）是一门培养学生具有一定机械设计能力的技术基础课，其研究对象为组成机器的常用机构。

2）机器是人为的实物组合体，各个单元之间都具有确定的相对运动，且可以进行能量的转换或能传递能量、物料和信息。机构是用来传递动力、传递或转换运动的装置。机器与机构的主要区别是机构仅具有机器的前两个特征，也就是说机构不能做有用的机械功或进行能量转换。从结构和运动的观点来看，机器与机构二者之间并无区别。

3）构件是机械中独立的运动单元，零件是机械中的制造单元。构件可以是单一的零件，也可以是几个零件组成的刚性体。

思考与练习

思考题

1. 机器与机构的区别与联系是什么？

2. 构件与零件的区别与联系是什么？

填空题

1. 机械设计基础（上）的研究对象是组成机器的________，机械设计基础是机械类各专业的一门主干的________课。

2. 所谓机械就是________和________的总称。

3. 机构是多个________的组合，能实现预期的机械运动。

4. 机械零件可分为________和________两类。

5. 各种机器中普遍使用的机构称为________。

6. 三大常用机构分别为________机构、________机构和________机构。

7. 内燃机中的连杆是一个________（零件或构件）。
8. 螺栓、齿轮等属于________零件。
9. 活塞、曲轴等属于________零件。
10. 从运动和结构的观点来看，机器和________没有区别。
11. 机器的基本组成要素是________。

判断题

1. 从运动的观点看，机器与机构没有区别。（　）
2. 一部机器可能是多个机构的组合体，也可能只包含一个简单的机构。（　）
3. 机械工业的生产水平是一个国家现代化建设水平的主要标志之一。（　）
4. 机器的主体是它的机械系统。（　）

项目1 绘制单缸内燃机的机构运动简图并计算自由度

教学导航

知识目标

1. 掌握机构的组成
2. 掌握平面机构运动简图的绘制方法
3. 掌握平面机构自由度的计算方法
4. 熟悉平面机构的组成原理及结构分析

能力目标

1. 区分运动副的类型
2. 绘制平面机构运动简图
3. 分析机构是否具有确定的运动
4. 通过对平面机构进行结构分析，培养创新设计的意识

项目目标

1. 绘制平面机构的运动简图
2. 特殊机构自由度的计算
3. 平面机构的结构分析

建议学时

6~8 学时

典型案例

颚式破碎机、活塞泵、鹤式起重机、振动筛等

项目引入

单缸内燃机是将燃气燃烧时的热能转化为机械能的机器。如图1-1所示为一台单缸内燃机，它由机架（气缸体）1、活塞2、连杆3、曲柄4、进气阀5、排气阀6、推杆7、凸轮8和齿轮9、10组成。

单缸内燃机主要包括以下四个工作过程：

1）活塞2下行，进气阀5打开，燃气被吸入气缸。

2）活塞2上行，进气阀5关闭，压缩燃气。

3）点火后燃气燃烧膨胀，推动活塞2下行，经连杆3带动曲柄4输出转动。

4）活塞2上行，排气阀6打开，排出废气。

单缸内燃机是由三个常用机构组成的，分别是曲柄滑块（平面连杆）机构、凸轮机构和齿轮机构。曲柄滑块机构是由机架1、活塞2、连杆3和曲柄4组成的，其作用是将活塞

的往复移动转换为曲柄的连续转动；齿轮机构是由齿轮9、10和机架1组成的，其作用是改变转速的大小和转动方向；凸轮机构是由推杆7、凸轮8和机架组成的，其作用是将凸轮的连续转动转换为推杆的往复移动，实现按一定的运动规律按时开、闭阀门，以吸入燃气和排出废气。

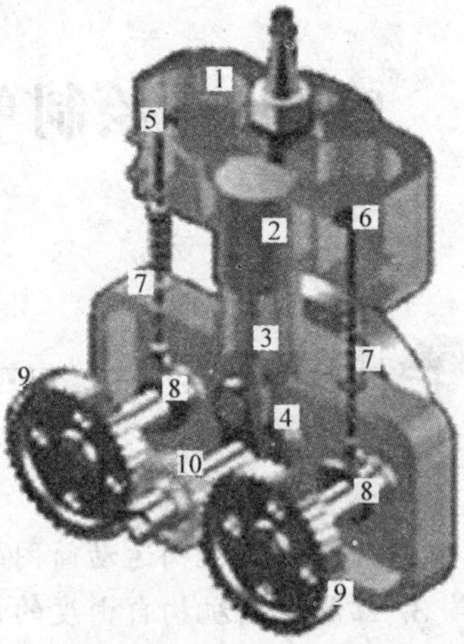

图1-1　单缸内燃机

1—机架　2—活塞　3—连杆　4—曲柄　5—进气阀　6—排气阀　7—推杆　8—凸轮　9、10—齿轮

项目提出

通过对单缸内燃机的结构进行分析，熟悉其组成及特点，具体任务就是要绘制机构运动简图、计算机构的自由度，并判断机构的运动是否确定。

项目分解

这部分内容是进行整个常用机构设计的开篇，它不仅为学习各类常用机构的设计打下必要的基础，也为机械系统方案设计和新机构的创新设计提供了一条途径。

所有的构件都在同一平面或平行平面中运动的机构称为平面机构。工程中常见的机构大多属于平面机构。由绪论可知：几个零件刚性地连接（如焊接、铆接、螺纹连接等）起来就成为构件；几个构件可动地连接起来，各构件间又有确定的相对运动，就成为机构；如果此机构能完成有用的机械功或进行能量、物料和信息的转换，就成为机器。构件之间以何种方式连接？在什么条件下机构具有确定的相对运动？在设计新机械或对现有机械进行分析时如何绘制机构运动简图？机构的组成原理是什么？如何对机构进行结构分析？这些都是我们要讨论的主要问题。

项目　单缸内燃机机构运动简图绘制及自由度计算 → 任务1　分析机构的组成 → 任务2　绘制平面机构的运动简图 → 任务3　计算平面机构的自由度

相关知识

1.1　分析机构的组成

机构是由构件组成的，构件是机构的运动单元，机构不是构件的叠加，所以光有构件不能组成机构。这样就需要有把构件组合起来的连接，这种连接就是我们要讲的运动副。

1.1.1　运动副

1. 运动副的概念

构件与构件之间直接接触并且具有确定的相对运动的连接称为运动副。运动副是连接的一种形式，如活塞与气缸、车轮与钢轨以及一对齿轮啮合所形成的连接等。但不是所有的连接都是运动副，如焊接、铆接等就不是运动副。两构件只能在同一平面相对运动的运动副称为平面运动副。

2. 平面运动副的分类

按照形成运动副的几何元素的不同，通常将平面运动副分为低副和高副两种类型。

（1）低副　构件之间以面接触形成的运动副称为低副。根据形成低副的两个构件之间产生的相对运动的形式，平面低副又可以分为转动副和移动副。

转动副（又称铰链）是组成运动副的两构件只能在某一平面内做相对转动的运动副，如图1-2a所示。轴与轴承组成的运动副属于转动副。

移动副是组成运动副的两构件只能沿某一方向做相对移动的运动副，如图1-2b所示。内燃机中的活塞与气缸组成的运动副属于移动副。

a)　　　　　　b)

图1-2　低副

a）转动副　b）移动副

由于低副是面接触，所以其接触部分的压强较低，便于润滑，磨损较轻。

（2）高副　构件与构件之间以点或线接触组成的运动副称为高副。高副中常用的类型有齿轮副和凸轮副，如图1-3a、b所示。火车车轮与钢轨之间形成的运动副也是高副，如图1-3c所示。组成高副的两构件之间可以沿接触处的公法线 $t—t$ 方向做相对移动，以及在平面内做相对转动。

机构运行时，运动和动力从一个构件传递到另一个构件，每一个构件都是运动和动力的接受者，同时又是传递者，为保证运动和动力能有效传递，一般情况下，机构中的每一个构件上至少应有两个运动副。

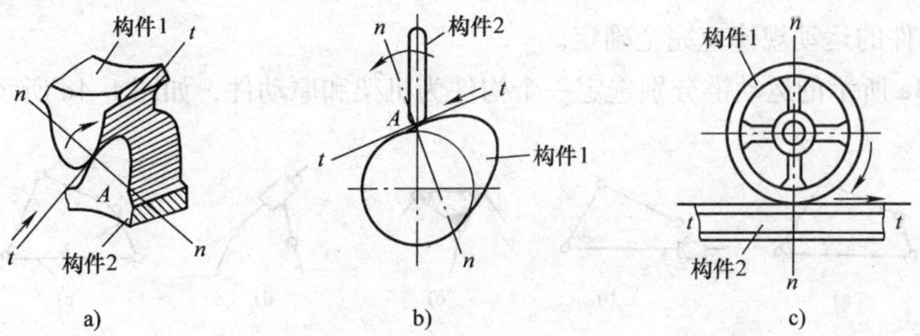

a)　　　　　　b)　　　　　　c)

图1-3　高副

由于高副是以点或线接触，所以其接触部分的压强较高，易磨损。

1.1.2　构件

根据构件在机构运行过程中所起作用及所处环境的不同，可将构件分为三种类型。

1. 机架（固定件）

机架是相对于地面固定不动的构件，用以支承其他活动构件，如图1-1所示内燃机中的机架1，它用来支承活塞2、凸轮8、齿轮9和10等构件。在分析机构的运动时，一般以固定件作为参考坐标系。

2. 原动件（又称主动件）

原动件是按给定的运动规律独立运动的活动构件。它的运动和动力由外界输入，因此该构件通常与动力源相关联，内燃机中的活塞2是原动件。

3. 从动件

运动规律取决于原动件的运动规律及机构中各个运动副的类型，以及各运动副之间的相对位置限定的构件。在机构中除了机架与原动件外，其他活动构件都是从动件。

一个机构只能有一个机架，它可以是一个整体，也可以是多个零件的刚性组合。机构中的原动件一般与机架相连，可有一个或少数几个原动件。

1.1.3　运动链

若干构件通过运动副连接形成的相对可动的系统称为运动链。如果组成运动链中的每个构件上至少包含两个运动副，则必组成一个首末封闭的系统称为闭式运动链，简称闭链，如图1-4a、b所示。在各种机械中，采用较多的为闭链。如果组成运动链中有的构件上只包含一个运动副，它们不能组成一个封闭的系统，则称为开式运动链，简称开链，如图1-4c、d所示。开链一般用于机械手、挖掘机等多自由度机械。

1.1.4　运动链成为机构的条件

运动链只是构件所组成的可动系统，要想成为机构必须具备下列条件：

1）具有一个机架。

2）具有一个或少数几个做独立运动的构件（原动件）。

3）从动件的运动规律应完全确定。

将图1-4a所示的运动链分别选定一个构件为机架和原动件，如图1-4e所示，便成为铰链四杆机构。

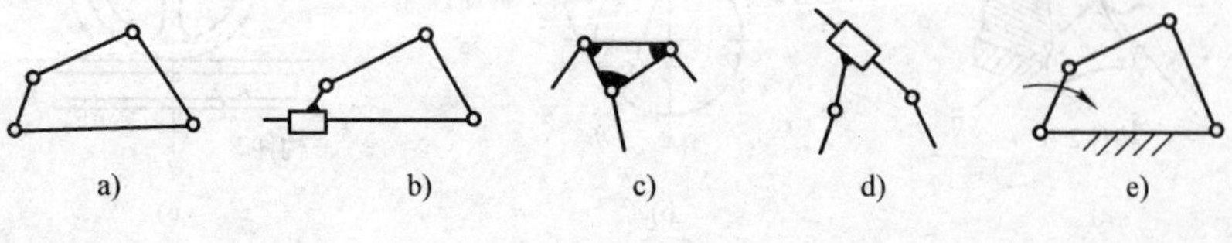

图1-4　运动链

1.2　绘制平面机构的运动简图

1.2.1　机构运动简图的概念

机构运动时，各构件的运动规律是由原动件的运动规律、机构中各个运动副的类型以及运动副之间的相对位置来决定的，与构件的结构形状、断面尺寸、组成构件的零件数目及其固连方式无关。在分析机构的运动时，为简便起见，可以撇开与运动无关的因素，按一定的比例定出运动副的相对位置，并以简单的线条及符号代表构件和运动副。这种表示机构中各构件间相对运动关系的简单图形称为机构运动简图。

机构运动简图可以简明地表示出一部复杂机器的传动原理，还可以用图解法求机构上各点的轨迹、位移、速度以及加速度。

1.2.2　机构运动简图中运动副及构件的常用画法

1. 低副的常用画法

图1-5a、b、c所示为以转动副连接的两构件。以圆圈表示转动副，其中图1-5a表示构件1与构件2都可以运动，而图1-5b、c则表示构件1可以运动，构件2为机架，在表示机架的构件上画上阴影线以表示其相对固定。以移动副连接的两个构件的表示方法如图1-5d、e、f所示，移动副的导路应与两构件相对移动的方向、轨道中心位置一致。其中画上阴影线的图形代表只有一个构件可以运动的移动副。

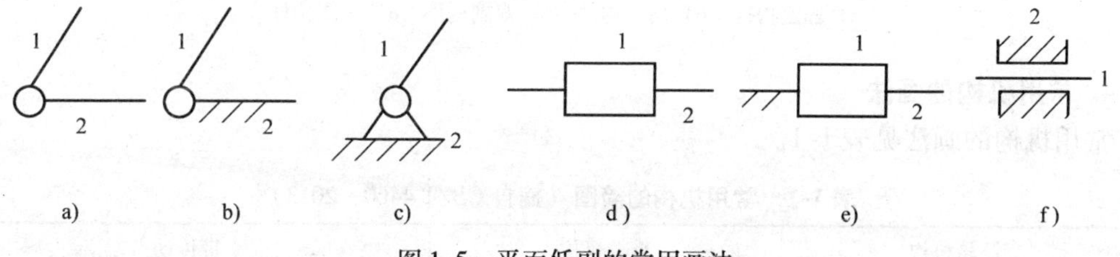

图1-5　平面低副的常用画法

2. 高副的常用画法

组成高副的两个构件的相对运动与这两个构件在接触部分的轮廓形状有直接的关系，因此在表示高副时必须画出两构件接触部位的轮廓，如图1-6a所示。凸轮副、齿轮副、齿轮与齿条副画法分别如图1-6b、c、d所示。

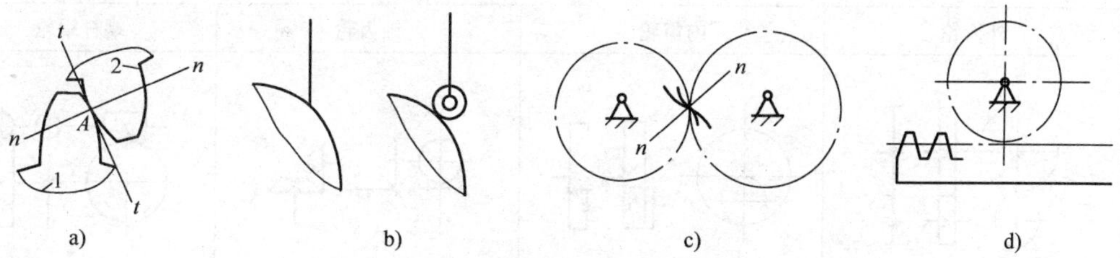

图1-6　平面高副的常用画法

3. 构件的常用画法

图1-7所示为用简单线条表示构件的方法。图1-7a表示固定构件，图1-7b表示同一构件（两零件用焊接符号连接成一个构件）。图1-7c表示双副构件，即一个构件含有两个运动副，这两个运动副可以都是转动副，如图1）所示；也可以是一个移动副和一个转动副，图2）表示移动副的导路经过转动副的中心，图3）表示移动副的导路不经过转动副的中心；也可以两个均是移动副，如图4）所示；还可以是一个转动副和一个高副，如图5）所示。图1-7d表示三副构件，即一个构件含有三个运动副，其中图1）表示具有三个转动副并且分布在同一直线上的构件；图2）表示具有两个转动副和一个移动副；图3）~图6）表示的意义是相同的，都表示具有三个转动副并且转动副的中心不在同一直线上的构件。

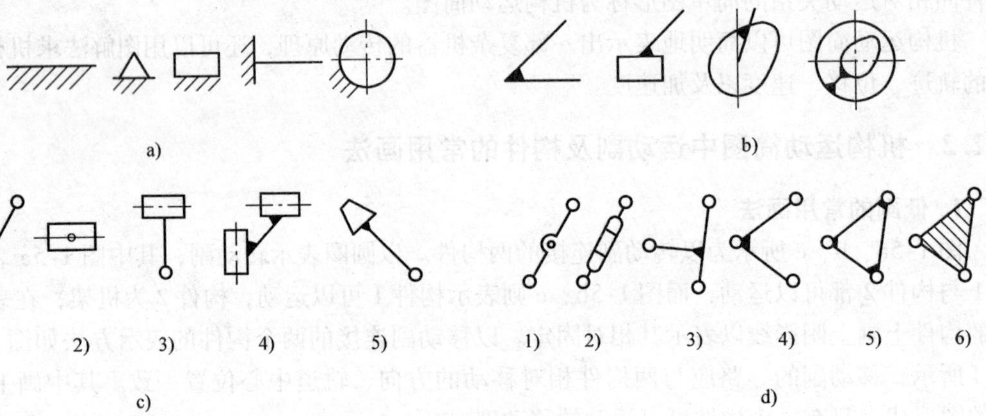

图1-7　构件的常用画法

a）固定构件　b）同一构件　c）双副构件　d）三副构件

4. 常用机构的画法

常用机构的画法见表1-1。

表1-1　常用机构的简图（摘自GB/T 4460—2013）

<table>
<tr><td rowspan="2">凸轮及其他机构</td><td>凸轮机构</td><td colspan="2">棘轮机构</td><td>带传动</td></tr>
<tr><td>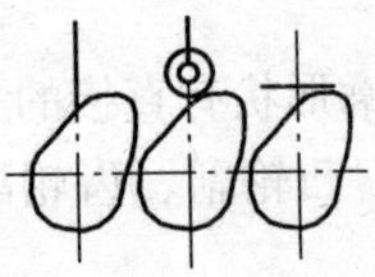</td><td colspan="2">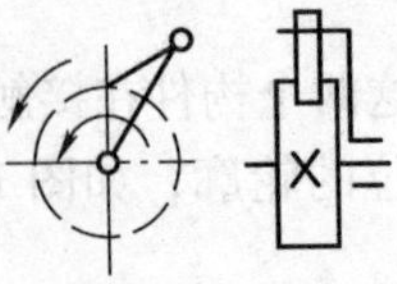</td><td>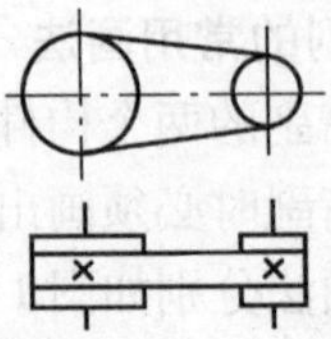</td></tr>
<tr><td rowspan="2">齿轮机构</td><td>外齿轮</td><td>内齿轮</td><td>锥齿轮</td><td>蜗杆蜗轮</td></tr>
<tr><td>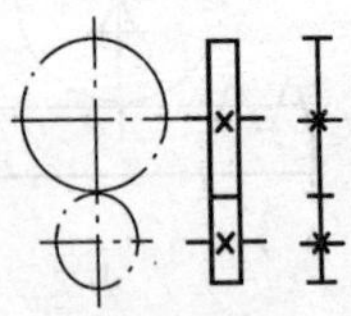</td><td>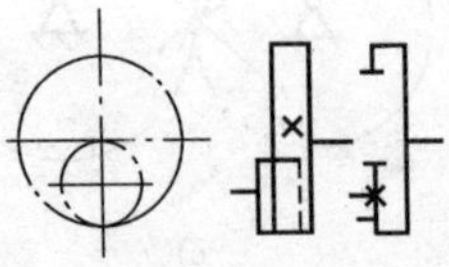</td><td>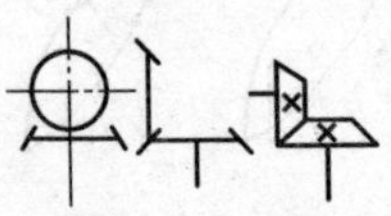</td><td>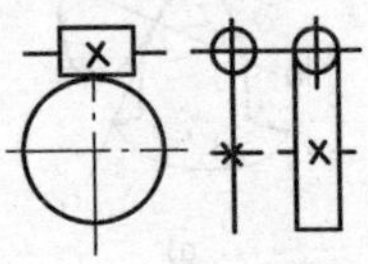</td></tr>
</table>

1.2.3　平面机构运动简图的绘制步骤

绘制平面机构的运动简图可按下列步骤进行：

1）分析机构的组成，确定机架、原动件和从动件。

2）由原动件开始，依次分析构件间的相对运动形式，确定运动副的类型和数目。

3）选择适当的视图平面和运动件位置，以便清楚地表达各构件间的运动关系，通常选择运动平面或与运动平面平行的平面作为视图平面。

4）选择合适的作图比例，从机架、运动件开始按相对位置关系依次画出各运动副，用直线或曲线连接同一构件上的运动副。图中各运动副的顺序标以大写英文字母，各构件标以阿拉伯数字，并将主动件的运动方向用箭头标明。

长度比例尺定义为

$$\mu_l = \frac{\text{构件实际尺寸/m}}{\text{构件图样长度/mm}}$$

画机构运动简图时，原动件的位置通常选择机构运动过程中具有代表性的位置，如果选择特殊位置画图，可能会掩盖构件之间的一些运动关系或者位置关系。

例题1-1　试绘制图1-8a所示活塞泵的运动简图。

活塞泵运动简图的绘制步骤如下：

1）机构分析：由图1-8a可知，活塞泵是由机架5（泵壳）、曲轴1（圆盘）、连杆2、摆杆3、活塞4组成。曲轴1为原动件，摆杆3在连杆2的拖动下绕D点摆动，活塞4在摆杆3上的齿条驱动下做上下往复移动。因此，连杆2、摆杆3、活塞4为从动件。

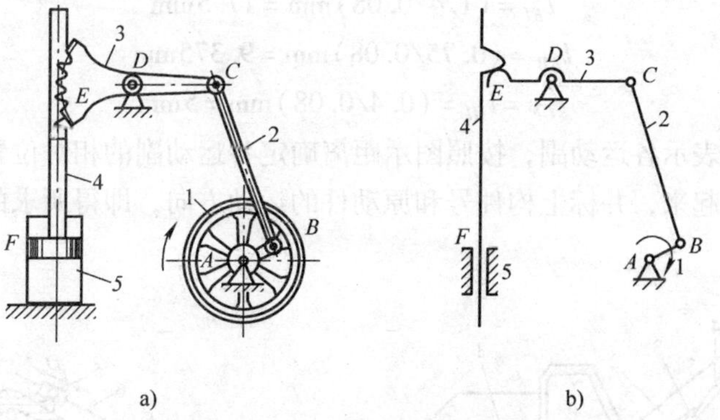

图1-8　活塞泵及其运动简图

1—曲轴　2—连杆　3—摆杆　4—活塞　5—机架

2）确定运动副的类型和数目：构件1与构件5、构件1与构件2、构件2与构件3、构件3与构件5之间为相对转动，组成转动副；构件4与构件5之间为相对移动，组成移动副；构件3与构件4之间组成高副——齿轮副。

3）选择构件的运动平面作为视图平面，即图中机构运动瞬时位置为原动件位置。

4）根据实际机构尺寸及图样大小选定比例尺μ_l。从构件1与机架5连接的运动副A开始，按照运动与动力传动路线和已知运动尺寸l_{AB}、l_{BC}、l_{CD}，D点到构件4导路的距离和构件4导路的长度，依次确定各运动副A、B、C、D、E、F的位置，画上代表运动副的标号，并用线段或曲线依次连接A、B、C、D、E、F。用数字标注构件号，并在构件1上标注表示原动件运动方向的箭头。

活塞泵的运动简图如图 1-8b 所示。

例题 1-2　试绘制如图 1-9 所示液压挖掘机的运动简图。

液压挖掘机运动简图的绘制步骤如下：

1）机构分析。如图 1-9 所示，机构由转台 1、动臂 2、动臂缸 3 及活塞 4、斗杆缸 5 及活塞杆 6、斗杆 7、转斗缸 8 及活塞杆 9 和铲斗 10 共 10 个构件组成，三个液压缸为原动件，分别驱动动臂 2 绕 A 点转动、斗杆 7 绕 F 点转动、铲斗 10 绕 I 点转动，铲斗 10 为工作构件。

2）确定运动副的类型和数目。转台 1 与动臂 2、转台 1 与动臂缸 3、动臂 2 与活塞 4、动臂 2 与斗杆缸 5、活塞杆 6 与斗杆 7、斗杆 7 与动臂 2、斗杆 7 与转斗缸 8、活塞杆 9 与铲斗 10、斗杆 7 与铲斗 10 形成 A、B、C、D、E、F、G、H、I 共九个转动副；动臂缸 3 与活塞 4、斗杆缸 5 与活塞杆 6、转斗缸 8 与活塞杆 9 共形成 3 个移动副。

3）选择图示位置作为视图平面，测量主要尺寸。经测量得 $l_{AC}=1.8\text{m}$，$l_{CF}=1.7\text{m}$，$l_{AF}=3.3\text{m}$，$l_{FI}=1.4\text{m}$，$l_{AB}=0.75\text{m}$，$l_{GF}=0.4$，$l_{HI}=0.4\text{m}$。

4）选定比例尺 μ_1，绘制机构运动简图。

取比例尺 $\mu_1=0.08\text{m/mm}$，则各杆图上长度为：

$$l_{AC}=(1.8/0.08)\text{mm}=22.5\text{mm}$$
$$l_{CF}=(1.7/0.08)\text{mm}=21.25\text{mm}$$
$$l_{AF}=(3.3/0.08)\text{mm}=41.25\text{mm}$$
$$l_{FI}=(1.4/0.08)\text{mm}=17.5\text{mm}$$
$$l_{AB}=(0.75/0.08)\text{mm}=9.375\text{mm}$$
$$l_{GF}=l_{HI}=(0.4/0.08)\text{mm}=5\text{mm}$$

用规定的符号表示各运动副，按照图示距离确定各运动副的相对位置，用直线将同一构件上的运动副连接起来，并标上构件号和原动件的运动方向，即得所求的机构运动简图，如图 1-10 所示。

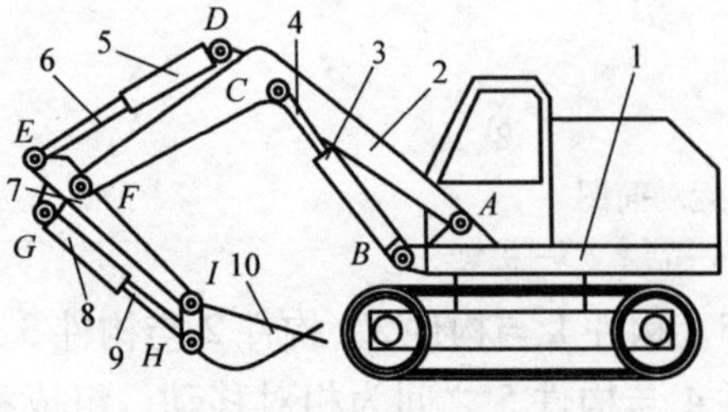

图 1-9　液压挖掘机工作装置图

1—转台　2—动臂　3—动臂缸　4—活塞
5—斗杆缸　6、9—活塞杆　7—斗杆
8—转斗缸　10—铲斗

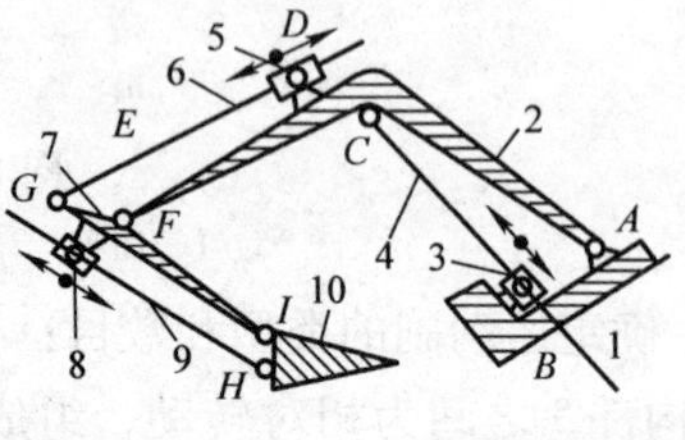

图 1-10　液压挖掘机运动简图

1—转台　2—动臂　3—动臂缸　4—活塞
5—斗杆缸　6、9—活塞杆　7—斗杆
8—转斗缸　10—铲斗

1.3　计算平面机构的自由度

1.3.1　自由度和约束的概念

1. 自由度

如图1-11所示，一个做平面运动的自由构件，可以在直角坐标系 xOy 中随其上的某一点 A 沿 x 轴、y 轴方向移动，同时还可以绕垂直于 xOy 平面的轴转动，这三个运动方式之间可以没有任何的联系，即相互之间是独立的。做平面运动的构件相对于定参考系所具有的独立运动的数目，称为构件的自由度。因此一个做平面运动的自由构件具有三个自由度。

2. 约束

构件是机构中的运动单元，一个构件在未与其他构件连接时，可以自由运动而成为自由体。当构件组成机构时，每个构件都以一定的方式与其他构件相连接，这些连接就使构件某些方向的运动受到限制而成为非自由体。对非自由体的运动所加的限制称为约束。

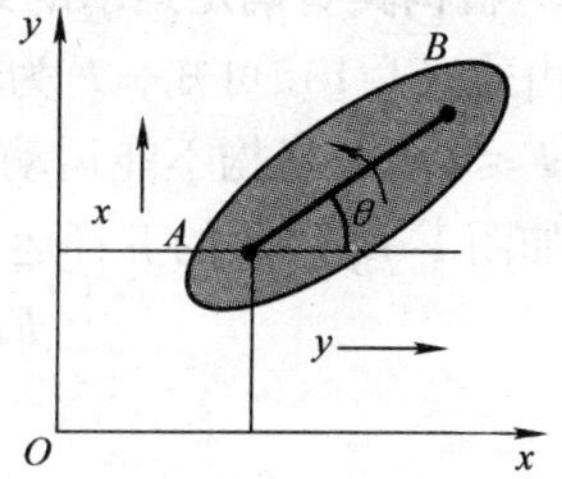

图1-11　自由构件的自由度

构件之间组成运动副后，由于独立运动受到限制，因而其自由度便随之减少。每加上一个约束，构件便失去一个自由度。两构件之间约束的多少完全取决于运动副的类型。

如图1-12a所示的两构件组成转动副后，构件间只能做相对转动，也就是沿 x 轴、y 轴方向的移动受到限制，所以转动副引入2个约束，保留1个自由度；如图1-12b所示的两构件组成移动副后，构件间只能沿 x 轴方向做相对移动，也就是沿 y 轴方向移动和绕固定轴转动受到限制，所以移动副也引入2个约束，保留了1个自由度。

如图1-12c所示的两构件组成高副后，构件间既可以相对转动，又可以沿 x 轴方向做相对移动，也就是沿 y 轴方向的移动受到限制，所以高副引入1个约束，保留2个自由度。

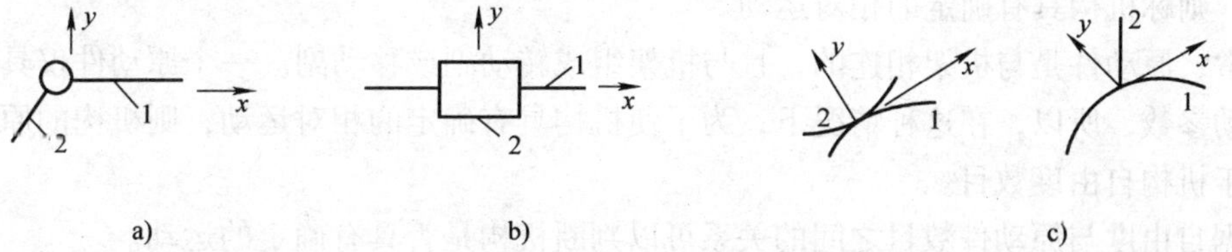

图1-12　运动副类型与约束

综上所述，平面低副均引入2个约束，平面高副引入1个约束，且自由度减少的数目等于约束的数目。

1.3.2　自由度的计算和机构具有确定运动的条件

1. 平面机构自由度的计算

机构是由构件通过运动副连接而构成的，因此机构自由度的多少取决于其中所含构件的数目、运动副的种类和数目。

设平面机构中活动构件数目为 n，形成运动副之前共有 $3n$ 个自由度。若机构中有 P_L 个低副，则自由度减少 $2P_L$ 个；若机构中有 P_H 个高副，则自由度减少 P_H 个。因此，活动构件自由度总数为 $3n$，扣除因形成运动副而减少的自由度，剩下的自由度即为机构的自由度，以 F 表示，即

$$F = 3n - 2P_L - P_H \tag{1-1}$$

2. 机构具有确定运动的条件

由式（1-1）可知，F 为机构相对机架的自由度数，要使机构能运动，必须使 $F>0$。自由度 $F\leqslant 0$ 时，机构不能运动，此时它相当于一个刚性桁架，如图 1-13 所示。

如图 1-14 所示的五杆运动链，其自由度为

$$F = 3n - 2P_L - P_H = 3\times 4 - 2\times 5 - 0 = 2$$

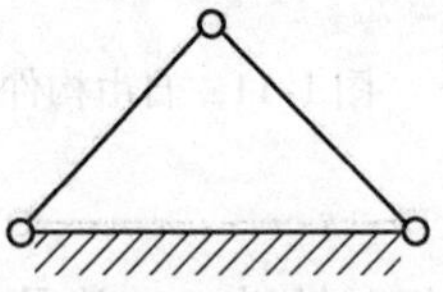

图 1-13　桁架

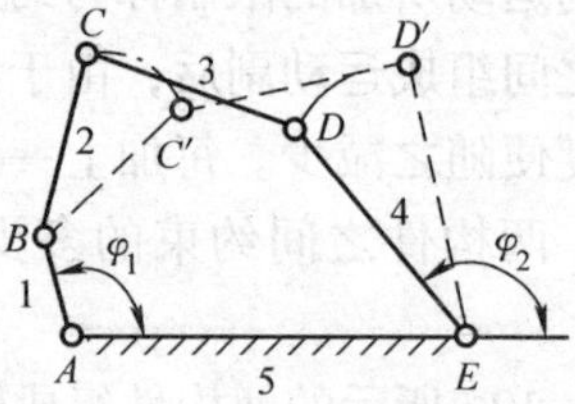

图 1-14　五杆运动链

若取构件 1 为原动件，当构件 1 处于图示位置时，构件 2、3、4 则可能处于实线位置，也可能处于虚线位置。显然，从动件的运动是不确定的，故也不能称其为机构。如果给出两个原动件，即同时给定构件 1、4 的位置，则其余从动件的位置就唯一确定了（即图 1-14 中的实线），此时，该运动链则可称为机构。当原动件的位置确定后，其余从动件的位置也随之确定，则称机构具有确定的相对运动。

通常，原动件是与机架相连的，且与机架组成转动副或移动副。一个原动件仅具有一个独立运动参数，所以，在这种情况下，为了使机构具有确定的相对运动，则机构的原动件数目应等于机构自由度数目。

根据自由度与原动件数目之间的关系可以判断机构是否具有确定的运动。

1）若原动件数目大于自由度数目，则机构将被破坏。

2）若原动件数目小于自由度数目，则机构无规则运动。

3）只有原动件数目等于自由度数目时，机构才能有确定运动。

机构的运动是否确定取决于其自由度数目以及它和原动件数目之间的关系。只有当自由度 $F>0$ 时，机构才有运动的可能。通过一个原动件输入一个运动规律，必然限制机构的一个运动自由度。因此，机构具有确定运动的条件就是：$F>0$，且原动件数目等于自由度数目。

在分析机构或设计新机构时，一般可以用自由度计算来检验所做的运动简图是否满足具有确定运动的条件，以避免机构组成原理错误。如图1-15a所示的运动链，其自由度为

$$F = 3n - 2P_L - P_H = 3 \times 3 - 2 \times 4 - 1 = 0$$

这说明此运动链不是机构，从动件无法实现预期的运动。图1-15b、c所示为改进方案，经计算其自由度为

$$F = 3n - 2P_L - P_H = 3 \times 4 - 2 \times 5 - 1 = 1$$

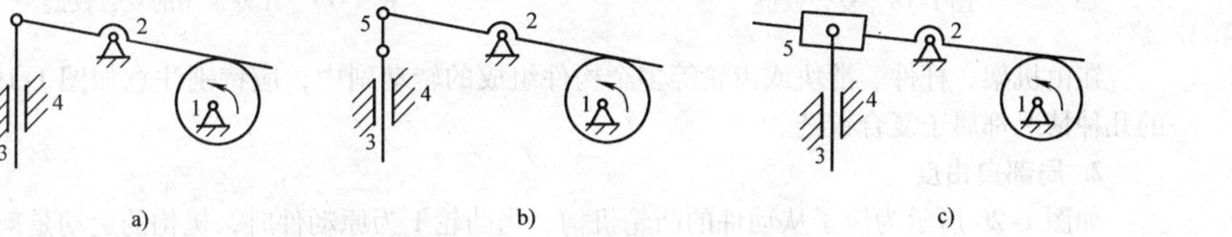

图1-15　运动链

故满足机构具有确定运动的条件。

1.3.3　平面机构中的特殊结构

在应用平面机构自由度计算公式时，要注意以下一些特殊结构：

1. 复合铰链

如图1-16所示为惯性筛机构，当构件1按已知运动规律运动时，其他构件的运动是完全确定的，即该机构的自由度应为1。现按式（1-1）进行计算：$n=5$（活动构件1、2、3、5和6），$P_L=6$（转动副A、B、C、D、E和一个移动副），$P_H=0$，则

$$F = 3n - 2P_L - P_H = 3 \times 5 - 2 \times 6 - 0 = 3$$

计算结果与实际不符。通过分析可知：自由度增多，是由于约束数目减少，问题出在转动副C上，如果对原机构稍作改动，如图1-17所示，便“增加”了一个转动副F，使得$P_L=7$，从而使$F = 3n - 2P_L - P_H = 3 \times 5 - 2 \times 7 - 0 = 1$

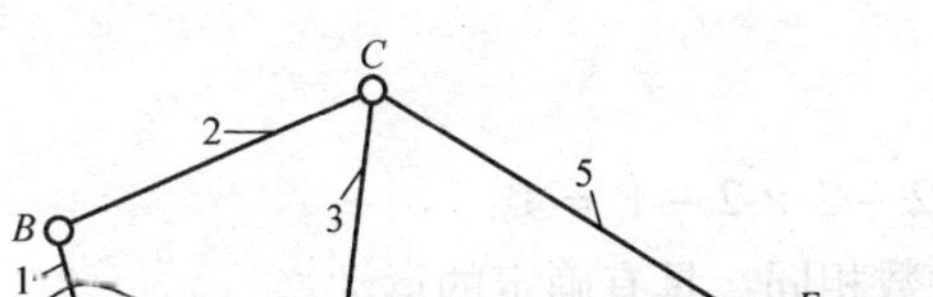

图1-16　惯性筛机构

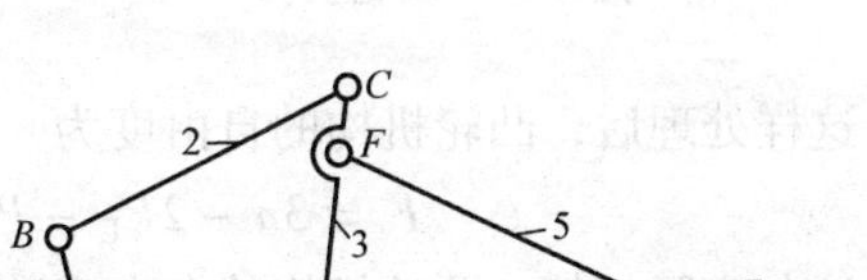

图1-17　惯性筛机构的自由度计算

其实，在图1-16所示的原机构中，转动副C是由构件2、3和5三个构件组成的，显然应把它当成两个转动副来计算，即C处本来就有两个转动副。像这种由两个以上构件同时在一处以转动副相连接就构成了复合铰链。

如图1-18所示为三个构件组成的复合铰链，由俯视图可见这三个构件组成两个转动副。由此可推断：若由K个构件组成复合铰链，在计算机构自由度时，应按$K-1$个转动副计算。

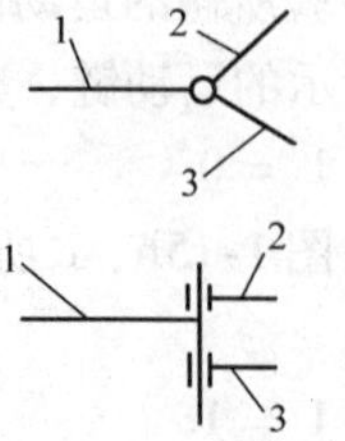

图 1-18　复合铰链

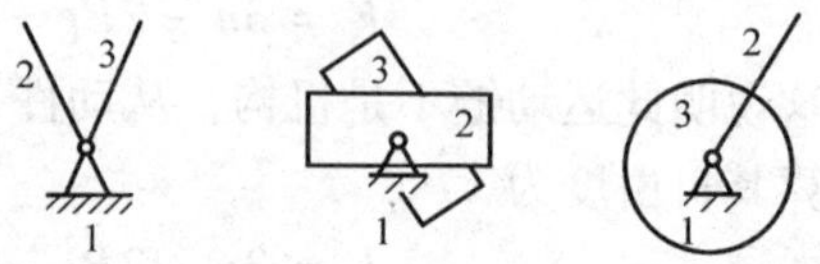

图 1-19　几种常用的复合铰链

在由机架、杆件、滑块或齿轮等多个构件组成的转动副中，应特别注意如图 1-19 所示的几种情况都属于复合铰链。

2. 局部自由度

如图 1-20 所示为滚子从动件的凸轮机构，当凸轮 1 为原动件时，机构的运动是确定的，即该机构的自由度为 1。但在计算自由度时，得到 $n=3$，$P_L=3$，$P_H=1$，则

$$F = 3n - 2P_L - P_H = 3\times3 - 2\times3 - 1 = 2$$

计算结果与实际不符。仔细分析可知，该机构的自由度确实为 2，多余的一个自由度在构件 2 的滚子上。滚子是为了减少高副元素接触处的磨损而在凸轮和从动件之间安装的，但滚子绕从动杆端部自由转动丝毫不影响其他构件的运动。这种对机构其他构件运动不产生影响的自由度称为局部自由度，滚子 2 所具有的转动自由度就是局部自由度。在计算机构自由度时局部自由度应除去不计，可假想将滚子 2 与杆件 3 焊在一起，如图 1-21 所示。

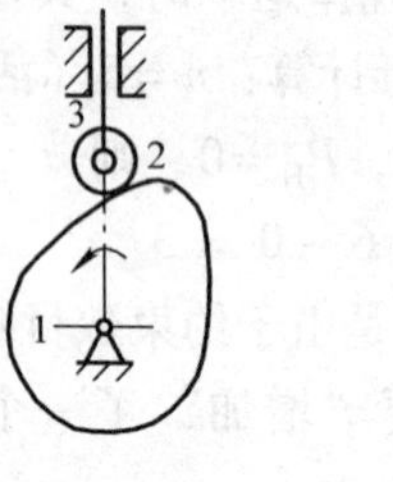

图 1-20　凸轮机构

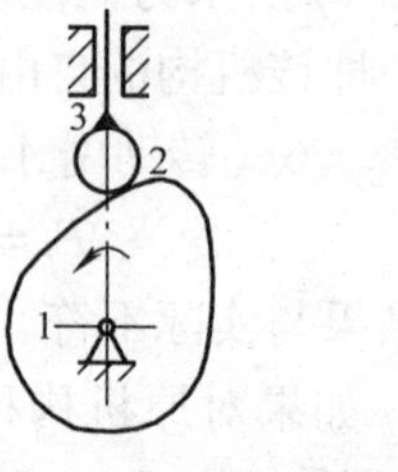

图 1-21　凸轮机构的自由度计算

这样处理后，凸轮机构的自由度为

$$F = 3n - 2P_L - P_H = 3\times2 - 2\times2 - 1 = 1$$

这与实际相符，凸轮机构的自由度数与原动件数相同，具有确定的运动。

3. 虚约束

如图 1-22 所示机车车轮的联动机构，当一个曲柄为原动件时，机构的运动是确定的，即该机构的自由度显然也应为 1，但通过计算可知

$$F = 3n - 2P_L - P_H = 3\times4 - 2\times6 - 0 = 0$$

这显然计算有误，问题出在 EF 杆上。该机构中，由于杆 AB 与 CD 和 EF 平行且相等，所以 BC 杆做平移运动，其上各点的轨迹均为圆心在 AD 线上而半径等于 AB 的圆。杆 5 上 E 点的轨迹与 BC 杆上 E 点的轨迹是相互重合的，因此增加杆 5 并不影响机构的运动。但此时加入了一个构件 5 后，自由度增加了三个，同时又增加了两个转动副，引入了四个约束，即多引入了一个约束，使得机构的自由度变为零。当机构中某运动副对构件的限制已经由其他

运动副限定时，这种重复对构件运动形成限制作用的约束或不起独立限制作用的约束称为虚约束。

机车车轮的联动机构中构件3上的E点与构件5上的E点轨迹重合，构件5和E、F两个转动副引入一个虚约束，即在计算自由度时，将杆5连同两端的转动副E、F去掉，如图1-23所示，则此时机构的自由度变为

$$F = 3n - 2P_{\mathrm{L}} - P_{\mathrm{H}} = 3 \times 3 - 2 \times 4 - 0 = 1$$

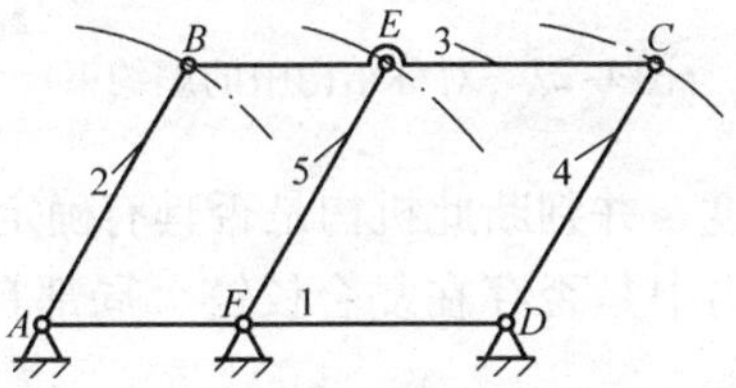

图1-22　机车车轮的联动机构

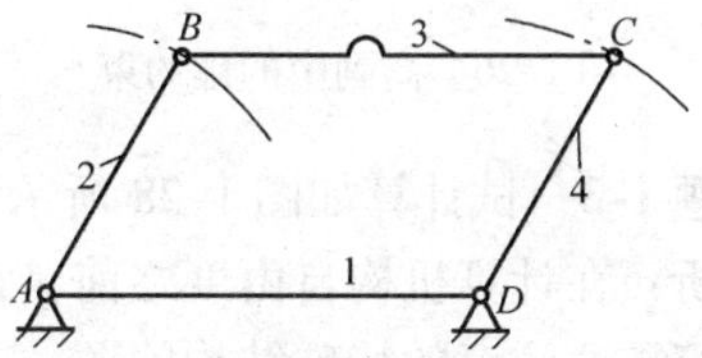

图1-23　机车车轮联动机构的自由度计算

这与实际相符，该机构的自由度数与原动件数相同，具有确定的运动。

在计算机构自由度时，出现复合铰链和局部自由度的情况比较简单，容易判定。但虚约束的形式较多，应根据机构的组成情况加以分析。常见的有以下几种情况：

1）两个构件之间组成多个导路平行或重合的移动副，如不考虑构件的受力，单从运动方面考虑，其中仅有一个移动副是有效的，其余都是虚约束，如图1-24所示的A或B。

2）两个构件之间组成多个转动轴线重合的转动副，其中只有一个转动副是有效的，其余都是虚约束，如图1-25所示的A或B。

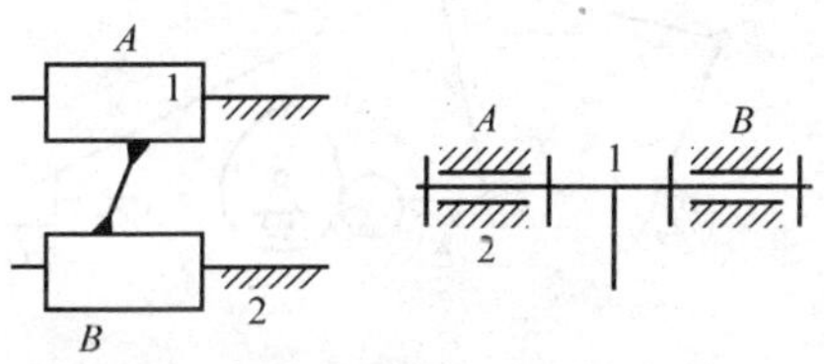

图1-24　移动副中的虚约束

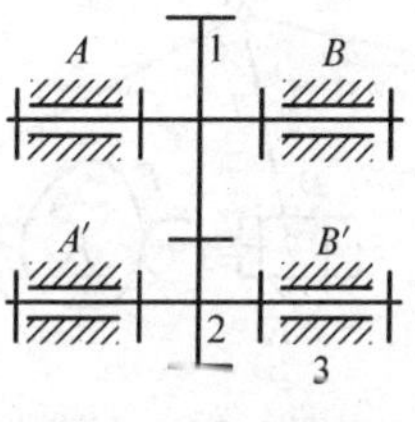

图1-25　转动副中的虚约束

3）两个构件组成多个高副，且高副接触点处的公法线重合（高副接触点之间的距离始终保持不变），则只有一个高副起限制作用，其余为虚约束，如图1-26所示的A或B。

4）机构中与运动无关的对称部分也存在虚约束。如图1-27所示的机构中，轮2、2′对称布置在构件1、3之间，从传递运动的观点看，只要有一个构件2，机构就具有确定的相对运动，而与之对称布置的构件2′带入的约束是虚约束。

必须注意：机构中的虚约束都是在一定的特殊几何条件下产生的，这些条件对机构中零件的加工和机构的装配提出了较高的要求。如果这些几何条件不能满足，虚约束就会变成真实的约束而影响机构的运动。但在各种实际机构中，为了改善构件的受力情况、增加机构的强度和刚度，虚约束又是必不可少的。

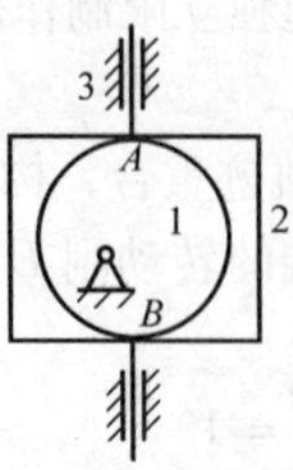

图 1-26　高副中的虚约束

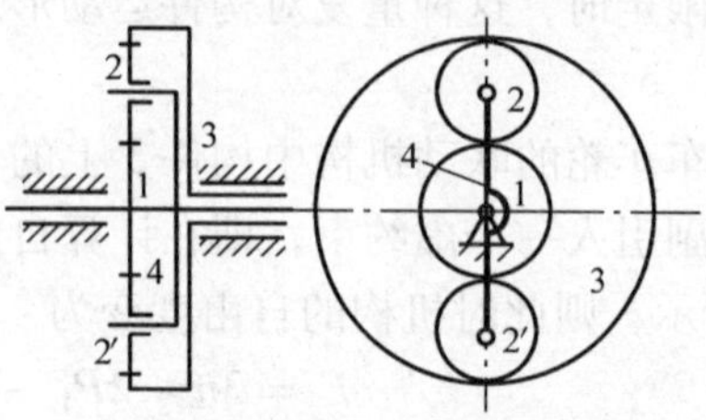

图 1-27　对称结构中的虚约束

例题 1-3　试计算如图 1-28 所示大筛机构的自由度，并判断此机构是否具有确定运动。

分析：在计算机构自由度之前，首先需要判断机构中是否存在复合铰链、局部自由度、虚约束等需要注意的特殊结构问题。

1）构件 4、5、7 在 C 处组成复合铰链，此处应为两个转动副。

2）滚子绕其轴心的转动为局部自由度。

3）构件 3 与机架形成两个导路平行的移动副 E 和 E'，引入一个虚约束，在计算自由度时，应按一个移动副计算。处理后的机构如图 1-29 所示。

解：将上述特殊结构做相应处理后，此时机构中的活动构件数 $n=7$，低副数目 $P_{\mathrm{L}}=9$，高副数目 $P_{\mathrm{H}}=1$，由式（1-1）得

$$F = 3n - 2P_{\mathrm{L}} - P_{\mathrm{H}} = 3\times7 - 2\times9 - 1 = 2$$

计算所得机构的自由度数 F 与原动件数相等，故该机构具有确定运动。

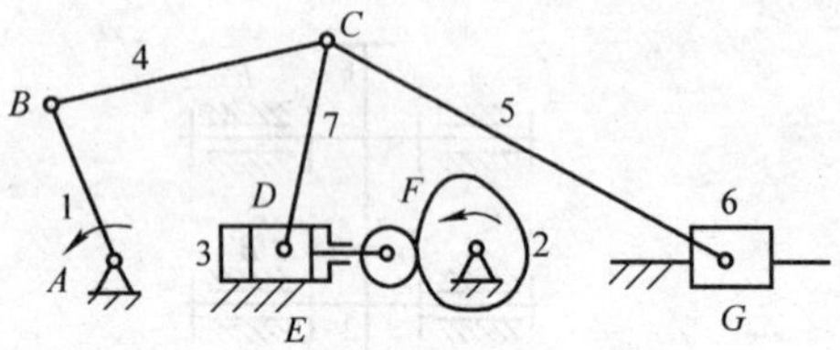

图 1-28　大筛机构

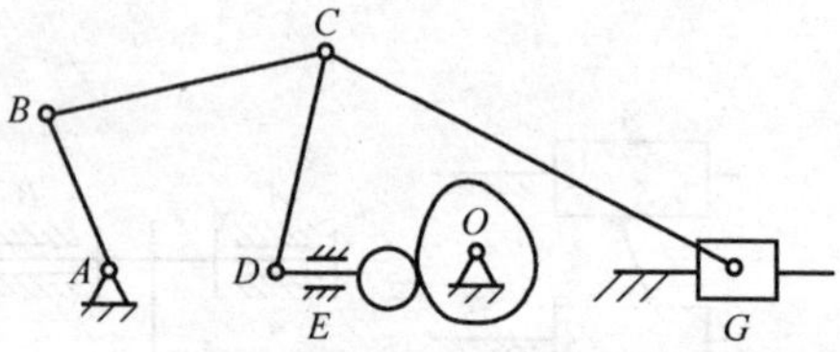

图 1-29　大筛机构自由度的计算

例题 1-4　试计算如图 1-30 所示压床机构的自由度，并判断此机构是否具有确定运动。

分析：在计算机构自由度之前，首先需要判断机构中是否存在复合铰链、局部自由度、虚约束等需要注意的问题。压床机构自由度的计算如图 1-31 所示。

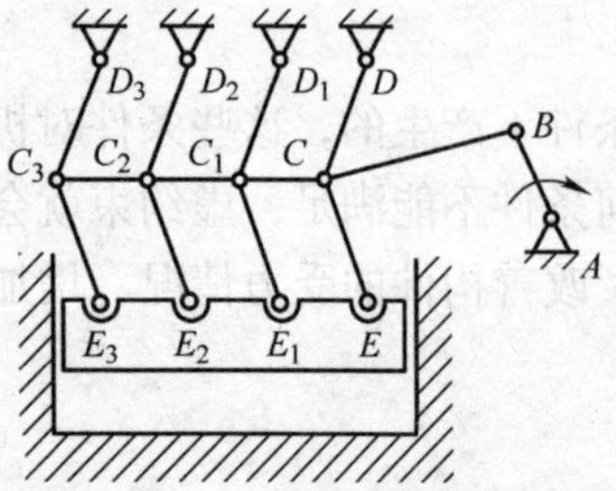

图 1-30　压床机构

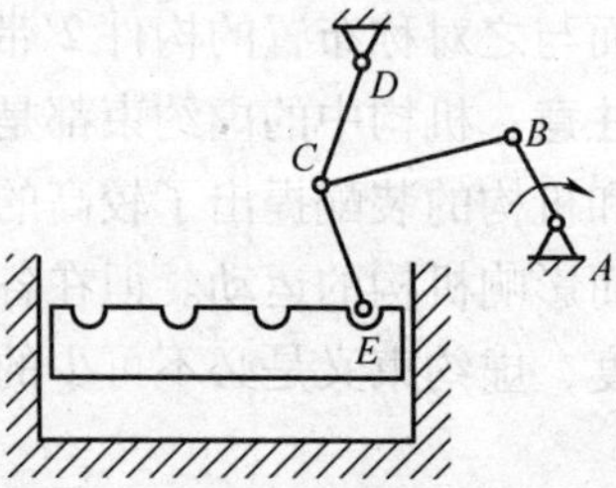

图 1-31　压床机构自由度的计算

1）该机构存在重复结构部分，故存在虚约束，计算时应将重复部分去掉。

2）在运动副 C 处由三个构件（杆 BC、CD、CE）在同一处以转动副连接便形成复合铰链。

解：将机构重复部分去掉后，此时 $n = 5$，$P_L = 7$，$P_H = 0$，得

$$F = 3n - 2P_L - P_H = 3 \times 5 - 2 \times 7 - 0 = 1$$

计算所得机构的自由度数 F 与原动件数相等，故该机构具有确定运动。

注：这里重复部分所引入的虚约束在实际工程中是很有意义的，由于虚约束的存在使得机构的受力状况大为改善，构件的刚度大幅度提高。

例题1-5　试计算如图1-32所示连杆齿轮机构的自由度，并判断该机构是否具有确定运动。

分析：在计算机构自由度之前，应注意：运动副 A、B、C 处均为复合铰链，B、C 处很明显，但在 A 处形成一个固定铰链和一个活动铰链。

解：由以上分析可得 $n = 7$，$P_L = 8$，$P_H = 3$，由自由度计算公式得

$$F = 3n - 2P_L - P_H = 3 \times 7 - 2 \times 8 - 3 = 2$$

该机构具有两个原动件（杆 AB 和 DE），计算所得机构的自由度数与原动件数相等，故该机构具有确定运动。

例题1-6　试计算如图1-33所示移动凸轮机构的自由度。

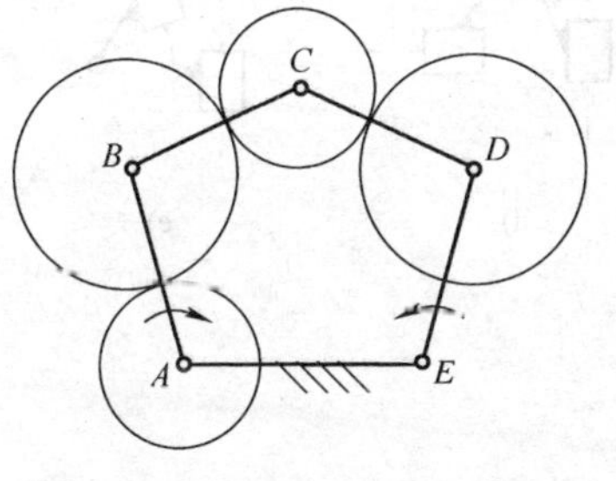

图1-32　连杆齿轮机构

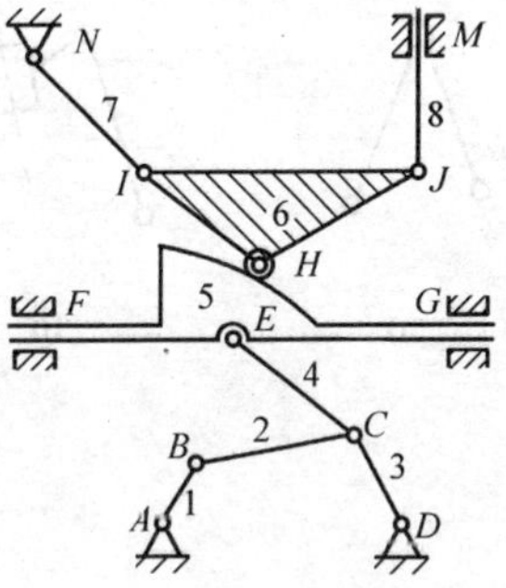

图1-33　移动凸轮机构

分析：在计算机构自由度之前，应注意：

1）图中画剖面线的△HIJ 是一个三副构件，一般情况下，参与组成三个转动副的构件可以用三角形来表示。

2）运动副 C 有复合铰链，因为构件2、3、4在此处用转动副相连接，形成两个转动副。

3）F 或 G 处为虚约束，因为它们是由两个构件组成两个导路平行的移动副，在计算机构自由度时要去掉一个移动副。

4）H 处为局部自由度，滚子绕其中心的转动是一个局部自由度，在计算机构自由度时应将这个局部自由度去掉，把滚子和三角架看作是一个构件。

解：由以上分析可得 $n = 8$，$P_L = 11$，$P_H = 1$，由自由度计算公式得

$$F = 3n - 2P_L - P_H = 3 \times 8 - 2 \times 11 - 1 = 1$$

即该机构的自由度为1。

1.4　平面机构的结构分析

1.4.1　平面机构的组成原理

任何具有确定相对运动的机构均由机架、原动件和从动件系统三部分组成，其中原动件数目与机构自由度数 F 相等，因而从动件系统的自由度必为零。从动件系统又可以分解成若干个不可再分的自由度为零的构件组，称为基本杆组。因此，任何机构都可以看成是由若干个基本杆组依次连接于原动件与机架上而构成的，这就是机构的组成原理。由于基本杆组是机构中传递运动和动力的部分，因此分析基本杆组是研究机构组成的关键。

对于平面低副机构：$P_H = 0$，则 $F = 3n - 2P_L = 0$，所以 n 与 P_L 的数值必须满足一定的规律。最简单的基本杆组是由两个构件与三个低副组成的，每个构件均有两个低副，称为Ⅱ级杆组。Ⅱ级杆组是应用最多的基本杆组，常见类型如图1-34所示。若基本杆组是由四个构件与六个低副组成，其中有一个构件包含三个低副，即三副构件，这种基本杆组称为Ⅲ级杆组。Ⅲ级杆组常见类型如图1-35所示。更高级别的杆组在机构中很少见，故不做具体分析。

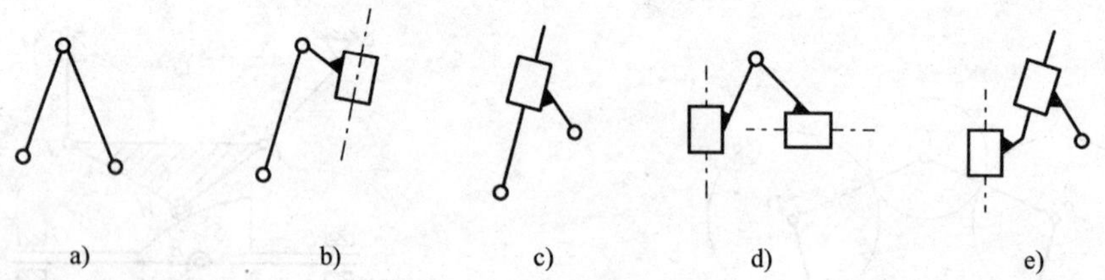

图1-34　Ⅱ级杆组

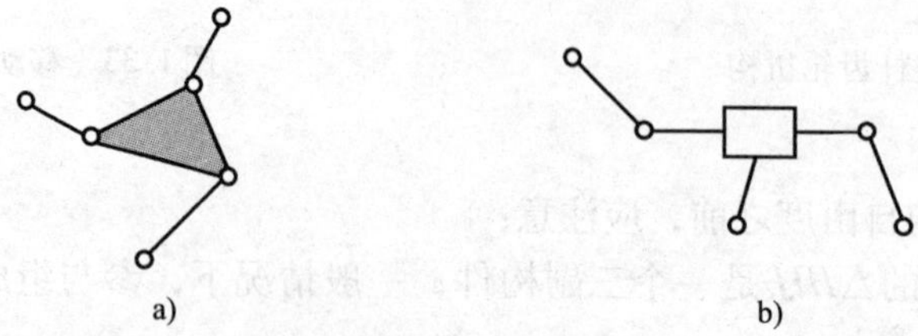

图1-35　Ⅲ级杆组

机构中所包含的基本杆组的最高级数作为机构的级数。当机构中基本杆组的最高级别为Ⅱ级时，该机构称为Ⅱ级机构；当机构中基本杆组的最高级别为Ⅲ级时，该机构称为Ⅲ级机构，依此类推。而只由机架和原动件组成的机构称为Ⅰ级机构，如杠杆机构、斜面机构等。

1.4.2　平面机构的结构分析

平面机构的结构分析就是将已知机构分解为原动件、机架和基本杆组，并确定机构的级别，这种方法称为拆分杆组法。机构的结构分析与机构组成的过程正好相反。对平面机构进行结构分析的具体步骤如下：

1）除去机构中的局部自由度和虚约束，找到复合铰链的位置。

2）若有高副，进行高副低代。

3）计算机构自由度，给定与自由度数目相等的原动件。

4）拆分杆组：从原动件传递运动的最远处开始，按基本杆组的特征，先拆Ⅱ级杆组，若拆不出Ⅱ级杆组，则试拆Ⅲ级杆组。拆出一个杆组后，当试拆另一个杆组时，仍从Ⅱ级杆组开始，直至剩下原动件和机架为止。**必须注意**：每拆出一个杆组后，剩下的部分仍然是一个基本杆组，拆分时每个构件上的运动副不能重复使用，即在拆分前一个杆组中用过的运动副，在拆分后一个杆组中就不能再使用，当然复合铰链除外。

5）根据拆出杆组的最高级别确定机构的级别，如图1-36所示。

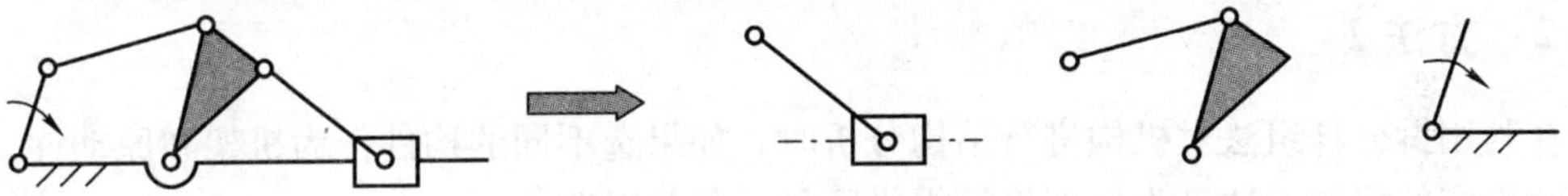

图1-36　拆分杆组

例题1-7　分析图1-37a所示牛头刨床的结构并确定该机构的级别。

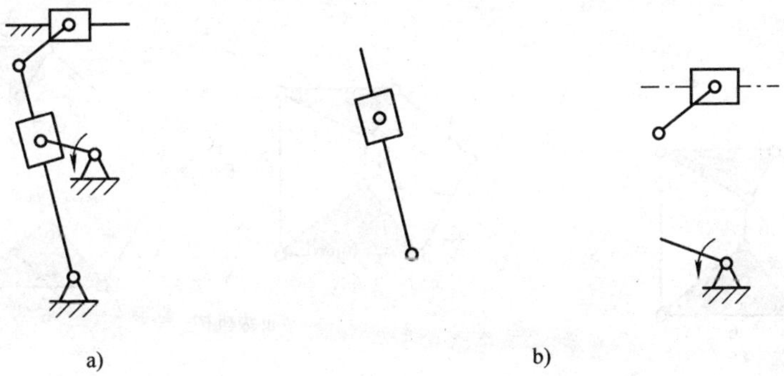

图1-37　拆分杆组

拆分后的基本杆组如图1-37b所示，机构由两个Ⅱ级杆组组成，所以机构的级别为Ⅱ级。

1.5　平面机构的创新设计

1.5.1　方法1

平面机构结构分析是为机构设计做准备，尤其是为创新设计提供了一条新思路。如图1-38所示，铰链四杆机构由机架、原动件和一个Ⅱ级杆组组成。如图1-39所示，在铰链四杆机构的基础上，增加三个Ⅱ级杆组，便组成了一个新的机构。由此可以得出：一个基本机构加上若干个基本杆组就可以组成一个新的复杂机构。拆分杆组法是进行机构创新设计的一种方法。

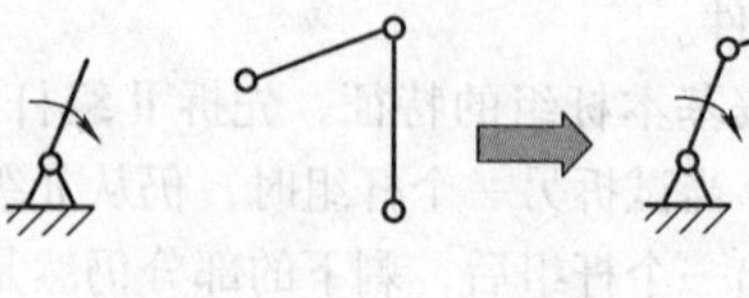

机架 + 原动件 + 基本杆组 = 机构

图 1-38　基本结构

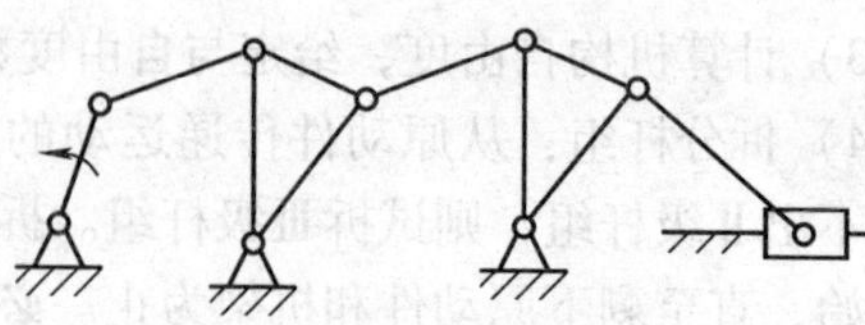

机构 + 基本杆组 = 新机构

图 1-39　新机构

1.5.2　方法 2

在利用拆分杆组法对机构进行结构分析时，如果选不同的构件作为机架和原动件，可得到完全不同的机构。这又为创新设计提供了另一条新思路。

如图 1-40 所示的机构，当选择构件 6 为机架、构件 1 为原动件时，便可得到如图 1-41 所示的Ⅲ级机构；当选择构件 6 为机架、构件 4 为原动件时，便可得到如图 1-42 所示的Ⅱ级机构。

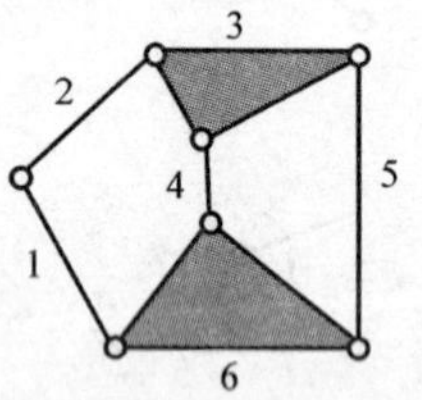

图 1-40　机构原型

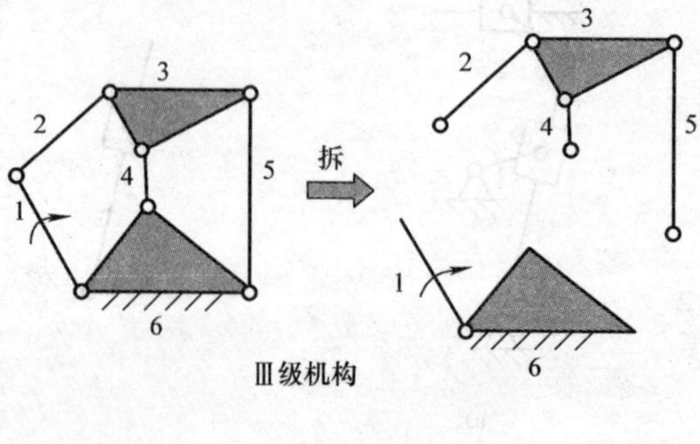

图 1-41　以构件 6 为机架、构件 1 为原动件

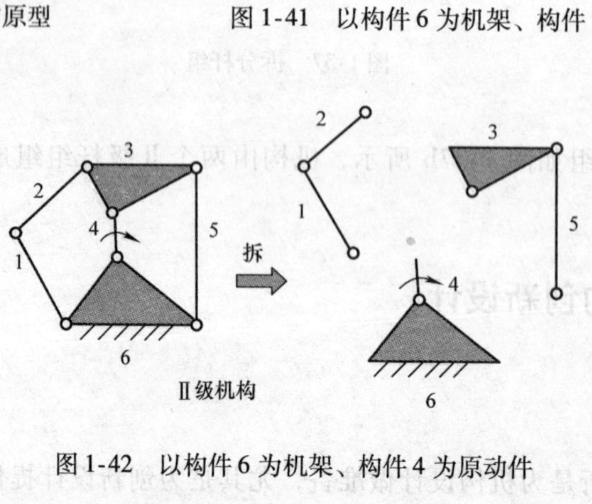

图 1-42　以构件 6 为机架、构件 4 为原动件

项目实践

1. 绘制单缸内燃机的运动简图

绘制单缸内燃机的运动简图可按下列步骤进行：

1）分析机构的组成，确定机架、原动件和从动件。

单缸内燃机（见图1-1）是由机架（气缸体）1、活塞2、连杆3、曲柄4、进气阀5、排气阀6、推杆7、凸轮8和齿轮9、10组成，其中活塞2为原动件，其他构件为从动件。

2）由原动件开始，依次分析构件间的相对运动形式，确定运动副的类型和数目。机器的运动路线如下：

活塞→连杆→曲柄~小齿轮→大齿轮~凸轮→推杆

注：~表示两构件同轴。

活塞2与机架1构成移动副，活塞2与连杆3形成转动副，连杆3与曲柄4构成转动副，小齿轮10与两个大齿轮构成两个高副，凸轮与两个推杆构成两个高副，推杆与机架构成两个移动副，曲柄和小齿轮与机架形成转动副，两个大齿轮和凸轮与机架形成两个转动副。

3）选择适当的视图平面和运动件位置，以便清楚地表达各构件间的运动关系，通常选择运动平面或与运动平面平行的平面作为视图平面。

这里选择齿轮的旋转平面为正投影面。

4）选择合适的作图比例，从机架、原动件开始按相对位置关系依次画出各运动副，用直线或曲线连接同一构件上的运动副。图中各构件标以阿拉伯数字，并将原动件的运动方向用箭头标明。绘制完成的运动简图如图1-43所示。

2. 计算单缸内燃机的自由度数目，并判断运动是否确定

由单缸内燃机的运动简图可知，滚子绕自身转动的转动副并不影响凸轮机构的运动规律，在计算自由度时可去掉，该机构没有复合铰链和虚约束。

该机构共有7个活动构件，即$n=7$，形成5个转动副和3个移动副，低副数目$P_L=8$；形成两个凸轮副和两个齿轮副，高副数目$P_H=4$，由式（1-1）得

$$F=3n-2P_L-P_H=3\times7-2\times8-4=1$$

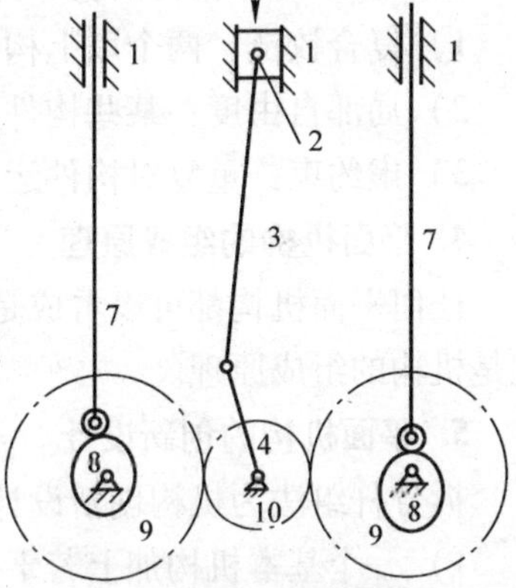

图1-43　单缸内燃机的运动简图

1—机架　2—活塞　3—连杆

4—曲柄　7—推杆　8—凸轮　9、10—齿轮

计算所得机构的自由度数F与原动件数相等，故该机构具有确定运动。

知识梳理与总结

通过对本项目的学习，我们学会了绘制平面机构的运动简图、自由度的计算方法，了解了机构具有确定运动的条件；学会了利用拆分杆组法对机构进行结构分析。相关知识点如下：

1. 机构的组成

构件和运动副是组成机构的两大要素。所谓运动副是构件与构件之间直接接触并且具有确定的相对运动的连接。

- 机构
  - 构件
    - 机架
    - 原动件
    - 从动件
  - 运动副
    - 高副
    - 低副
      - 移动副
      - 转动副

2. 机构运动简图

按一定的比例定出运动副的相对位置，并以简单的线条及符号代表构件和运动副。这种表示机构各构件间相对运动关系的简单图形称为机构运动简图。

3. 平面机构的自由度

做平面运动的构件相对于定参考系所具有的独立运动的数目，称为构件的自由度。一个做平面运动的自由构件具有三个自由度。对非自由体的运动所加的限制称为约束。平面低副引入 2 个约束，平面高副引入 1 个约束，且自由度减少的数目等于约束的数目。

平面机构自由度的计算公式为：$F = 3n - 2P_L - P_H$

机构具有确定相对运动的条件是：$F > 0$，且机构的原动件数目等于机构自由度数目。

在应用平面机构自由度计算公式时，要注意以下一些特殊结构：

1）复合铰链：两个以上构件同时在一处以转动副相连接就构成了复合铰链。

2）局部自由度：某些构件所具有的、不影响其他构件运动的自由度称为局部自由度。

3）虚约束：重复对构件运动形成限制作用或不起独立限制作用的约束称为虚约束。

4. 平面机构的组成原理

任何平面机构都可以看成是由若干个基本杆组依次连接于原动件与机架上而构成的，这就是机构的组成原理。

5. 平面机构的创新设计

拆分杆组法为机构创新设计提供了新思路，主要体现在：

1）一个基本机构加上若干个基本杆组就可以组成一个新的复杂机构。

2）如果选不同的构件作为机架和原动件，也可得到完全不同的机构。

思考与练习

思考题

1. 试判别下述结论是否正确，并说明理由。

1）图 1-44a 中，构件 1 相对于构件 2 能沿切向 At 移动、沿法向 An 移动和绕转动中心转动，所以构件 1 与构件 2 组成的运动副保留三个相对运动。

2）图 1-44b 中，构件 1 与构件 2 在 A'和 A'' 两处接触，所以构件 1 和 2 组成两个高副。

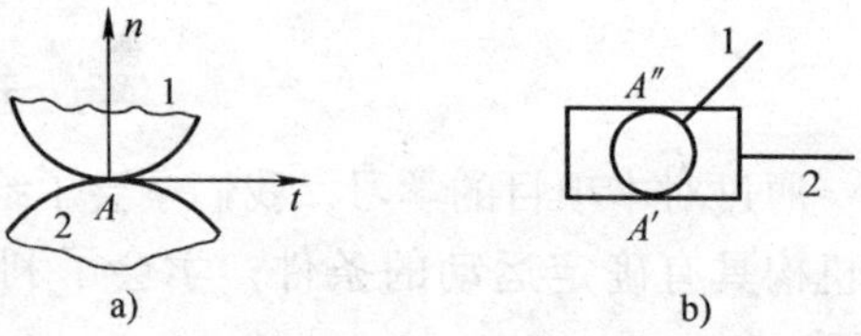

图 1-44　思考题 1 图

2. 运动链成为机构的条件是什么？判定机构是否具有确定运动的条件是什么？

3. 平面机构中的低副和高副各引入几个约束？

4. 平面机构自由度和原动件之间存在几种关系？对运动有何影响？

5. 运动副和运动链有什么区别？运动链和机构有什么区别？

6. 局部自由度在计算自由度时如何处理？复合铰链在计算自由度时如何处理？

7. 虚约束对机构有什么影响？

练习题

1. 绘制图 0-3 所示颚式破碎机的运动简图。

2. 绘制图 1-45 所示压力机机构的运动简图。

注：该压力机的工作原理是电动机带动偏心轮 2 做顺时针转动，通过构件 3、4、5 带动冲头 6 上下往复移动，从而完成冲压动作。

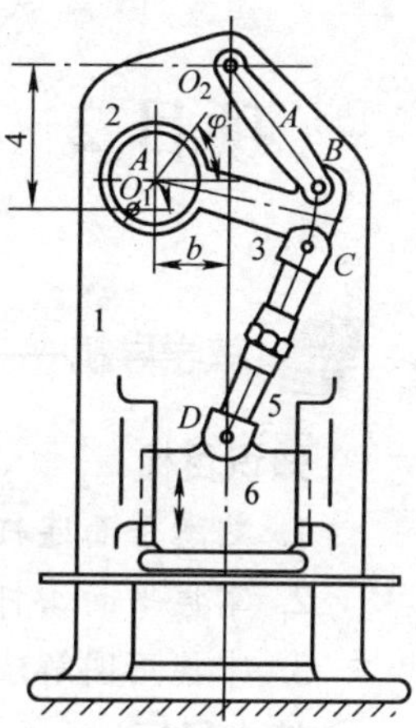

图 1-45　压力机机构

3. 试计算图 1-46 所示机构的自由度，并判断该机构是否具有确定运动。若有复合铰链、局部自由度和虚约束需指出。

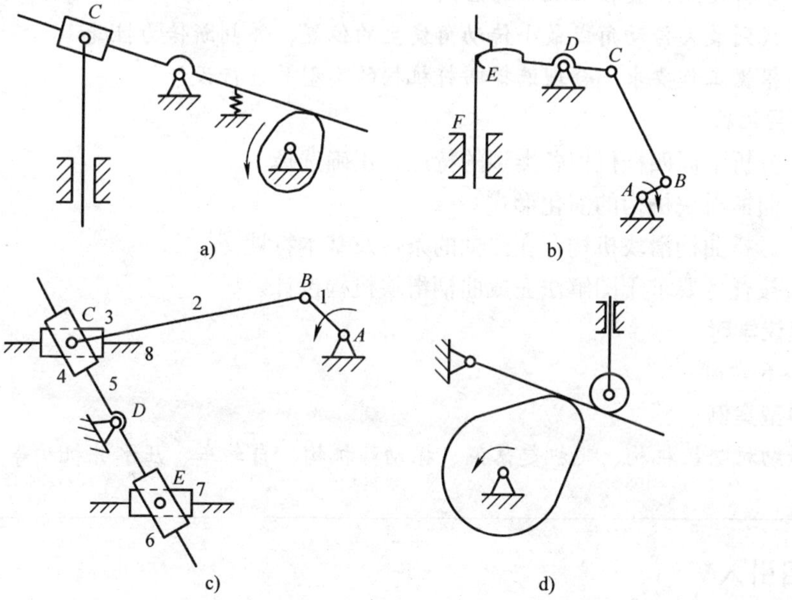

图 1-46　机构自由度计算

项目2　设计单缸内燃机中的平面连杆机构

教学导航

知识目标

1. 熟悉平面连杆机构的特点和铰链四杆机构的基本类型及其演化
2. 掌握平面四杆机构存在曲柄的条件及基本特性
3. 掌握用图解法对平面四杆机构进行设计

能力目标

1. 分析铰链四杆机构及其演化形式在工程中的应用实例
2. 根据铰链四杆机构存在曲柄的条件，能正确判别铰链四杆机构的类型
3. 分析哪些平面四杆机构具有急回特性
4. 分析死点位置在工程中的应用
5. 找到最大传动角或最小传动角发生的位置，并判断传力性能
6. 根据工作要求，合理选择四杆机构的类型并进行设计

项目目标

1. 分析平面四杆机构各类型的特点并正确选择
2. 曲柄滑块机构的演化形式
3. 分析曲柄滑块机构存在曲柄的条件及基本特性
4. 按任务要求用图解法完成曲柄滑块机构设计

建议学时

4~6学时

典型案例

缝纫机踏板机构、飞机起落架、振动筛机构、自卸车、压水井机构等

项目引入

在人们的生产和生活中广泛使用着各种机器。生产活动中常见的机器有起重机、拖拉机、电动机及各种机床等；日常生活中常见的机器有缝纫机、洗衣机等。机器的种类繁多，结构形式和用途也各不相同，但它们均是由机构所组成的。组成机器应用最多的是三大常用机构（平面连杆机构、凸轮机构和齿轮机构）和常用间歇机构。

内燃机是把燃气的热能转变为曲柄转动的机械能的动力装置，它就是由曲柄滑块机构、凸轮机构和齿轮机构所组成。内燃机的驱动机构是以活塞为原动件的曲柄滑块机构，它是平面四杆机构中的一种类型，其功用是将活塞的往复直线运动转变成曲柄的旋转运动，以输出动力。

如图2-1a所示，内燃机中的曲柄滑块机构是由活塞1、连杆2、缸体3和曲轴4组成的，其活塞置于内燃机的气缸内，连杆通过活塞销与活塞联动，曲轴通过曲柄销与连杆联

动。曲柄滑块机构多为对称式的，如图 2-1b 所示，其活塞销中心线运动平面与曲轴轴线共面；个别内燃机采用正偏置式，如图 2-2 所示，其优点是内燃机可以更接近理想的定容燃烧，可以增加力矩，从而提高内燃机的热效率；由于其特殊的结构，可以有效地减少活塞对汽缸侧面的压力，进而减少摩擦所消耗的能量并延长汽缸和活塞的使用寿命。我们要设计的是正偏置曲柄滑块机构。

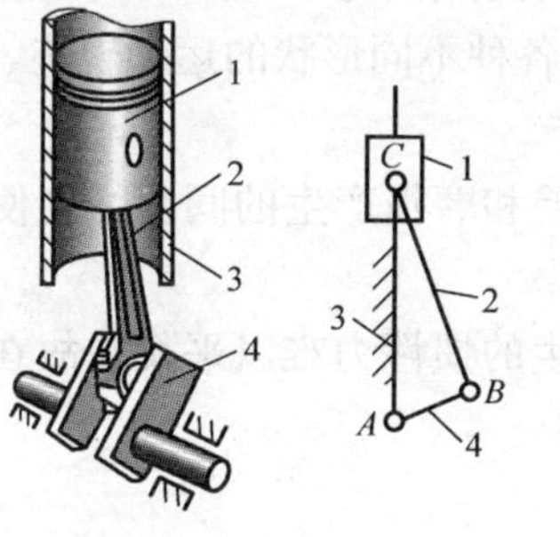

a)　　b)

图 2-1　对称式曲柄滑块机构

1—活塞　2—连杆　3—缸体　4—曲轴

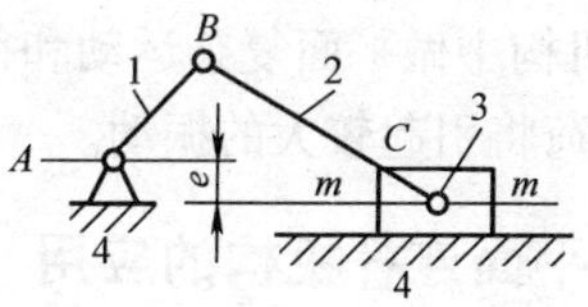

图 2-2　正偏置曲柄滑块机构

项目提出

设计如图 2-2 所示内燃机的曲柄滑块机构。已知行程速度变化系数 $K=1.4$，行程 $H=200\text{mm}$，偏心距 $e=50\text{mm}$。

项目分解

要设计内燃机的曲柄滑块机构，首先知道曲柄滑块机构是属于平面四杆机构的范畴，因此要明确连杆机构的特点和应用；然后分析四杆机构各类型的特点以及演化过程；分析四杆机构的基本特性，为四杆机构的设计做好准备；对常用四杆机构进行设计，掌握设计方法。最后，选择合适的设计方法设计出内燃机的曲柄滑块机构。具体任务分解如下：

项目　设计平面连杆机构 → 任务 1　明确相关概念 → 任务 2　分析类型特点 →

任务 3　分析基本特性 → 任务 1　明确平面四杆机构设计步骤 → 项目实践

相关知识

2.1　明确平面连杆机构的基本概念

所谓平面机构是指组成机构的所有构件都在同一平面或相互平行的平面内运动。平面连杆机构是由若干构件通过低副连接而成的平面机构，又称为平面低副机构。

2.1.1　平面连杆机构的特点

平面连杆机构作为低副机构具有以下特点：

1. 优点

1）构件间均为面接触，承载能力强、耐磨损。

2）低副的接触表面是圆柱面或平面，制造简便并能获得较高的制造精度。

3）可以实现多种形式的运动变换：当原动件以相同的运动规律运动时，通过改变各构件的相对长度，可使从动件获得不同的运动规律。

4）可以实现各种复杂的运动轨迹：连杆构件上不同的点具有不同形状的运动轨迹，并且其形状还受到各构件相对长度的影响，因而可以得到各种不同形状的运动轨迹。

2. 缺点

1）连杆机构通常具有较长的运动链，由于尺寸误差和磨损产生的间隙，会使机构形成较大的累积误差，从而降低传动的精度和效率。

2）机构中做平面复杂运动和往复运动的构件所产生的惯性力难以平衡，故在高速时产生的动载荷将引起较大的振动。

2.1.2 平面连杆机构的应用

正因为平面连杆机构具有以上特点，所以它广泛地应用于各种机械和仪器仪表中，例如缝纫机踏板机构、飞机起落架、振动筛机构、自卸车、压水井机构等，特别是需要有轨迹要求和需要有运动放大、力的放大要求的执行机构，例如缝纫机下针机构、油泵、万吨压力机等。

在平面连杆机构中，最基本的机构是由四个构件所组成的平面四杆机构，这是机械中应用最广的一种类型。而多杆机构是在四杆机构的基础上由机构组成原理所产生的。

2.2 分析平面四杆机构基本类型的特点和演化

平面四杆机构按照组成可分为铰链四杆机构、含有一个移动副和含有两个移动副的四杆机构。铰链四杆机构是基本形式，按一定的演化方式可以演化成含有一个移动副的四杆机构；而含有一个移动副的四杆机构又可演化成含有两个移动副的四杆机构。类型的演化也可以发生在同类型间进行。

2.2.1 铰链四杆机构的基本形式及应用

如图 2-3 所示，构件 4 为机架，与机架相连的构件 1、3 称为连架杆，不与机架相连的构件 2 称为连杆。这四个构件相互之间都以转动副相连，因此称这种机构为铰链四杆机构。图中连架杆 1 可相对于机架 4 作整周转动，称为曲柄；连架杆 3 相对于机架 4 只能在一定的角度范围内作往复摆动，称为摇杆。

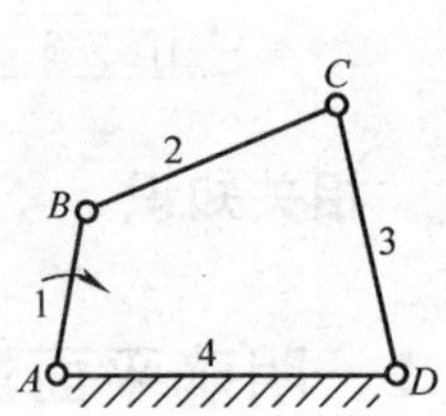

图 2-3 铰链四杆机构

铰链四杆机构的基本形式按两连架杆的运动情况可分为曲柄摇杆机构、双曲柄机构和双摇杆机构。

1. 曲柄摇杆机构

一个连架杆可作整周转动，另一个连架杆只能在一定角度范围内作往复摆动的铰链四杆机构称为曲柄摇杆机构。这种机构被广泛应用于生产实际和日常生活中。图 2-4 所示是雷达天线俯仰机构。在此机构中曲柄1是原动件，构件2是连杆，摇杆3是执行构件，通过摇杆上转角的调整，达到接收最佳信号的目的。图2-5所示是缝纫机踏板机构。在这个机构中，摇杆1是原动件，曲柄3是执行构件，通过曲柄的转动带动缝纫机头的运动。

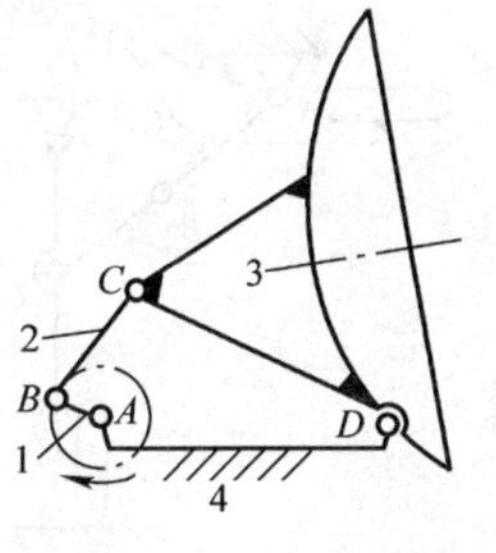

图2-4　雷达天线俯仰机构

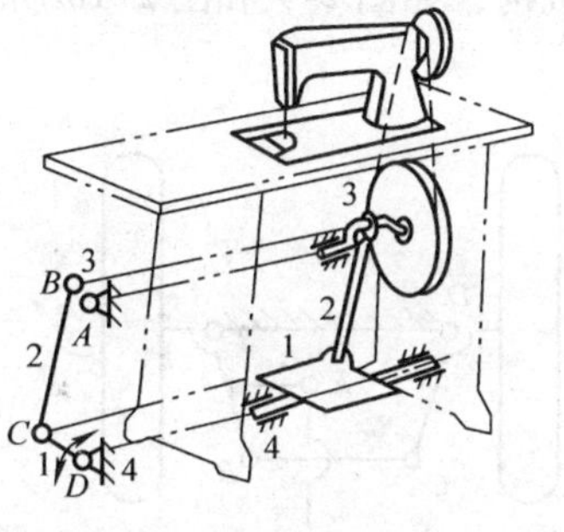

图2-5　缝纫机踏板机构

2. 双曲柄机构

当两连架杆都做整周转动时，该铰链四杆机构称为双曲柄机构。此机构的特点是主动曲柄匀速转动，从动曲柄变速转动。如图2-6所示的惯性筛机构，正是利用双曲柄机构的特点而设计的。

在双曲柄机构中，最常用的是平行四边形机构，即对边平行且相等的铰链四杆机构。在这种机构中，两曲柄转向相同，角速度相等，如图2-7a所示。这种机构在机车车轮中的应用如图2-7b所示，在摄影平台升降机构中的应用如图2-7c所示。

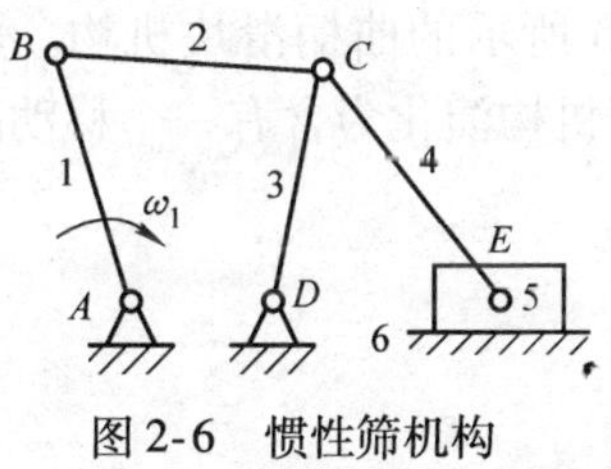

图2-6　惯性筛机构

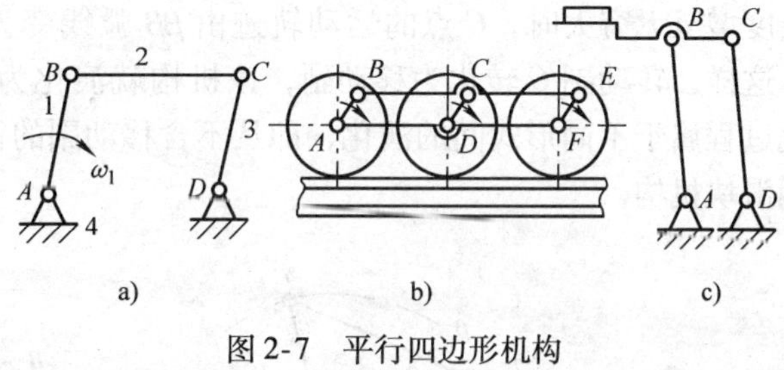

图2-7　平行四边形机构

在图2-8a所示的双曲柄机构中，两曲柄长度相等，但并不平行，这种机构成为反平行四边形机构。此机构的特点是主动曲柄匀速转动，从动曲柄变速转动，且两曲柄转向相反。利用这一特点，将此机构用在车门的开闭机构中，从而达到两扇车门同时敞开或关闭的目的，如图2-8b所示。

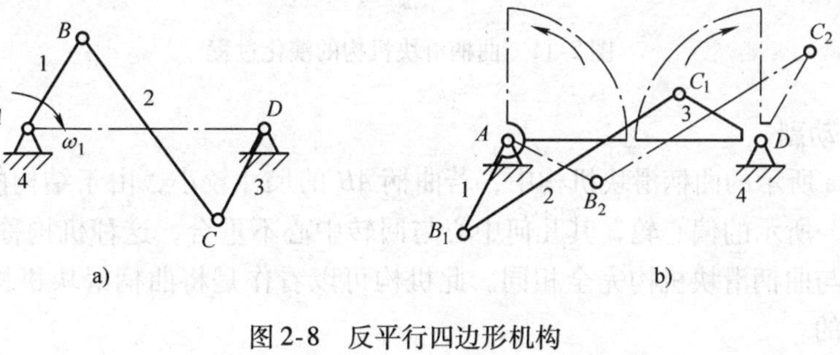

图2-8　反平行四边形机构

3. 双摇杆机构

当铰链四杆机构中的两个连架杆都只能在一定角度范围内摆动时，该铰链四杆机构称为双摇杆机构。该四杆机构可实现两连架杆的某个位置要求的运动。如汽车前轮的转向机构和飞机的起落架机构，如图 2-9 和图 2-10 所示。

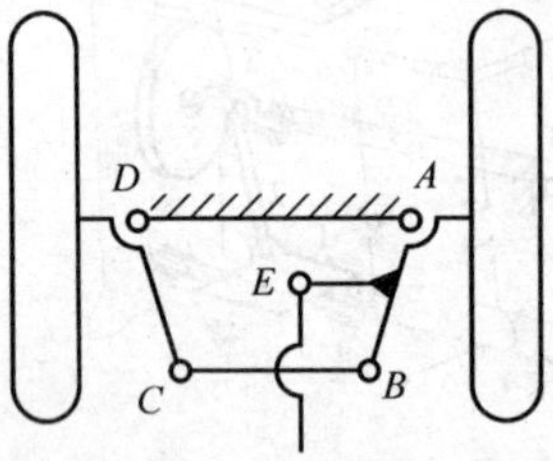

图 2-9　汽车前轮转向机构

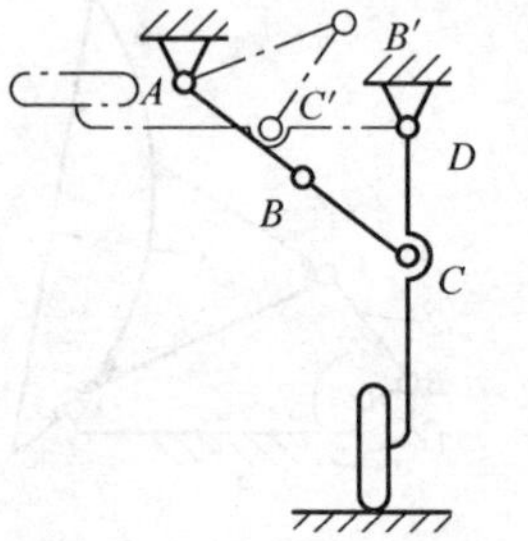

图 2-10　飞机起落架机构

2.2.2　平面四杆机构的演化

平面四杆机构的基本形式除了上面所述的铰链四杆机构的三种形式外，还有含有一个或两个移动副的四杆机构。这些四杆机构虽与铰链四杆机构不同，但其内在关系都可看作是由铰链四杆机构演化而来的。其演化方式有：

1. 改变构件形状及相对尺寸的演化

如图 2-11a 所示的铰链四杆机构，C 点绕 D 点转动，运动轨迹为 $\beta\beta$ 弧线，当将 CD 杆的长度增至无穷大时，C 点的运动轨迹由 $\beta\beta$ 弧线变为 $\beta\beta$ 直线，此时 D 点相当于在无穷远处。这样，转动副 C 转化为移动副，该机构就演化为图 2-11b 所示的曲柄滑块机构。此种演化过程属于不同形式间的演化，即从不含移动副的铰链四杆机构演化为含有一个移动副的曲柄滑块机构。

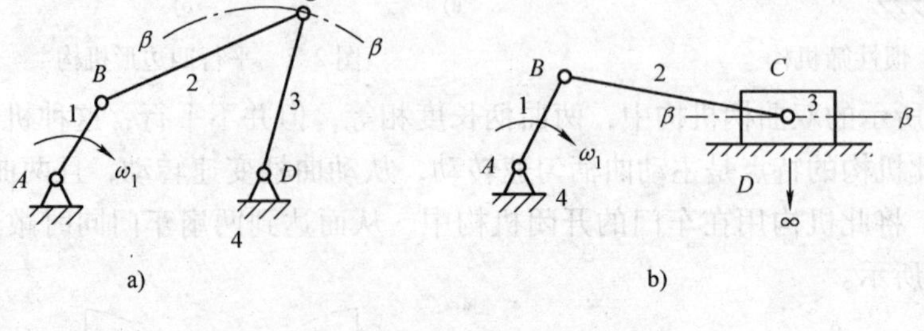

图 2-11　曲柄滑块机构的演化过程

2. 扩大转动副

在图 2-12a 所示的曲柄滑块机构中，若曲柄 AB 的尺寸较小，由于结构的需要常将曲柄做成如图 2-12b 所示的偏心轮，其几何中心与回转中心不重合，这种机构称为偏心轮机构。此机构的性能与曲柄滑块机构完全相同。此机构可以看作是将曲柄滑块机构的转动副 B 扩大后演化而成的。

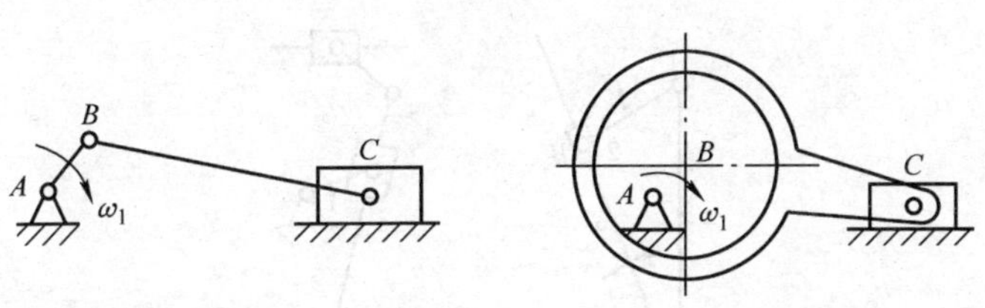

图 2-12　偏心轮机构的演化

3. 取不同构件为机架

低副具有运动的可逆性，在构件间相对运动不变的情况下，当取不同构件为机架时，可得到各种不同的机构。这种演化过程是属于同形式间的演化，既可以在含有一个移动副的各种形式之间演化，也可以在铰链四杆机构中的三种类型之间演化。

如图 2-13 所示为曲柄滑块机构，该机构中以构件 4 为机架，连架杆 1 为曲柄，另一连架杆 3 为相对机架作往复移动的滑块，若滑块的移动导路通过曲柄的转动中心就称为对心曲柄滑块机构，如图 2-13a 所示；若不通过曲柄的转动中心，有一个偏心距 e（曲柄转动中心到滑块导路的距离），就称为偏置曲柄滑块机构，如图 2-13b 所示。

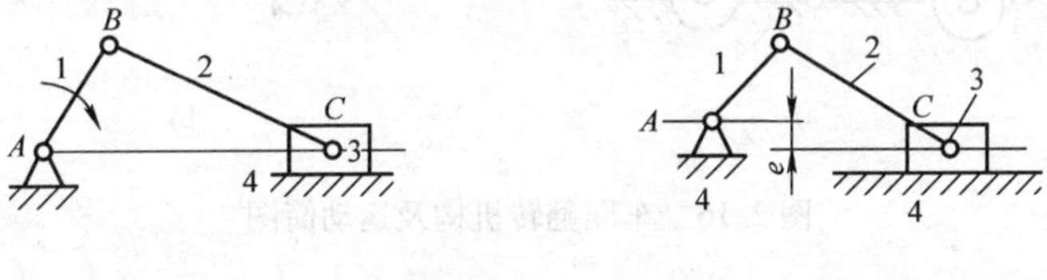

图 2-13　曲柄滑块机构

以图 2-14a 所示的曲柄滑块机构为例，若取构件 1 为机架，此机构演化为导杆机构，该机构的一连架杆 2 为曲柄，另一连架杆 4 作为滑块 3 的导路相对机架作定轴转动或摆动，称为导杆。当 $l_2>l_1$ 时，导杆可以作整周转动，此机构为转动导杆机构，如图 2-14b 所示。当 $l_2<l_1$ 时，导杆只能作往复摆动，此机构为摆动导杆机构，如图 2-15a 所示，牛头刨床就包含了摆动导杆机构，如图 2-15b 所示。

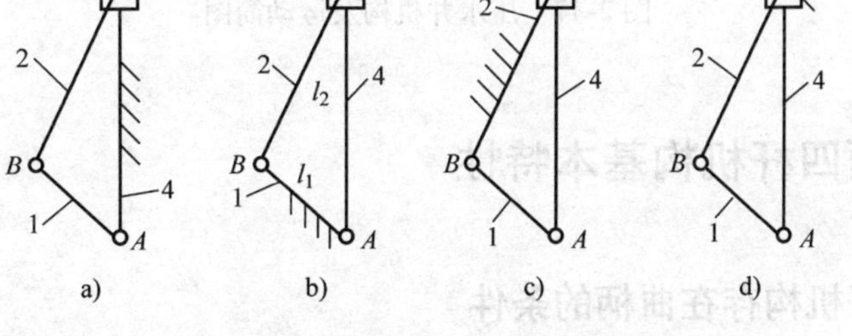

图 2-14　取不同构件为机架的演化

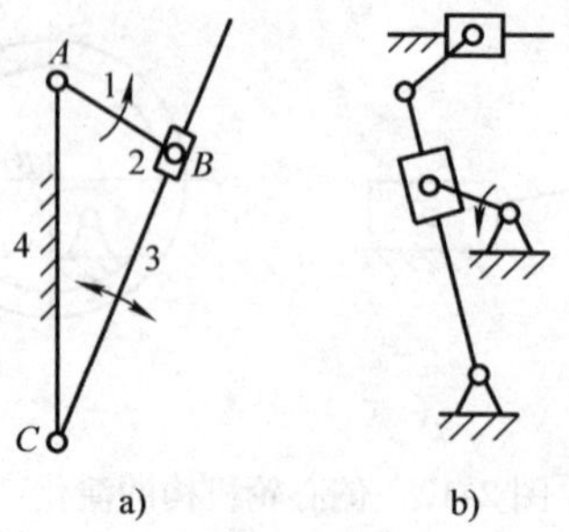

图 2-15　摆动导杆机构及牛头刨床切削机构

若取构件 2 为机架，如图 2-14c 所示，则曲柄滑块机构演化为曲柄摇块机构，该机构的一连架杆 1 为曲柄，另一连架杆 3 为块状，且只能作定轴往复摆动。如自卸车的车厢翻转机构，如图 2-16a 所示，图 2-16b 所示为其运动简图。

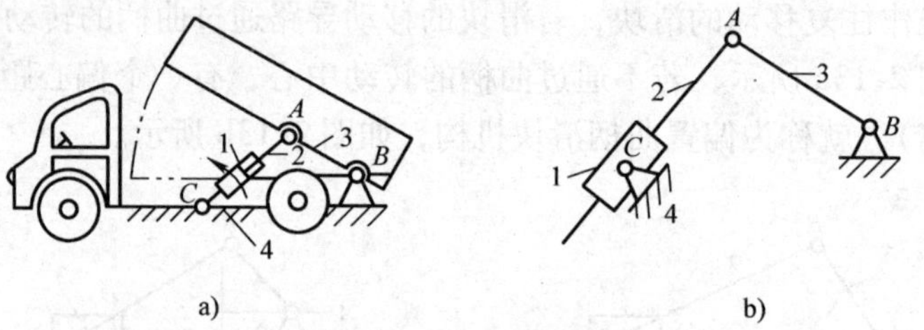

图 2-16　车厢翻转机构及运动简图

若取构件 3 为机架，如图 2-14d 所示，则曲柄滑块机构演化为直动滑杆机构或定块机构，如图 2-17a 所示的压水井机构即为其应用实例。图 2-17b 所示为其运动简图。

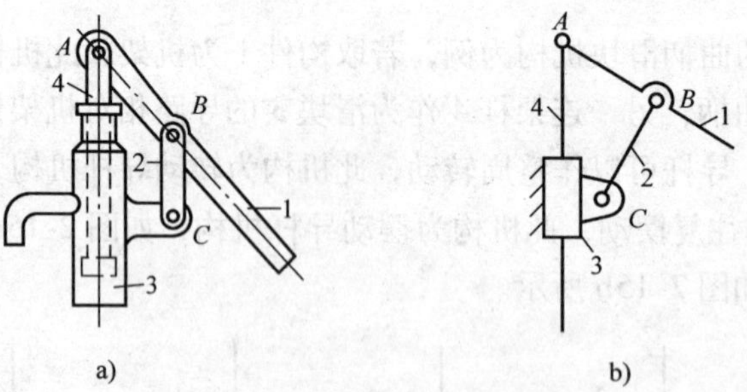

图 2-17　压水井机构及运动简图

2.3　分析平面四杆机构基本特性

2.3.1　铰链四杆机构存在曲柄的条件

铰链四杆机构是否存在曲柄，取决于两个因素：

1）各杆的相对长度。

2）选择哪一个构件为机架。

1. 存在一个曲柄的条件

在如图2-18所示的曲柄摇杆机构中，各杆长度分别用l_1、l_2、l_3、l_4表示。设杆1为曲柄且$l_1 < l_4$，杆3为摇杆。杆1能否作整周转动，就看其是否能顺利通过与机架共线的两个位置AB'和AB''。

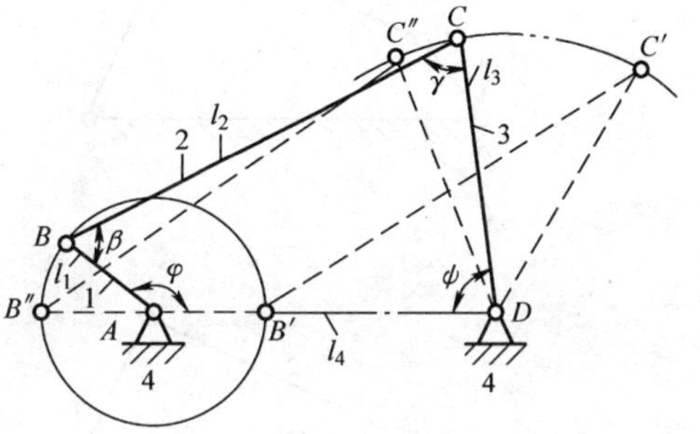

图2-18　曲柄摇杆机构

当曲柄位于AB'时，机构折叠成三角形$B'C'D$，根据三角形任意两边之差小于（极限状态等于）第三边的条件可得$l_2 - l_3 \leqslant l_4 - l_1$

或　　$l_3 - l_2 \leqslant l_4 - l_1$

即　　$$l_1 + l_2 \leqslant l_3 + l_4 \tag{2-1}$$

或　　$$l_1 + l_3 \leqslant l_2 + l_4 \tag{2-2}$$

当曲柄位于AB''时，机构延伸成三角形$B''C''D$，根据三角形任意两边之和大于（极限状态等于）第三边的条件可得

$$l_1 + l_4 \leqslant l_2 + l_3 \tag{2-3}$$

将式（2-1）、式（2-2）、式（2-3）两两相加可得

$$l_1 \leqslant l_2，l_1 \leqslant l_3，l_1 \leqslant l_4 \tag{2-4}$$

由式（2-1）、式（2-2）、式（2-3）、式（2-4）可得构成曲柄摇杆机构的条件如下：

1）曲柄为最短杆。

2）最短杆与最长杆的长度之和小于或等于其余两杆的长度之和。

2. 铰链四杆机构基本形式的判别通则

上述分析得出了铰链四杆机构存在一个曲柄的必要条件，但铰链四杆机构三个基本类型的演化（同形式之间的演化）取决于“取不同的构件为机架”。如图2-19a所示曲柄摇杆机构中，*AD*杆为机架，*AB*杆为曲柄，*AB*杆相对机架可作整周转动，以大于半圆的单箭头弧线表示。*CD*杆为摇杆，只能作相对摆动，以小于半圆的双箭头弧线表示。

当四杆机构中各杆的长度确定之后，构件与构件之间相对运动的范围即已确定。若以*BC*杆为机架，仍然可以得到曲柄摇杆机构，如图2-19b所示；若以*AB*杆为机架，杆*BC*、*AD*相对机架均可作整周转动，成为双曲柄机构，如图2-19c所示；若以*CD*杆为机架，杆*BC*、*AD*相对机架只能作摆动，成为双摇杆机构，如图2-19d所示。

根据以上分析可得铰链四杆机构基本形式的判别通则如下：

1）若最短杆与最长杆的长度之和小于或等于其余两杆的长度之和，是否存在曲柄取决于以哪一个构件作为机架：

① 以最短杆的邻边作为机架，构成曲柄摇杆机构。

② 以最短杆作为机架，构成双曲柄机构。

③ 以最短杆的对边作为机架，构成双摇杆机构。

2）若最短杆与最长杆的长度之和大于其余两杆的长度之和，无论以哪一个构件为机

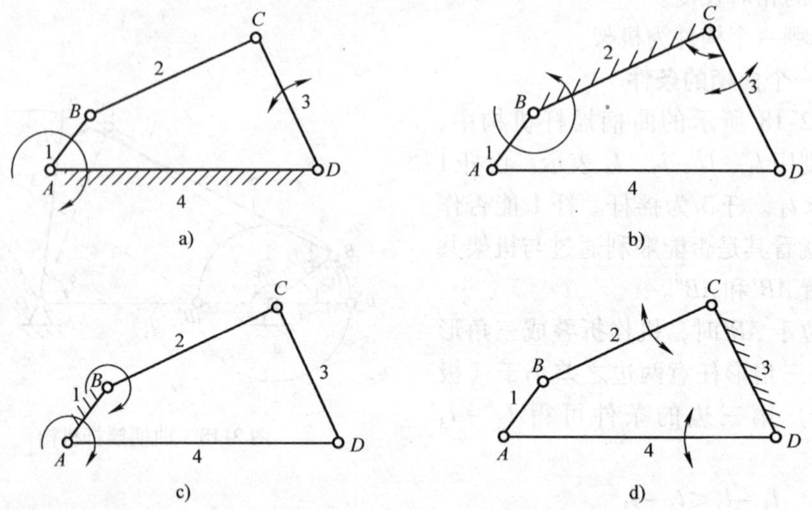

图 2-19　转换机架对机构类型的影响

架，均不存在曲柄，只能成为双摇杆机构。

可见，杆长条件是存在曲柄的必要条件，铰链四杆机构存在曲柄的条件如下：

① 最短杆与最长杆的长度之和小于或等于其余两杆的长度之和。

② 连架杆与机架中必有一杆为最短杆。

作为特例，平行四边形机构以任何一边作为机架，均构成双曲柄机构。

2.3.2　平面四杆机构的运动特性（急回特性）

在图 2-20 所示的曲柄摇杆机构中，设曲柄 1 为原动件，作匀速转动，驱动摇杆 3 作往复摆动。当曲柄 1 转到与连杆共线的两个位置 AB_1 与 AB_2 时，摇杆 3 位于两个极限位置 C_1D 与 C_2D，此时 C_1D 与 C_2D 之间所夹的角 ψ 称为摇杆的摆角。当摇杆处于两个极限位置时，曲柄对应的两个位置 AB_1 与 AB_2 之间所夹的锐角 θ 称为极位夹角。

设摇杆从 C_1D 推到 C_2D 的过程为工作行程，摆动的角度为 ψ，所用的时间为 t_1，平均角速度为 ω_1。此时曲柄从 AB_1 转动到 AB_2，转过的角度为 $\varphi_1 = 180° + \theta$，所用的时间仍为 t_1。

设摇杆从 C_2D 被拉回到 C_1D 的过程为空回行程，摆动的角度为 ψ，所用的时间为 t_2，平均角速度为 ω_2。此时曲柄从 AB_2 转回到 AB_1，转过的角度为 $\varphi_2 = 180° - \theta$，所用的时间仍为 t_2。

显然，由于曲柄匀速转动，且转过的角度 $\varphi_1 > \varphi_2$，所以可得出 $t_1 > t_2$；对于摇杆，由于 $t_1 > t_2$ 且摆动的角度相等，所以平均角速度 $\omega_2 > \omega_1$。机构的这种空回行程的平均速度高于工作行程平均速度的特性，称为急回特性。很多机械都利用这种急回特性来缩短非生产时间，提高机械

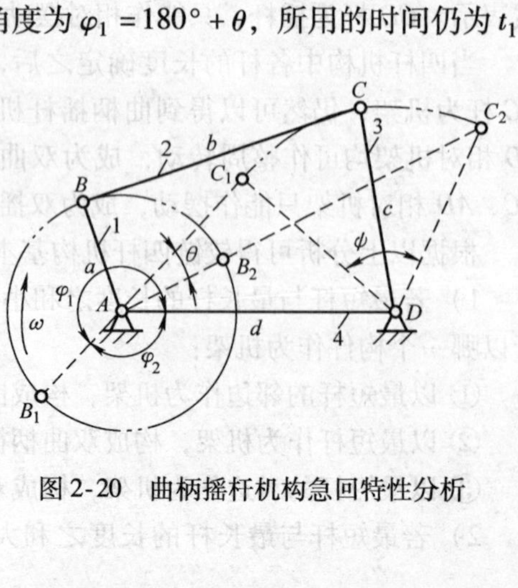

图 2-20　曲柄摇杆机构急回特性分析

的工作效率，如牛头刨床等。

急回特性的程度，可以用行程速比系数 K 来表示，它等于摇杆回程与工作行程平均角速度之比，即

$$K=\frac{\omega_2}{\omega_1}=\frac{\psi/t_2}{\psi/t_1}=\frac{t_1}{t_2}=\frac{\varphi_1}{\varphi_2}=\frac{180^\circ+\theta}{180^\circ-\theta} \tag{2-5}$$

上式表明，机构的急回特性取决于极位夹角 θ 的大小。θ 值越大，K 值也越大，机构的急回特性越显着，但机构的传动平稳性下降。因此在设计时通常取 $K=1.2\sim2.0$。

极位夹角 θ 的计算公式为：

$$\theta=180^\circ\frac{K-1}{K+1} \tag{2-6}$$

除了上述的曲柄摇杆机构具有急回特性外，偏置曲柄滑块机构和摆动导杆机构也具有急回特性，如图2-21、图2-22所示。对于摆动导杆机构，导杆的摆角 ψ 等于极位夹角 θ，因此具有显著的急回特性。

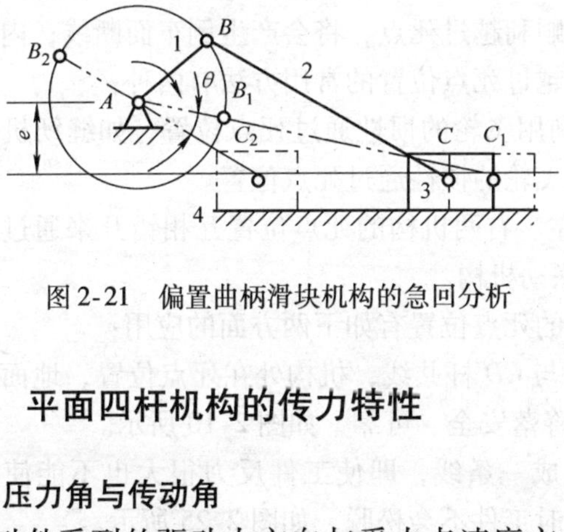

图2-21　偏置曲柄滑块机构的急回分析

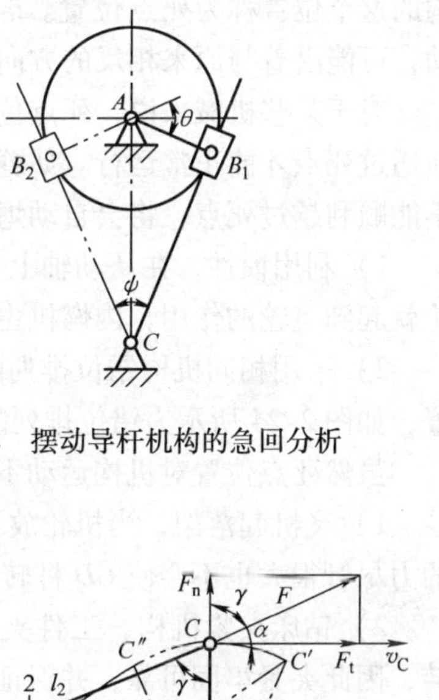

图2-22　摆动导杆机构的急回分析

2.3.3　平面四杆机构的传力特性

1. 压力角与传动角

从动件受到的驱动力方向与受力点速度方向所夹的锐角 α 称为压力角。在图2-23所示的曲柄摇杆机构中，若不计各杆质量和运动副中的摩擦力，则连杆 BC 可视为二力杆，主动件曲柄通过连杆给从动件摇杆 CD 的力 F 是沿 BC 方向的，此时 C 点的速度方向垂直于向径 CD，则 α 为压力角。

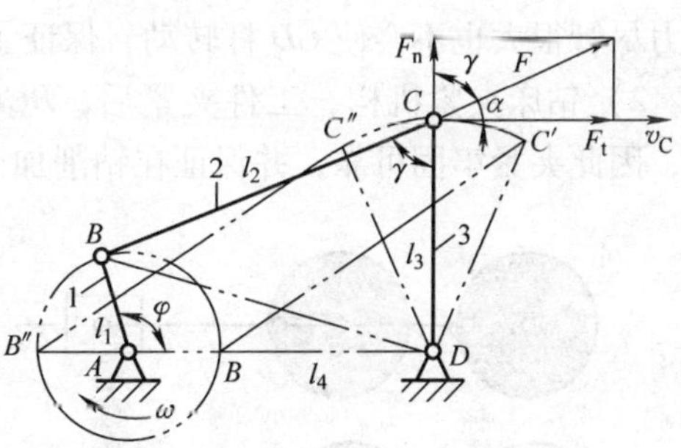

图2-23　压力角与传动角

将 F 沿 C 点速度方向和垂直于速度的方向分解为：

$$F_t=F\cos\alpha$$

$$F_n=F\sin\alpha$$

式中　F_t——使从动件转动的有效分力；

F_n——对转动副 C 产生的附加径向压力。

显然，压力角越小，有效分力 F_t 越大，机构的传力性能越好；相反会使有害分力 F_n 增大，加剧磨损，降低机构传动效率。在实际应用中，为了计算和测量方便，通常以压力角的余角 γ 来衡量机构的传力性能，γ（即连杆与摇杆之间所夹的锐角）称为传动角。传动角越大，传动的性能越好。由此可见，压力角和传动角是反映机构传力性能的重要指标。

机构运转时，其传动角是变化的。为了保证机构传力性能良好，设计时一般应使工作行程中的最小传动角 $\gamma_{min} \geqslant [\gamma]$，$[\gamma] = 40° \sim 50°$。为此，必须确定传动角 $\gamma = \gamma_{min}$ 时的位置，并检验最小传动角 γ_{min} 值是否大于许用值。

根据三角形中大边对大角的定理，由图 2-23 可知：最大或最小传动角发生在曲柄与机架共线的两个位置。

2. 死点位置

在图 2-20 所示的曲柄摇杆机构中，若以摇杆 3 作为原动件驱动曲柄 1 转动，当摇杆位于 C_1D 与 C_2D 时，通过连杆 2 传递到从动件曲柄 1 上力的作用线经过曲柄的转动中心 A，因而不能产生驱动力矩来推动曲柄转动，使整个机构处于静止状态，此时 $\alpha = 90°$ 或 $\gamma = 0°$，机构的这个位置称为死点位置。若摇杆继续摆动，曲柄可能沿着原来的运动方向继续向前转动，可能沿着与原来相反的方向转动，也可能由于转动副中摩擦力矩的影响卡死在该位置。

对于某些机械来说，死点位置是工作过程中极为不利的位置，必须采取措施使机构顺利地通过死点才能正常运行。如缝纫机若不能顺利越过死点，将会产生倒车而断线；内燃机若不能顺利越过死点，将会自动熄火。工程中越过死点位置的常用方法有两种：

1）利用惯性，在从动轴上安装飞轮，利用飞轮的惯性通过死点位置，如缝纫机的大带轮就起到飞轮的作用，内燃机也是利用加装飞轮的惯性通过死点位置。

2）采用相同机构错位排列的方法，使左、右两机构的死点位置互相错开来通过死点位置，如图 2-24 所示为错位排列的机车车轮联动机构。

虽然死点位置对机构运动不利，但机构的死点位置有如下两方面的应用：

1）飞机起落架，当机轮放下时，BC 杆与 CD 杆共线，机构处在死点位置，地面对机轮的力尽管很大也不会使 CD 杆转动，保证了降落安全、可靠，如图 2-10 所示。

2）钻床夹紧机构，工件夹紧后，BCD 成一条线，即使工件反力很大也不能使机构反转，因此夹紧牢固可靠，并保证在钻削加工时工件不会松脱，如图 2-25 所示。

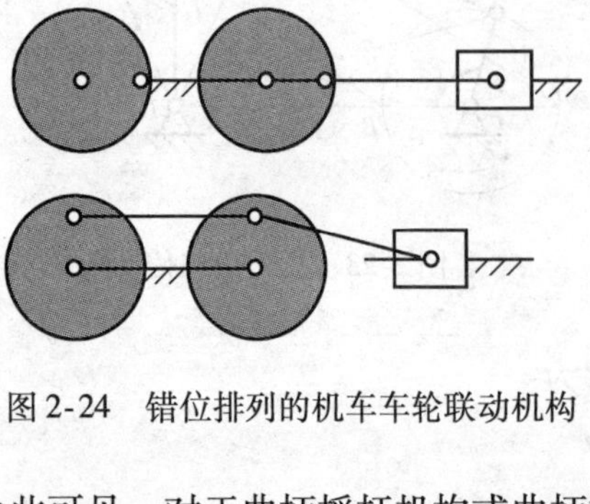

图 2-24　错位排列的机车车轮联动机构

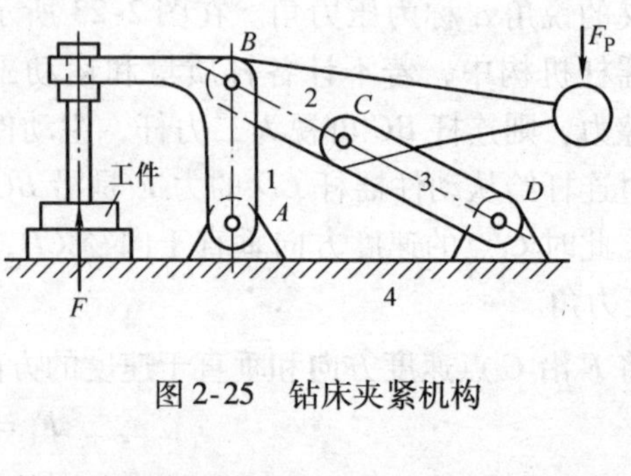

图 2-25　钻床夹紧机构

由此可见，对于曲柄摇杆机构或曲柄滑块机构，当摇杆或滑块为主动件时，会出现两个死点位置；当曲柄为主动件时，永远不存在死点位置。所以，死点位置发生在从动件与连杆共线的两位置。

2.4 设计平面四杆机构

平面四杆机构的设计主要是实现机构的运动设计，即实现给定的运动规律和运动轨迹。平面四杆机构设计的基本问题是：根据给定的运动要求，确定绘制机构运动简图所必要的各构件的几何参数，包括各构件的长度尺寸及运动副之间的相对位置。在设计中还应考虑结构条件（如合适的杆长比和运动副的结构与尺寸）、动力条件（如最小传动角的限制）、运动条件（如急回特性）等。常用的设计方法有图解法、解析法和实验法。这里主要介绍图解法。

用图解法设计平面四杆机构时，根据已知条件的不同，主要分为以下几种情况：

2.4.1 按给定的连杆位置设计平面四杆机构

1. 按给定连杆的两个位置设计平面四杆机构

如图 2-26 所示，已知连杆 BC 的长度及在机构的运动过程中占据 B_1C_1 和 B_2C_2 两位置，设计满足连杆这两个位置的铰链四杆机构。

此类问题就是求两个固定铰链点 A、D。由于两连架杆作定轴转动，连架杆与连杆连接的铰链中心 B、C 两点的运动轨迹为圆或圆弧，该圆或圆弧的圆心就是固定铰链点的位置。所以此类设计问题变成了已知圆或圆弧上的两点，如何用作图的方法找出圆心的问题。

根据平面几何的定理，固定铰链 A、D 应分别在 B_1B_2 和 C_1C_2 连线的垂直平分线 b_{12} 和 c_{12} 上任意选取，可以得到无穷多个解。结合附加限定条件，从无穷多个解中选取满足要求的解。

铸造车间造型机的翻台机构如图 2-27 所示，要求翻台（连杆）在实线位置时填砂造型，翻台在双点画线位置时托台上升起模，即要求翻台能实现 B_1C_1 和 B_2C_2 两位置。

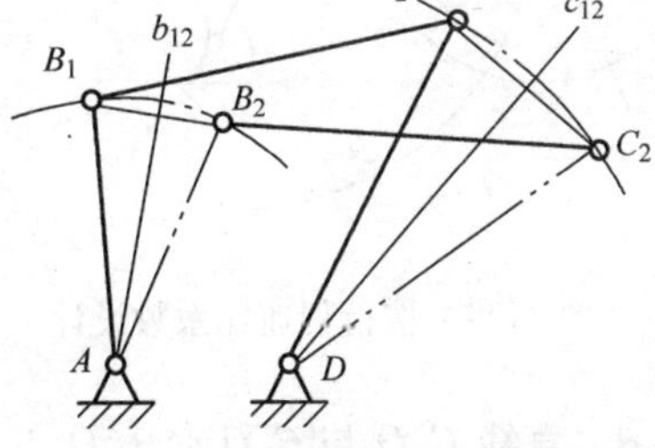

图 2-26 实现连杆两位置的设计

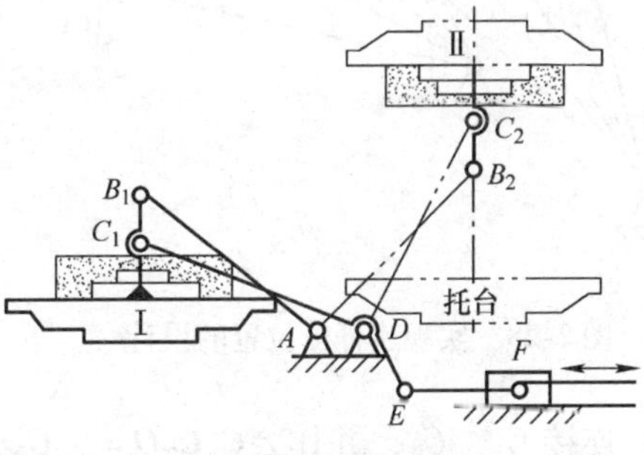

图 2-27 翻台机构的设计

2. 按给定连杆的三个位置设计平面四杆机构

如图 2-28 所示，已知连杆 BC 的长度及在机构的运动过程中占据 B_1C_1、B_2C_2 和 B_3C_3 三个位置，设计满足连杆该三个位置的铰链四杆机构。

当实现已知连杆三个对应位置时，B_1、B_2、B_3 同在一个圆弧上，根据三点定圆的理论，可确定 A 点，即 A 点应在 B_1B_2 和 B_2B_3 的垂直平分线 b_{12} 和 b_{23} 的交点上。同理，D 点应在

C_1C_2和C_2C_3的垂直平分线c_{12}和c_{23}的交点上。该设计有唯一解。具体设计步骤如下：

1）选择适当的比例尺μ_1，绘出连杆三个预定位置B_1C_1、B_2C_2和B_3C_3。

2）连接B_1B_2和B_2B_3，分别作B_1B_2和B_2B_3的垂直平分线，交点即为A点。

3）连接C_1C_2和C_2C_3，分别作C_1C_2和C_2C_3的垂直平分线，交点即为D点。

4）连接AB_1、C_1D和AD，则AB_1C_1D即为所求的铰链四杆机构。各构件实际长度分别为

$$l_{AB}=\mu_1\overline{AB_1}、l_{CD}=\mu_1\overline{C_1D}、l_{AD}=\mu_1\overline{AD}$$

2.4.2　按给定的行程速比系数K设计平面四杆机构

当机构运动需要具有急回特性时，应先确定行程速比系数K，再根据机构运动的极限位置等几何关系及其他辅助条件，确定机构运动简图中各运动副之间的相对位置尺寸。

1. 曲柄摇杆机构

已知条件：曲柄摇杆机构的行程速比系数K、摇杆长度l_3、摆角ψ。设计任务是确定其他三杆的长度l_1、l_2和l_4。设计步骤如下：

1）按式（2-6）计算机构的极位夹角θ

$$\theta=180°\frac{K-1}{K+1}$$

2）选取适当的作图比例尺。任取一点D，按摇杆长度和摆角画出摇杆的两个极限位置C_1D、C_2D，如图2-29所示。

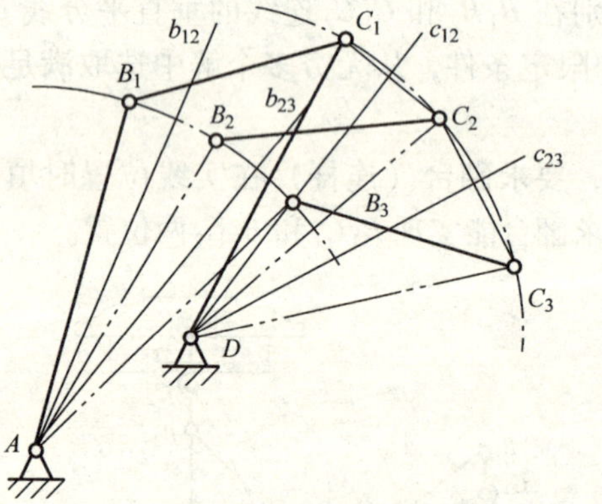

图2-28　实现连杆三位置的设计

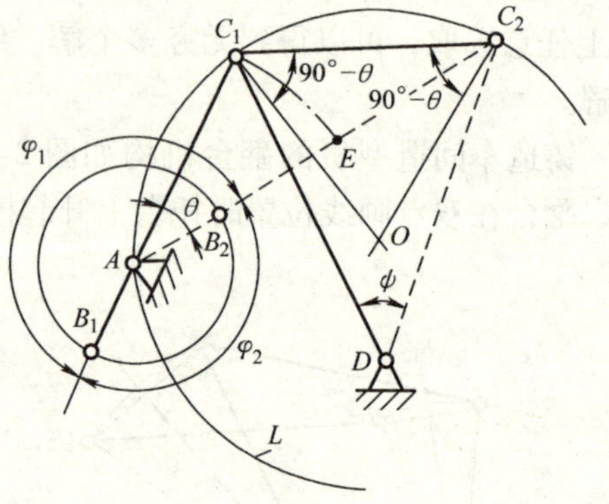

图2-29　按行程速比系数设计

3）连接C_1、C_2，并作$\angle C_1C_2O=\angle C_2C_1O=90°-\theta$，直线$C_1O$与$C_2O$交于$O$点。以$O$为圆心，以$C_1O$为半径画辅助圆$L$，则弦$C_1C_2$对应的圆心角为$2\theta$。在辅助圆周上任取一点$A$，连接$C_1A$与$C_2A$，圆周角$\angle C_1AC_2=\theta$，则$C_1A$与$C_2A$即为摇杆处于极限位置时曲柄与连杆对应的位置，$A$点即为固定铰链$A$的中心位置。

4）根据机构运动特点，$C_1A=BC-AB$，$C_2A=BC+AB$，可得

$$AB=\frac{C_2A-C_1A}{2}\qquad BC=\frac{C_2A+C_1A}{2}$$

5）从图中量出C_1A、C_2A与AD的长度，即可求出AB、BC的长度，并根据作图比例尺

求出各杆的实际长度 l_1、l_2 和 l_4，即

$$l_1 = \mu_1 AB \quad l_2 = \mu_1 BC \quad l_4 = \mu_1 AD$$

由于 A 点是在圆 O 上任意取的，因而答案有无穷多解。欲使答案唯一必附加其他条件。

2. 偏置的曲柄滑块机构

由于对心的曲柄滑块机构不具有急回特性，不能按该方法进行设计；但偏置的曲柄滑块机构具有急回特性，可以采用该方法设计。

如图2-30所示为偏置曲柄滑块机构。已知滑块行程 H，偏心距 e，行程速比系数 $K=1.5$，试设计此机构。

解：1）计算机构的极位夹角 θ

$$\theta = 180° \frac{K-1}{K+1}$$

2）选取作图比例 μ_1，作滑块的两个极限位置 C_1、C_2，使 $C_1C_2 = H$，如图2-31所示。

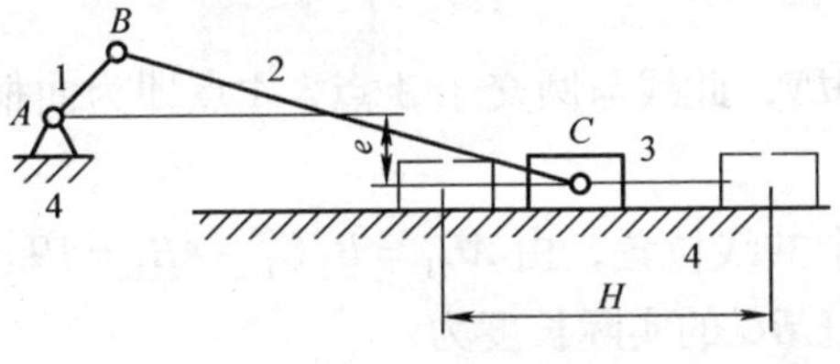

图2-30　曲柄滑块机构

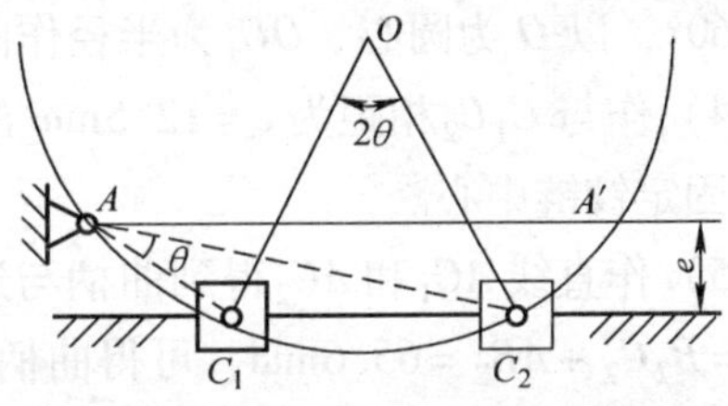

图2-31　曲柄滑块机构设计图

3）作 $\angle C_1C_2O = \angle C_2C_1O = 90° - \theta$，直线 C_1O 与 C_2O 交于 O 点。以 O 为圆心，以 C_1O 为半径画辅助圆，则弦 C_1C_2 对应的圆心角为 2θ。

4）作直线 $AA' /\!/ C_1C_2$，且与 C_1C_2 相距 e/μ_1，与圆 O 交于 A、A' 两点（取其中一点即可），连接 AC_1 与 AC_2，圆周角 $\angle C_1AC_2 = \theta$，则 C_1A 与 C_2A 即为滑块处于极限位置时曲柄与连杆对应的位置，A 点即为固定铰链的中心位置。

5）从图中即可量出 C_1A 和 C_2A 的长度，由公式可得曲柄 AB 和连杆 BC 的长度：

$$AB = \frac{C_2A - C_1A}{2} \quad BC = \frac{C_2A + C_1A}{2}$$

由此可得出：曲柄的实际长度 $l_1 = \mu_1 AB$，连杆的实际长度 $l_2 = \mu_1 BC$。

由于 A 点是直线 AA' 与圆 O 的交点，因而答案是唯一的。

3. 摆动导杆机构

由于转动导杆机构不具有急回特性，不能按该方法进行设计；但摆动导杆机构具有急回特性，可以采用该方法设计。

已知摆动导杆机构的机架长度 d 和行程速度变化系数 K，试设计此机构。

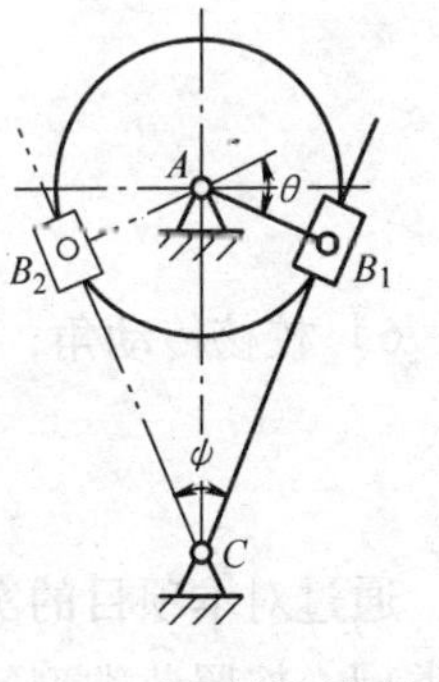

图2-32　摆动导杆机构设计图

取比例尺 μ_1，作 $AC = d/\mu_1$。由已知 K 算出 θ，由图2-32可知，极位夹角 θ 等于导杆的摆角 ψ，因此作 $\angle ACB_1 = \angle ACB_2 = \theta/2$，作 AB_1（或 AB_2）垂直于 B_1C（或 B_2C），则 AB 就是曲柄，

其长度 $a=\mu_1 \times AB_1$。

项目实践

设计如图 2-2 所示内燃机的曲柄滑块机构。已知行程速度变化系数 $K=1.4$，行程 $H=200\text{mm}$，偏心距 $e=50\text{mm}$。

内燃机偏置曲柄滑块机构设计过程和结果如下：

1）由给定行程速比变化系数 K 值，按照式（2-6）计算机构的极位夹角 θ，则

$$\theta=180°\left(\frac{K-1}{K+1}\right)=\frac{180°\times(1.4-1)}{1.4+1}=30°$$

2）选取作图比例 $\mu_1=4\text{mm/mm}$，作滑块的两个极限位置 C_1、C_2，使 $C_1C_2=50\text{mm}$，如图 2-33 所示。

3）以 C_1C_2 为底作等腰 $\triangle C_1OC_2$，使 $\angle C_1C_2O=\angle C_2C_1O=90°-\theta=60°$，$\angle C_1OC_2=2\theta=60°$，以 O 为圆心、OC_1 为半径作圆。

4）作与 C_1C_2 相距为 $e=12.5\text{mm}$ 的平行线 MN，此线与圆交于 A 点，A 点即为曲柄与机架的固定铰链中心。

5）作直线 AC_1 和 AC_2 得到曲柄与连杆的两个共线位置，由 $AC_1=B_1C_1-AB_1=19.1\text{mm}$、$AC_2=B_2C_2+AB_2=65.6\text{mm}$，可得曲柄 AB 及连杆 BC 的实际长度为

$$l_{AB}=\mu_1 AB=4\times 46.5\text{mm}/2=93\text{mm}$$

$$l_{BC}=\mu_1 BC=4\times 84.7\text{mm}/2=169.4\text{mm}$$

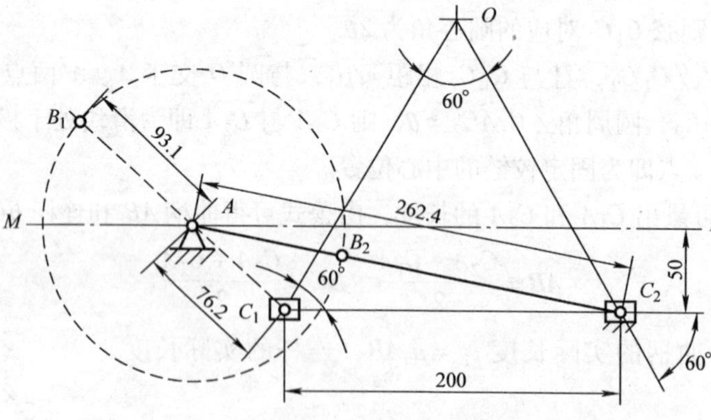

图 2-33　内燃机曲柄滑块机构设计图

6）校核传动角，使 $\gamma_{min}>40°$。

知识梳理与总结

通过对本项目的实践，最终要求达到：根据实际需要，确定满足此需要的平面四杆机构的类型，按照此类型的特性选择合适的设计方法设计出此平面四杆机构。设计完成后需对所设计的连杆机构进行运动学分析，校验此机构是否实用，是否满足实际要求。

1. 铰链四杆机构的基本形式及应用实例

铰链四杆机构按两连架杆的运动情况不同可分为：

1）曲柄摇杆机构，如雷达天线俯仰机构、缝纫机踏板机构。

2）双曲柄机构，如惯性筛机构、机车车轮的联动机构和摄影平台的升降机构。

3）双摇杆机构，如汽车前轮的转向机构和飞机的起落架机构。

2. 平面四杆的演化方式

1）改变构件形状及相对尺寸的演化（不同形式间的演化）。

2）扩大转动副（同形式间的演化）。

3）取不同构件为机架（同形式间的演化）。

3. 铰链四杆机构基本形式的判别通则

1）若最短杆与最长杆的长度之和大于其余两杆的长度之和，无论以哪一个构件为机架，均不存在曲柄，只能成为双摇杆机构。

2）若最短杆与最长杆的长度之和小于或等于其余两杆的长度之和（必要条件），是否存在曲柄取决于以哪一个构件作为机架。

① 以最短杆的邻边作为机架，构成曲柄摇杆机构。

② 以最短杆作为机架，构成双曲柄机构。

③ 以最短杆的对边作为机架，构成双摇杆机构。

4. 平面四杆机构的运动特性（急回特性）

机构的这种空回行程的平均速度高于工作行程平均速度的特性，称为急回特性。很多机械都利用这种急回特性来缩短非生产时间，提高机械的工作效率，如牛头刨床等。

机构是否具有急回特性取决于极位夹角 θ 是否大于零。急回特性是否显著取决于行程速比系数 K 值的大小。

除曲柄摇杆机构具有急回特性外，偏置的曲柄滑块机构和摆动的导杆机构也具有急回特性。

5. 平面四杆机构的传力特性

1）从动件受到的驱动力方向与受力点速度方向所夹的锐角 α 称为压力角。压力角的余角 γ 称为传动角。压力角越小或传动角越大，机构传动的性能越好。由此可见，压力角和传动角是反映机构传力性能的重要指标。

最小或最大传动角发生在曲柄与机架共线的两个位置。在绘制压力角时，一定要注意谁是原动件。

2）死点位置 $\alpha=90°$ 或 $\gamma=0°$ 的位置，称为机构的死点位置。死点位置发生在从动件与连杆共线的两位置。在曲柄摇杆机构中，当曲柄为主动件时，永远不存在死点位置。

工程中越过死点位置的常用方法有两种：

① 在从动轴上安装飞轮，利用飞轮的惯性通过死点位置。

② 采用相同机构错位排列的方法。

飞机起落架和钻床夹紧机构是利用死点位置进行工作的。所以，尽管死点位置对机构运动不利，但也不是不允许存在。

6. 平面四杆机构的运动设计

用图解法设计平面四杆机构时，根据已知运动条件的不同，主要有两种情况：

1）按给定的连杆位置设计平面四杆机构。

2）按给定的行程速比系数 K 设计平面四杆机构。

思考与练习

思考题

1. 在铰链四杆机构中，存在一个曲柄与存在两个曲柄的条件有何异同？
2. 曲柄摇杆机构中死点位置和摇杆的极限位置有何异同？
3. 什么是铰链四杆机构？铰链四杆机构有哪些类型？
4. 什么叫平面连杆机构的压力角和传动角？它们对机构的传力性能有何影响？
5. 什么叫行程速度变化系数 K？K 表示什么？如何判断机构是否有急回运动特性？
6. 铰链四杆机构存在曲柄的条件是什么？
7. 什么叫极位夹角？它与行程速比系数有什么关系？
8. 曲柄摇杆机构有哪些基本特性？
9. 平面连杆机构中，哪些常用机构在什么情况下出现“死点”位置？
10. 平面连杆机构中，哪些常用机构在什么情况下才能出现急回运动？
11. 偏置曲柄滑块机构和对心曲柄滑块机构是否都有急回特性？为什么？
12. 在什么条件下，曲柄摇杆机构可变成曲柄滑块机构？
13. 在导杆机构中，当曲柄为主动件时，该机构传动性能最好，为什么？
14. 构成曲柄摇杆机构的必要条件是什么？构成曲柄摇杆机构应该是哪个构件作机架？
15. 机构存在急回特性时，极位夹角是什么数值？
16. 为什么四杆机构设置最小传动角？
17. 机构处于死点位置时，从动件压力角是什么数值？
18. 何为平面四杆机构的死点位置？克服机构死点的措施是什么？

练习题

1. 如图 2-34 所示，已知铰链四杆机构各杆长度分别为 $l_{AB}=250\text{mm}$、$l_{BC}=640\text{mm}$、$l_{CD}=420\text{mm}$、$l_{AD}=520\text{mm}$，试问该机构是否存在曲柄？说明理由。

2. 如图 2-35 所示，已知四杆机构各杆长度分别为 $a=240\text{mm}$、$b=600\text{mm}$、$c=400\text{mm}$、$d=500\text{mm}$。试求：

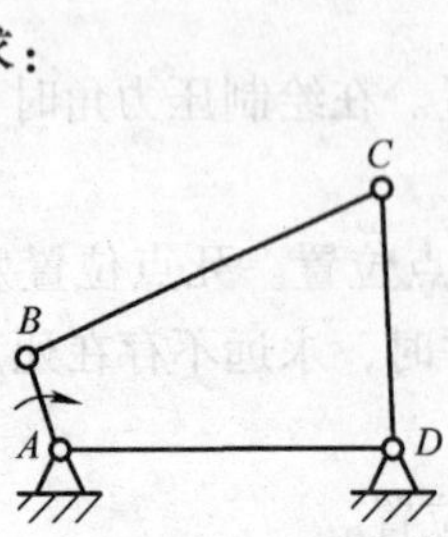

图 2-34　练习题 1

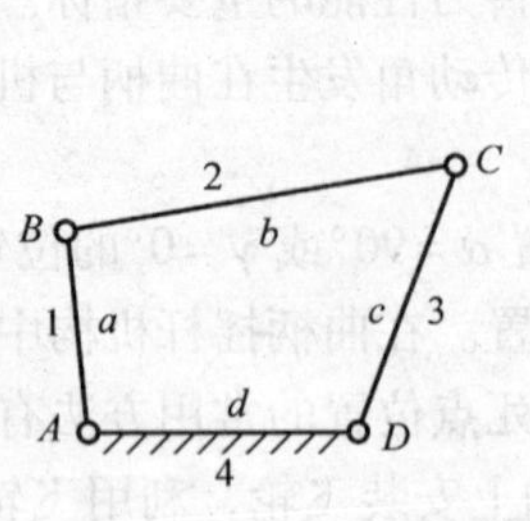

图 2-35　练习题 2

1）当取杆 4 为机架时，是否有曲柄存在？

2）各构件长度不变，能否获得双曲柄机构和双摇杆机构？如何获得？

3. 如图 2-36 所示，已知四杆机构各杆长度分别为 $l_1=30\text{mm}$、$l_2=56\text{mm}$、$l_3=54\text{mm}$、

$l_4 = 76\text{mm}$。试求：

1）当取杆4为机架时，该机构的极位夹角 θ、行程速比变化系数 K、杆3的摆角 ψ 和最小传动角 $\gamma_{\min}$。

2）当取杆3为机架时，该机构是否存在曲柄？

4. 如图2-37所示铰链四杆机构中，已知 $l_{BC} = 50\text{mm}$、$l_{CD} = 35\text{mm}$、$l_{AD} = 30\text{mm}$，AD为机架，试问：

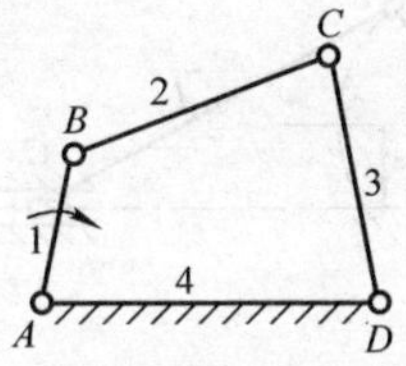

图2-36　练习题3

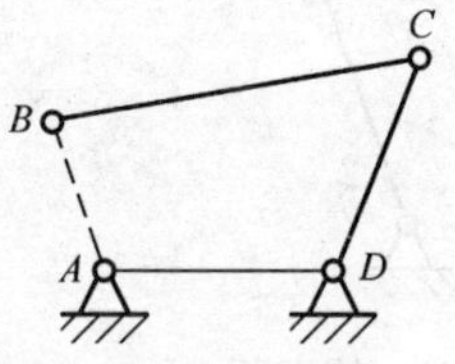

图2-37　练习题4

1）若为曲柄摇杆机构，且 AB 为曲柄，试求 l_{AB} 的最大值。

2）若为双曲柄机构，试求 l_{AB} 的最小值。

3）若此机构为双摇杆机构，求 l_{AB} 的取值范围。

5. 如图2-38所示分别为对心曲柄滑块机构和偏置曲柄滑块机构，试求出 AB 杆为曲柄的条件？

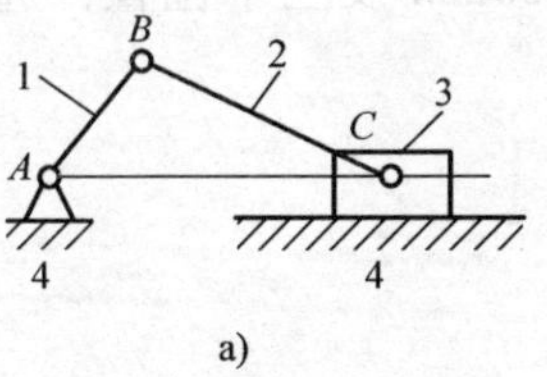

图2-38　练习题5

6. 绘出图2-39所示曲柄滑块机构中，当曲柄和滑块分别为原动件时的压力角。

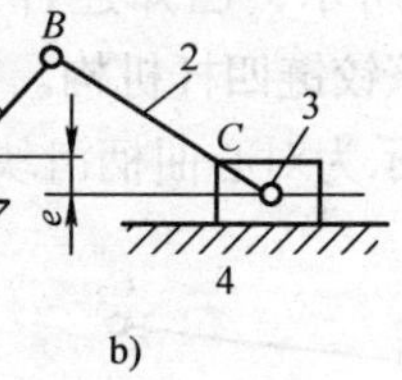

图2-39　练习题6

7. 标出图2-40所示各四杆机构的压力角和传动角，并判断有无“死点”位置。

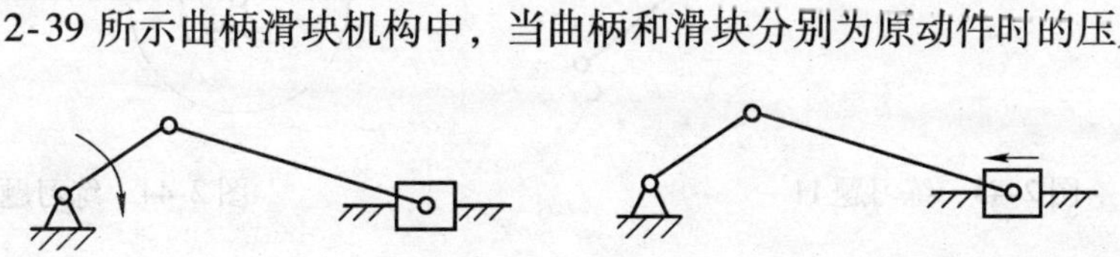

图2-40　练习题7

8. 判断图 2-41 所示导杆机构是否具有急回特性，如有，请在图中画出机构的极位夹角 θ、并写出行程速比系数 K 的计算公式。画出图示位置机构的压力角 α。

9. 如图 2-42 所示的偏置曲柄滑块机构，偏心距 $e=100\text{mm}$，曲柄长 $r=150\text{mm}$，连杆长 $l=400\text{mm}$。试用图解法求：

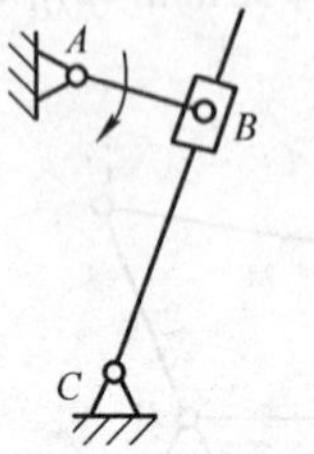

图 2-41　练习题 8

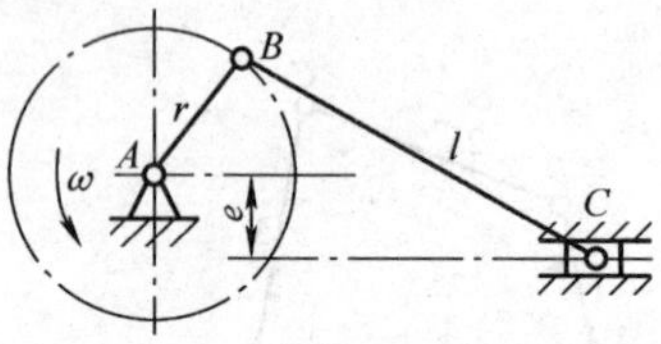

图 2-42　练习题 9

1）滑块的行程 s。

2）行程速比系数 K。

3）校验最小传动角 γ_{min}（要求 $\gamma_{min}>40°$）。

10. 已知一偏置曲柄滑块机构，偏心距 $e=20\text{mm}$，滑块行程 $s=60\text{mm}$，行程速比变化系数 $K=1.4$，试用图解法确定曲柄 AB 和连杆 BC 的长度。

11. 如图 2-43 所示，已知连杆长度 $l_{BC}=100\text{mm}$ 及三个位置，选择长度比例尺 $\mu_1=5\text{mm/mm}$，试设计该铰链四杆机构。

12. 图 2-44 所示为对心曲柄滑块机构。

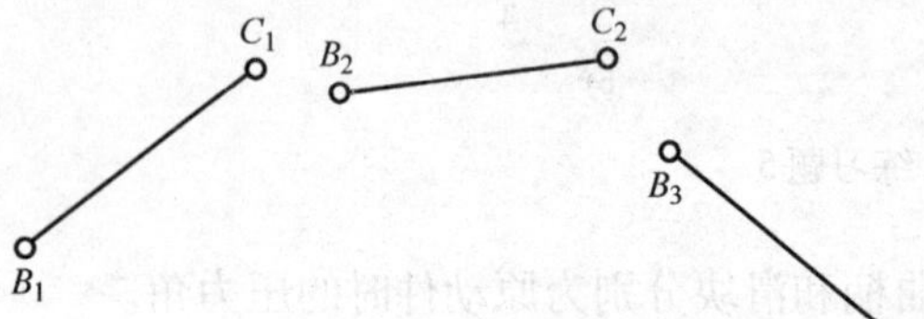

图 2-43　练习题 11

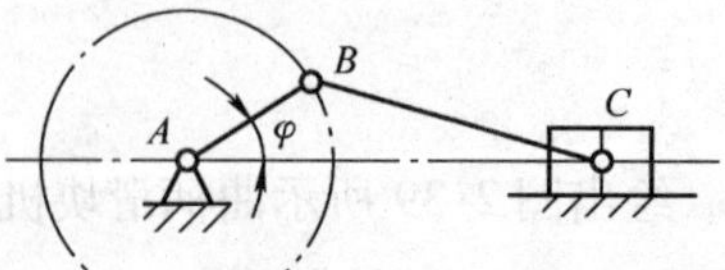

图 2-44　练习题 12

1）作图表示当曲柄为主动件时，出现最大、最小传动角时机构所处的位置，并在图中标出传动角。

2）说明当机构如以滑块为主动件时，最大压力角为多少？

13. 设计如图 2-45 所示轧棉机的铰链四杆机构。已知脚踏板 CD 在水平位置上下各摆 10°，$l_{CD}=450\text{mm}$，$l_{AD}=950\text{mm}$，试用图解法设计该四杆机构。

14. 如图 2-46 所示为加热炉炉门的启闭机构。点 B、C 为炉门上的两个铰链中心。炉门打开后成水平位置时，要求炉门的热面朝下。固定铰链中心应位于 yy 线上，试设计此铰链四杆机构。

15. 如图 2-47 所示的颚式破碎机，已知行程速比系数 $K=1.25$，鄂板（摇杆）CD 的长度 $l_{CD}=250\text{mm}$，鄂板摆角 $\psi=30°$。若机架 AD 的长度 $l_{AD}=225\text{mm}$，试确定曲柄 AB 和连杆

BC 的长度 l_{AB} 和 l_{BC}，并对此设计结果，检验它们的最小传动角 γ_{min}（要求 $\gamma_{min}>40°$）。

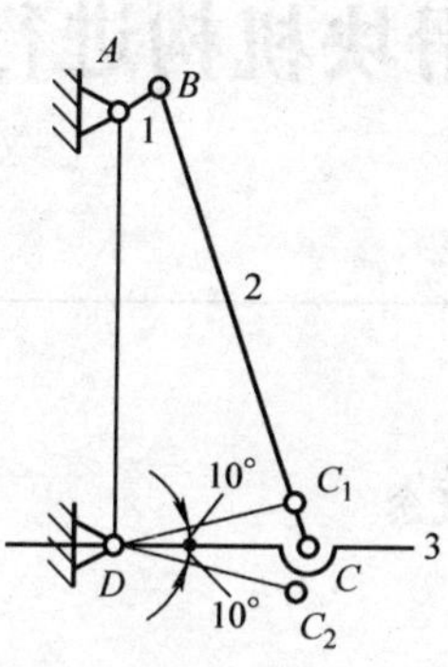

图 2-45　练习题 13

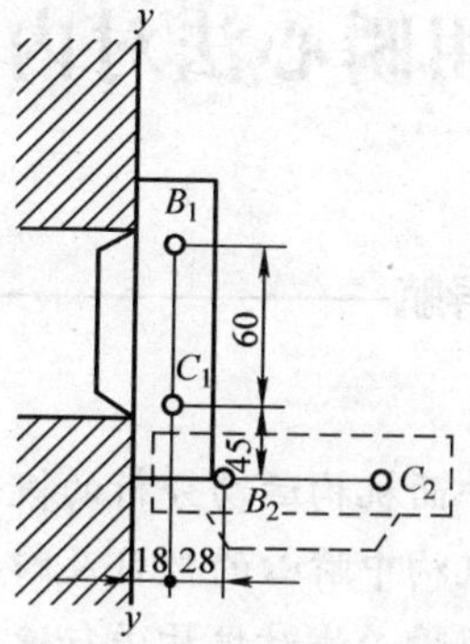

图 2-46　练习题 14

16. 如图 2-48 所示，设计一振实造型机的反转机构，要求反转台位于位置Ⅰ（实线位置）时，在沙箱内填砂造型振实；反转台反转至位置Ⅱ（虚线位置）时起模，翻台固定在铰链四杆机构的连杆 BC 上，要求机架上铰链中心 A、D 在图中 x 轴上。试确定曲柄 AB、连杆 CD 和机架 AD 的长度 l_{AB}、l_{CD} 和 l_{AD}。

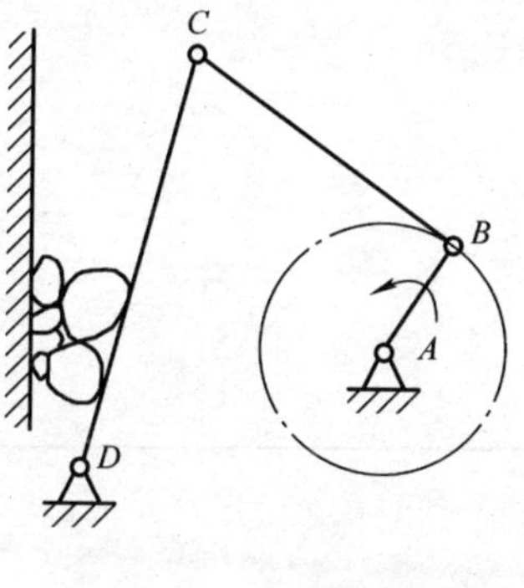

图 2-47　练习题 15

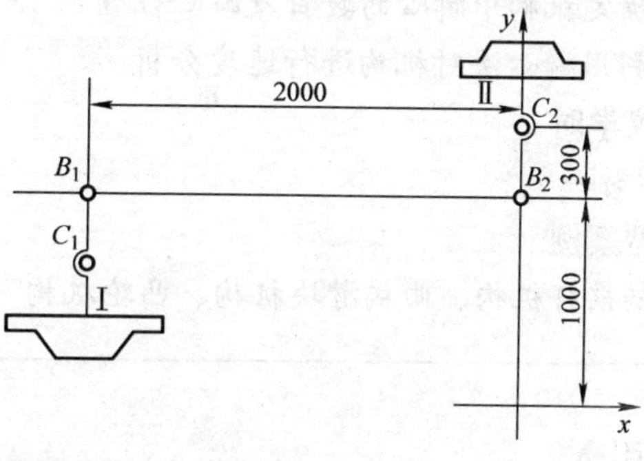

图 2-48　练习题 16

项目3 用瞬心法对内燃机曲柄滑块机构进行速度分析

教学导航

知识目标

1. 熟悉平面机构运动分析的概念及速度瞬心的概念
2. 掌握机构中瞬心的数目及瞬心位置的确定
3. 掌握用瞬心法对机构进行速度分析应用

能力目标

1. 能对速度瞬心进行分类
2. 利用“瞬心多边形”方法，确定机构中各瞬心位置
3. 利用瞬心法对机构进行速度分析

项目目标

1. 明确速度瞬心的概念
2. 确定机构中瞬心的数目及瞬心位置
3. 利用瞬心法对机构进行速度分析

建议学时

2 学时

典型案例

曲柄摇杆机构、曲柄滑块机构、凸轮机构

项目引入

单缸内燃机的驱动机构是以活塞为原动件的曲柄滑块机构，按照项目2的要求，我们设计了曲柄滑块机构并对它的运动性能进行检验，也就是最小传动角大于设计要求。此外，对设计完的机构还要进行运动分析。对机构进行运动分析的具体方法有图解法和解析法两种。图解法的特点是直观、易懂，但不精确；解析法的特点是将机构放在直角坐标系下，将已知和未知的运动量之间的关系用数学式表达出来，然后求解。随着计算机的普及和发展，解析法已逐渐推广，但图解法可以直观地对设计过程进行指导，在设计初期还是选用图解法。

在用图解法对机构进行运动分析中，应用最多的是矢量方程图解法，它可以对机构进行速度分析和加速度分析。本项目选择用瞬心法可以快速对机构进行速度分析，尤其是构件数不太多的机构。

项目提出

已知一内燃机的对心曲柄滑块机构中，曲柄半径 $r = 50\text{mm}$，连杆长度 $l = 150\text{mm}$，活塞

速度 $v_3=3\text{m/s}$，试用瞬心法求出曲柄运动的角速度 ω_1 等于多少？

项目分解

项目　用瞬心法对机构进行速度分析 → 任务1　明确机构运动分析目的 → 任务2　确定速度瞬心 → 任务3　速度瞬心法的应用 → 项目实践

相关知识

3.1　明确机构运动分析的目的

3.1.1　机构运动分析的概念

机构的运动分析是已知机构原动件的运动规律，对机构某点或某构件进行位移（角位移）、速度（角速度）和加速度（角加速度）分析。

3.1.2　机构运动分析的目的

1）求解机构中某些点的运动轨迹或位移，确定机构的运动空间。

如图3-1所示内燃机的曲柄滑块机构，活塞上、下止点间的距离 S 是确定活塞缸长度尺寸的依据。

2）求解机构某些构件的速度、加速度，了解机构的工作性能。

如图3-2所示牛头刨床的摆动导杆机构，通过对导杆工作行程和空回行程平均角速度的确定，来证实此机构具有急回特性。

3）为力分析做前期准备工作。

构件的惯性力与其加速度成正比，惯性力矩与其角加速度成正比。

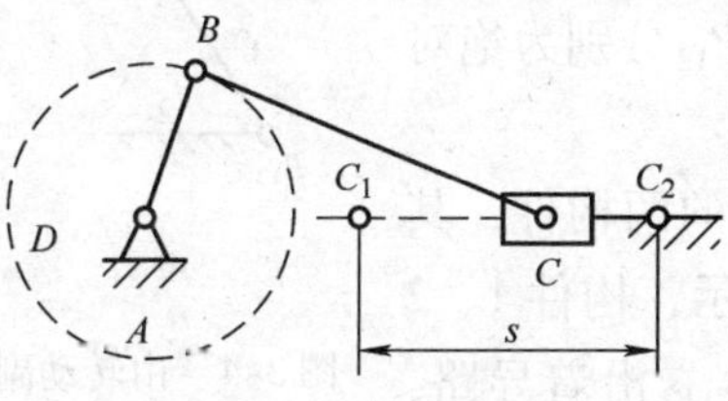

图3-1　曲柄滑块机构

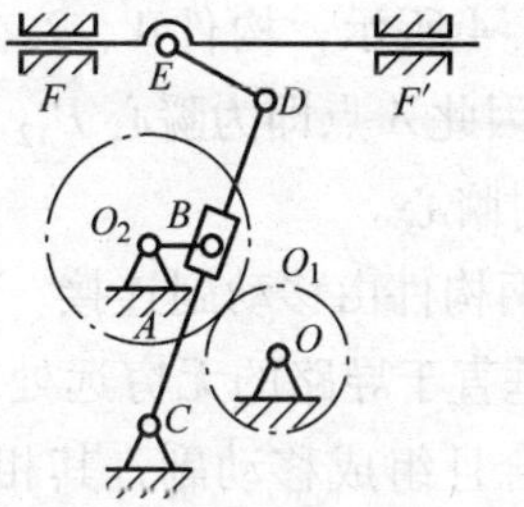

图3-2　摆动导杆机构

这些运动分析无论是对了解现有机械的运动性能还是设计新的机械都是十分必要的，是完善机构综合性能的重要步骤之一。

3.2　确定速度瞬心

用图解法分析机构的速度通常有速度瞬心法和矢量方程图解法。对有些机构应用速度瞬心法求机构中某点的速度或某构件的角速度是十分简便的。

3.2.1 速度瞬心

互做平行平面运动的两构件，在任一瞬时，都可以看成是围绕一个瞬时重合点作相对转动，其相对速度为零，绝对速度相等的瞬时重合点称为两构件的速度瞬心，简称瞬心。瞬心又可分为绝对瞬心和相对瞬心。若该点上的绝对速度为零，则该点的瞬心为绝对瞬心；若该点上的绝对速度非零，则该点的瞬心为相对瞬心。一般用符号 P_{ij}（或 P_{ji}）表示构件 i 与构件 j 的瞬心。

如图 3-3 所示，构件 1、2 互做平行平面运动，在该瞬时构件 1、2 上 A、B 各点的相对速度是绕 P_{12} 这一瞬时重合点运动的，P_{12} 即为构件 1、2 的瞬心。若构件 1、2 都在运动，则此时的 P_{12} 点是相对瞬心；若构件 1、2 中有一个构件固定，则此时的 P_{12} 点即为绝对瞬心。所以，判断做平行平面运动的两构件某一瞬时重合点是否是绝对瞬心，主要看其中某个构件是否与机架组成瞬心。

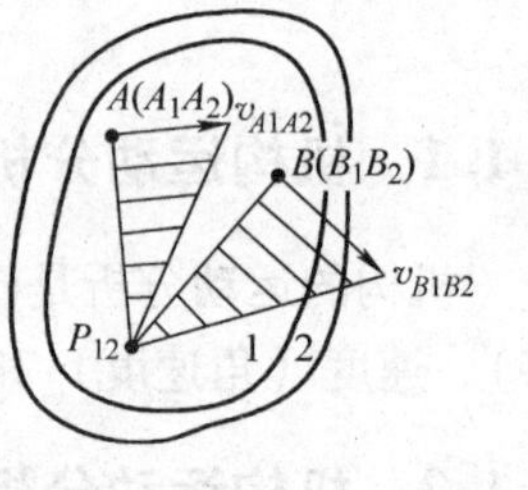

图 3-3 瞬心重合点

根据瞬心的定义和表示方法，瞬心 P_{ij} 与构件 i、j 排列的次序无关。若机构中有 N 个构件（包括机架在内），每两个构件就存在一个瞬心，则机构中总的瞬心数 K 的求解是一个组合问题。机构中总的瞬心数为

$$K = C_N^2 = \frac{N(N-1)}{2} \tag{3-1}$$

3.2.2 机构中瞬心位置的确定

1. 直接成副两构件瞬心位置的确定

（1）两构件由转动副连接 由转动副连接的两构件，其铰链中心点即为瞬心点。

如图 3-4 所示，构件 1、2 在 A 点铰接，根据瞬心定义 $v_{A1A2}=0$，因此 A 点即为瞬心 P_{12}。图 3-4 中的 P_{12} 分别为绝对瞬心和相对瞬心。

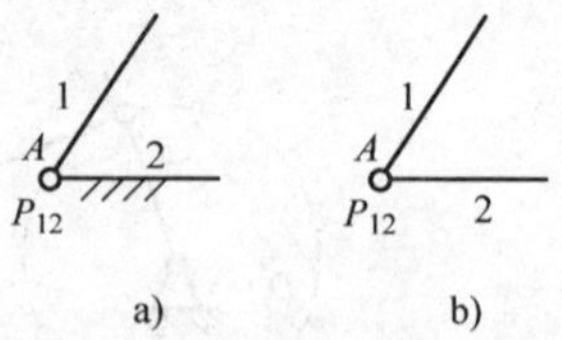

图 3-4 由转动副组成的瞬心

a）绝对瞬心 b）相对瞬心

（2）两构件由移动副连接 由移动副连接的两构件，其瞬心点在垂直于导路的无穷远处。如图 3-5 所示，构件 1、2 在 B 点重合且组成移动副，其相对速度方向 v_{B1B2} 沿着导路，可以看做 v_{B1B2} 是绕垂直于导路无穷远处的一点转动。因此，瞬心 P_{12} 在垂直于导路的无穷远处。

（3）两构件由高副连接 由高副连接的两构件，其瞬心在过接触点的公法线上。如图 3-6 所示，构件 1、2 在 C 点接触且组成高副。若构件 1、2 之间的运动是无滑动的纯滚动，在接触点 C 相对速度为零，则接触点 C 即为瞬心点 P_{12}，如图 3-6a 所示；若构件 1、2 在接触点 C 的运动是既滑动又滚动，则 C 点的相对速度 v_{C1C2} 方向如图 3-6b 所示，则其瞬心点 P_{12} 在过接触点 C 的公法线 $n-n$ 上。瞬心在 $n-n$ 线上哪一点，应在具体机构上去寻找。

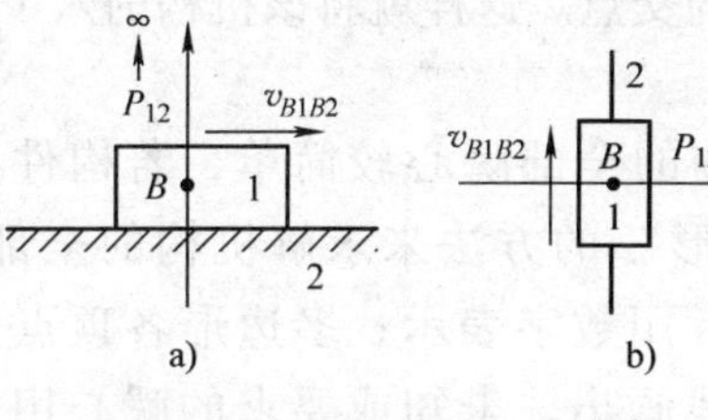

图 3-5　由移动副组成的瞬心

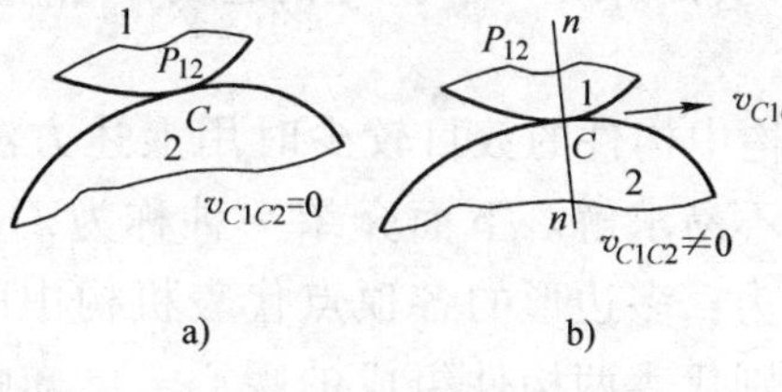

图 3-6　由高副组成的瞬心

2. 三心定理

三个互做平行平面运动的构件共有三个瞬心，且这三个瞬心必在一条直线上，这就是所谓的三心定理。三心定理解决的是不直接成副的两构件瞬心位置的确定问题。

证明如下：

如图 3-7 所示，设构件 1、2、3 彼此间互做平行平面运动，总的瞬心数为 3，其中构件 1 和构件 2 分别与构件 3 以转动副相连，所以其瞬心 P_{13}、P_{23} 分别位于转动副 A、B 处。而构件 1 和构件 2 未直接以运动副相连，所以其瞬心 P_{12} 的位置根据三心定理应在 P_{13} 与 P_{23} 两点所在的连线上，即 AB 线上。下面利用反证法证明，若 P_{12} 不在 AB 线上不成立，则定理正确。

1）若设 P_{12} 在 K 点，由于构件 1、2 分别绕 A、B 两点转动，在图中可见，即使 $|v_{K1}| = |v_{K2}|$，由于方向不一致，则两速度也不等，所以 P_{12} 必定不在 K 点。

2）要使两速度 v_{K1}、v_{K2} 相等，则只有方向一致才成立；若使方向一致，K 点就必须落在 AB 的连线上，所以得证 P_{12} 必在 P_{13} 与 P_{23} 两点所在的连线上。

下面举例说明三心定理的应用。

例题 3-1　如图 3-8 所示为一平面四杆机构，试确定图示位置的全部瞬心。

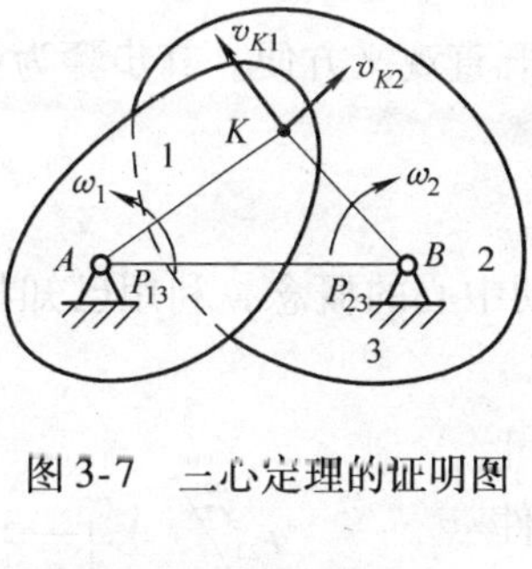

图 3-7　三心定理的证明图

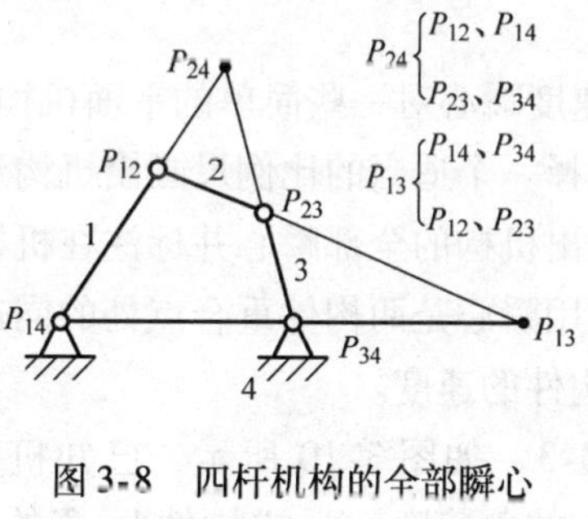

图 3-8　四杆机构的全部瞬心

解：1）计算瞬心的数目。

$$K = C_4^2 = \frac{4(4-1)}{2} = 6$$

2）确定瞬心位置。

因铰链四杆机构全部都是由转动副组成，所以瞬心 P_{12}、P_{14}、P_{34} 与 P_{23} 可由直接成副的两构件的瞬心求法直接标出。P_{13} 与 P_{24} 可根据三心定理确定。观察 2、1、4 和 2、3、4 两组构件，可见 P_{24} 在 P_{12} 与 P_{14} 的连线上，也在 P_{34} 与 P_{23} 的连线上，这两线的交点即为 P_{24}；同

理可求 P_{13}，P_{13}是 P_{14}与 P_{34}的连线和 P_{12}与 P_{23}连线的交点。这样就将该机构的六个瞬心全部求出。

机构中构件的数目较少时用上述方法求解机构的全部瞬心较简单，若构件数目较多，则不易求解。下面介绍一种称为“瞬心多边形”的方法来求解机构的全部瞬心。其内容为：多边形的各顶点代表机构中的各构件，用数字表示；多边形各顶点之间的连线分别代表两构件组成的瞬心，已知瞬心用实线画出，未知或要求的瞬心用虚线画出；三个顶点连线所形成的三角形即表示三个瞬心共线，两个三角形的公共边即表示两个瞬心线的交点。

例题 3-2　如图 3-9 所示为一曲柄滑块机构，试用“瞬心多边形”法确定图示位置的全部瞬心。

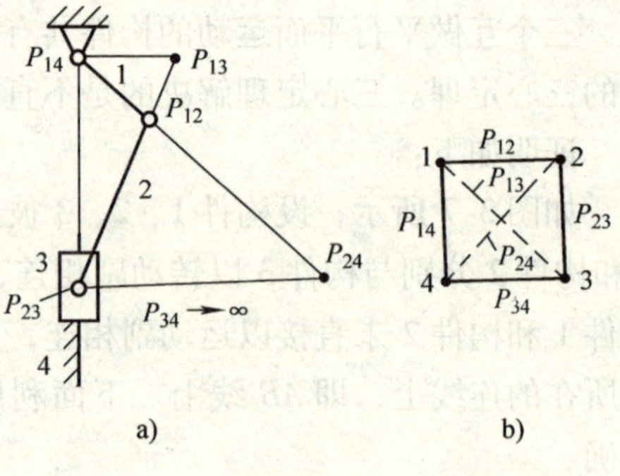

图 3-9　曲柄滑块机构的瞬心

解：1）计算瞬心的数目。

$$K = C_4^2 = \frac{4(4-1)}{2} = 6$$

2）确定瞬心位置。

因相邻两构件都是通过低副直接相邻，所以瞬心 P_{12}、P_{14}、P_{34}与 P_{23}可直接标在图上。根据“瞬心多边形”法，该机构有四个构件可做出一个四边形，如图 3-9b 所示。可见，P_{13}是 P_{14}与 P_{34}的连线和 P_{12}与 P_{23}连线的交点，瞬心 P_{34}是由构件 3、4 组成移动副的瞬心，该瞬心在垂直于导路的无穷远处，所以其方位线可在垂直于导路的方位上平移。P_{24}在 P_{12}与 P_{14}的连线和 P_{34}与 P_{23}连线的交点上，在图 3-9a 中标出即可。

3.3　速度瞬心在速度分析中的应用

利用速度瞬心对一些简单的平面机构进行速度分析既直观又方便。其步骤为：

1）选择一个适当的比例尺画出机构运动简图。

2）找出机构的全部瞬心并标注在机构简图上。

3）利用瞬心是两构件重合点处的同速点和瞬时转动中心的概念，利用已知构件的速度找出待求构件的速度。

例题 3-3　如图 3-10 所示，已知机构的位置、尺寸和原动件 1 的角速度 ω_1，求构件 1、3 的传动比 i_{13}及构件 3 的角速度 ω_3。比例尺 $u_1 = \frac{\text{实际长度/m}}{\text{图上长度/mm}}$

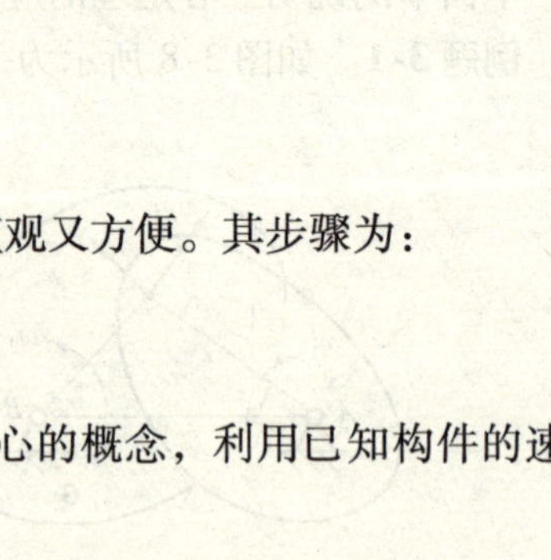

图 3-10　曲柄摇块机构的瞬心

解：已知构件 1 的运动，求构件 3 的运动，应将机构中的瞬心 P_{13}求出。利用“瞬心多边形”画出 P_{13}的位置，如图 3-10 所示。

得

$$v_{P_{13}} = \omega_1 \overline{P_{13}P_{14}}\mu_1$$

$$v_{P_{13}} = \omega_3 \overline{P_{13}P_{34}}\mu_1$$

所以
$$\omega_3 = \frac{\overline{P_{13}P_{14}}}{\overline{P_{13}P_{34}}}\omega_1 \quad （顺时针）$$

$$i_{13} = \frac{\omega_1}{\omega_3} = \frac{\overline{P_{13}P_{34}}}{\overline{P_{13}P_{14}}}$$

结论：两构件的传动比等于其瞬时角速度之比，也等于其相对瞬心到绝对瞬心之间所分两线段距离的反比。

例题 3-4　如图 3-11 所示，已知凸轮机构的位置、尺寸和原动件 1 的角速度 ω_1，以及比例尺 $\mu_1 = \frac{构件实际尺寸/m}{构件图样长度/mm}$。求从动件 2 的速度 v_2。

解：已知构件 1 的运动，求出构件 2 的速度，应将机构中 P_{12} 的瞬心求出。

根据三心定理，P_{12}的位置如图 3-11 所示。

则　$$v_{P_{12}} = v_2 = \omega_1 \overline{P_{13}P_{12}} \mu_1$$

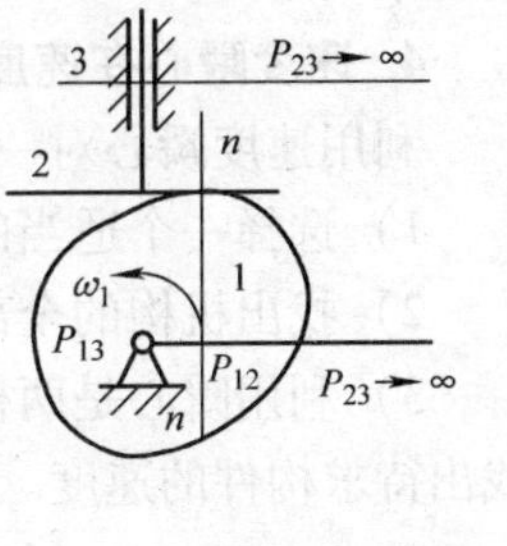

图 3-11　凸轮机构的瞬心

如上所述，速度瞬心只能用来求解机构上某点、某构件的速度和角速度，若要求解机构中的加速度，则需要用矢量方程图解法及解析法，本项目不作讲解。

项目实践

1. 按照已知条件画出图 3-12 所示的运动简图。

2. 在图示位置，确定瞬心 P_{14}、P_{12}、P_{23}及 P_{34} 的位置，利用“瞬心多边形”画出 P_{13}的位置。

3. 由瞬心是等速重合点的特点得

$$v_{P_{13}} = v_3 = \omega_1 \overline{P_{13}P_{14}}\mu_1$$

即可求出 $\omega_1 = v_3/(0.01\mu_1) = (0.8 \times 60/0.05)$ r/min = 960r/min

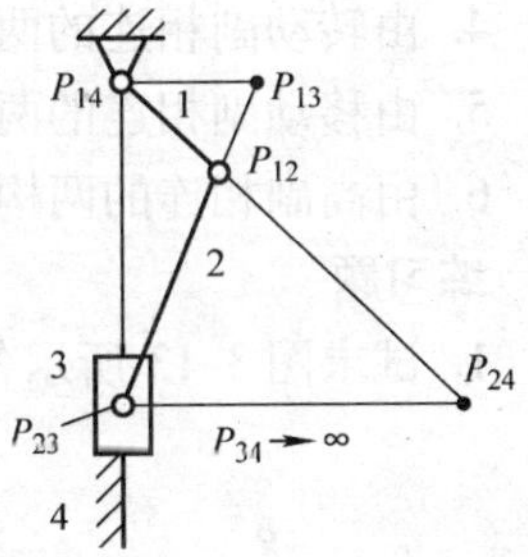

图 3-12　机构运动简图

内燃机中的曲柄滑块机构是以滑块为原动件，因此存在死点位置。内燃机中的曲柄滑块机构是靠飞轮的惯性来越过死点位置的。

知识梳理与总结

通过对本项目的学习，我们掌握了速度瞬心和三心定理的概念；学会了用瞬心多边形法确定瞬心的位置；学会了用瞬心法求机构中构件上的点或构件的速度或角速度。

1. 速度瞬心

互做平行平面运动的两构件，在任一瞬时，都可以看成是围绕一个瞬时重合点作相对转动，其相对速度为零，绝对速度相等的瞬时重合点称为两构件的速度瞬心，简称瞬心。瞬心又可分为绝对瞬心和相对瞬心。一般用符号 P_{ij}（或 P_{ji}）表示构件 i 与构件 j 的瞬心。

2. 三心定理

三个互做平行平面运动的构件共有三个瞬心，且这三个瞬心必在一条直线上，这就是所谓的三心定理。三心定理解决的是不直接成副的两构件瞬心位置的确定问题。

3. 机构中瞬心位置的确定

（1）直接成副两构件瞬心位置的确定　两构件由转动副连接，其铰链中心点即为瞬心点；两构件由移动副连接，其瞬心点在垂直于导路的无穷远处；两构件由高副连接，其瞬心在过接触点的公法线上。

（2）不直接成副的两构件瞬心位置的确定　不直接成副两构件的瞬心位置是应用三心定理来确定的。

4. 速度瞬心在速度分析中的应用

利用速度瞬心对一些简单的平面机构进行速度分析的步骤为：

1）选择一个适当的比例尺画出机构运动简图。

2）找出机构的全部瞬心并标注在机构简图上。

3）利用瞬心是两构件重合点处的同速点和瞬时转动中心的概念，利用已知构件的速度找出待求构件的速度。

思考与练习

思考题

1. 什么叫“瞬心”？瞬心有哪几种类型？

2. 什么叫“三心定理”？应用于什么场合？

3. “瞬心多边形”的内容是什么？

4. 由转动副相连的两构件，其瞬心位置如何确定？

5. 由移动副相连的两构件，其瞬心点如何确定？

6. 由高副相连的两构件，其瞬心位置如何确定？

练习题

1. 试求图 3-13 所示各机构在图示位置时的全部瞬心位置。

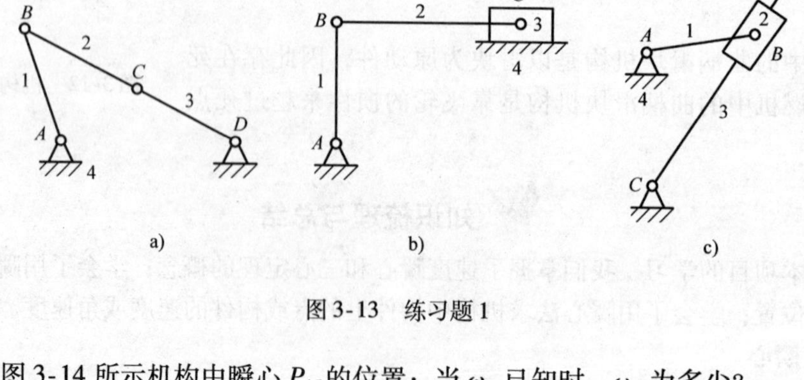

图 3-13　练习题 1

2. 试求图 3-14 所示机构中瞬心 P_{15} 的位置；当 ω_1 已知时，ω_5 为多少？

3. 在图 3-15 所示的四杆机构中，$l_{AB}=60\text{mm}$、$l_{CD}=90\text{mm}$、$l_{AD}=l_{BC}=120\text{mm}$，$\omega_2=10\text{rad/s}$，试用瞬心法求：当 $\varphi=165°$时，点 C 的速度 v_C。

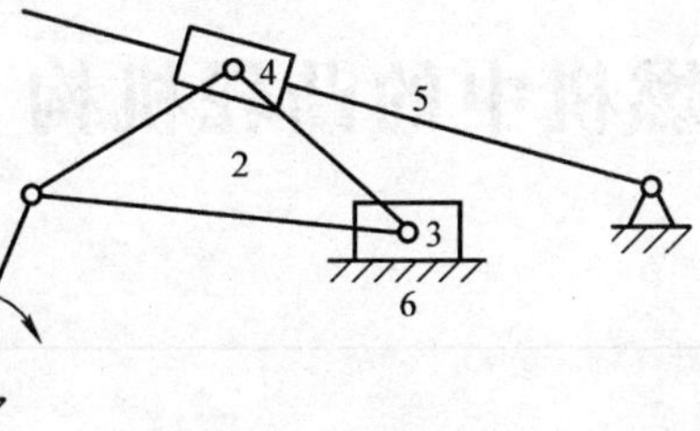

图3-14　练习题2

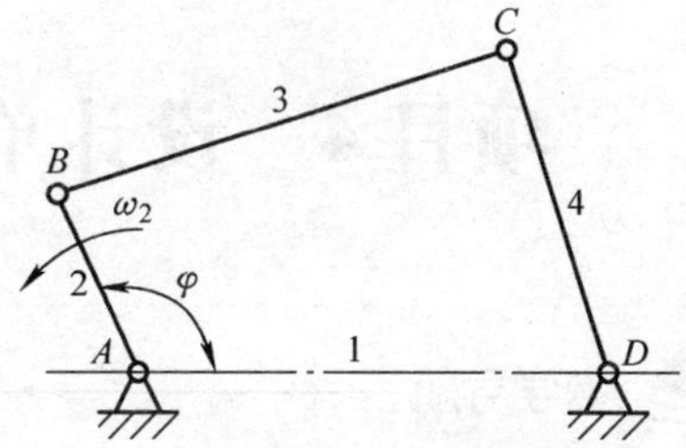

图3-15　练习题3

4. 在图3-16所示的凸轮机构中，已知 $r=50\text{mm}$、$l_{OA}=30\text{mm}$、$l_{OC}=90\text{mm}$，$\varphi_1=90°$，凸轮1以角速度 $\omega_1=10\text{rad/s}$ 作逆时针方向转动。试用瞬心法求从动件的角速度。

5. 在图3-17所示的齿轮连杆机构中，试用瞬心法求齿轮1与齿轮3的传动比。

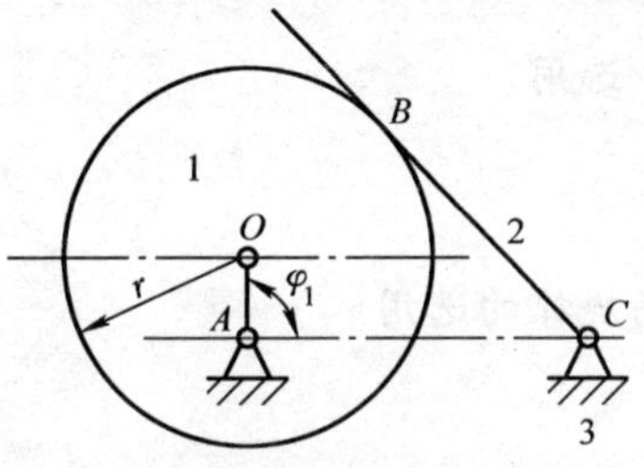

图3-16　练习题4

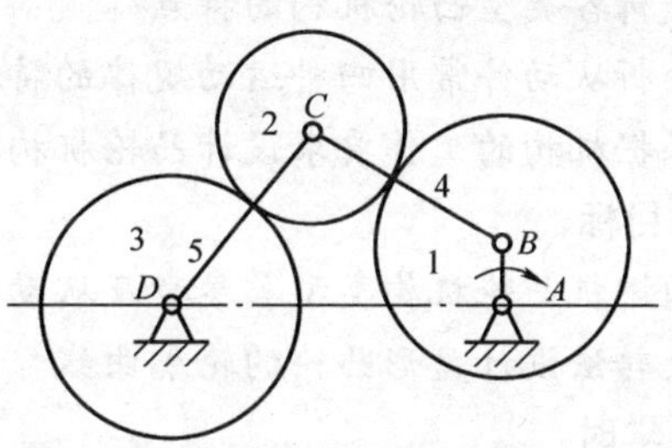

图3-17　练习题5

6. 在图3-18所示的铰链四杆连杆机构中，已知四杆的位置、各杆长度和原动件的角速度 ω_1，求构件3的角速度 ω_3，并画出转动方向。

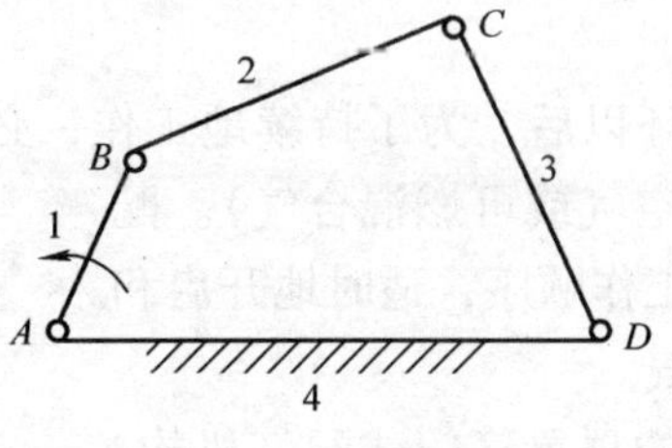

图3-18　练习题6

项目4 设计单缸内燃机中的凸轮机构

教学导航

知识目标

1. 熟悉凸轮机构的类型、特点及应用
2. 掌握从动件常用四种运动规律的特点及应用
3. 掌握反转法设计盘形凸轮的轮廓曲线

能力目标

1. 分析各类型凸轮机构的特点
2. 分析从动件常用四种运动规律的特点并会选用
3. 根据机构的工作要求设计凸轮机构

项目目标

1. 内燃机凸轮机构类型、参数及从动件运动规律的选用
2. 反转法设计盘形凸轮的轮廓曲线

建议学时

4～6学时

典型案例

自动机床的进刀机构、印刷机、绕线机构等

项目引入

内燃机在完成一个工作循环以后，为了持续地工作，必须将膨胀做功后的废气排出气缸，并及时地吸入新鲜充量（空气或可燃混合气）。配气机构的功用是按内燃机各缸工作顺序，适时地开启和关闭进、排气门以保证充分换气。

图4-1所示为下置凸轮轴的顶置气门式配气机构，它由气门组、摇臂、推杆、挺柱和凸轮组成。

1）气门组由气门、气门座、气门弹簧、气门弹簧座、锁片和气门导管组成。气门头部的锥面与气门座的内锥面紧密贴合，以保证密封。气门头部与气缸内的燃气直接接触。高温的燃气排出时流经排气门。气门导管的作用是引导气门上下移动，并使气门头部锥面与气门座紧密贴合。气门导管通常用铸铁或粉末冶金制成，压入气缸盖或机体。气门弹簧用来保证气门关闭时能使气门头部锥面与气门座贴紧。

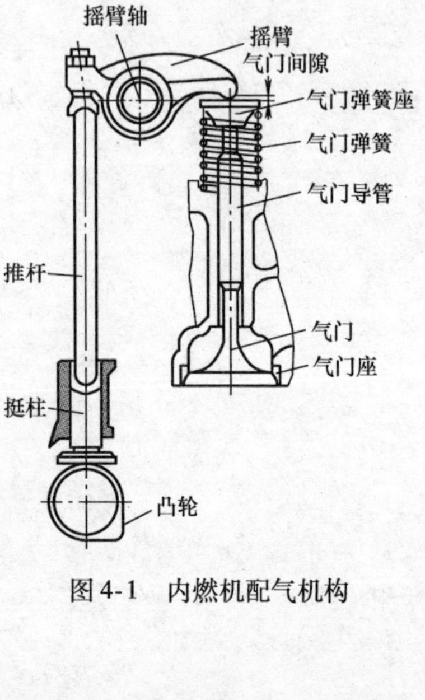

图4-1 内燃机配气机构

2）摇臂的作用是改变由推杆所传推力的方向，以开启气门。

3）推杆一般用空心钢管制成，两端焊有球状或凹坑状的端头。

4）挺柱的作用是将凸轮的推力传给推杆或气门。

5）凸轮轴通过其上的各进、排气凸轮，分别控制相应气缸的进、排气门，使之按配气相位适时开启。凸轮轴材料一般采用碳钢，也有采用合金铸铁或球墨铸铁的。

配气机构的传动凸轮轴是由内燃机的曲轴驱动的，两者间的传动机构根据凸轮轴在内燃机上的布置来决定。下置凸轮轴通过齿轮由曲轴驱动，顶置凸轮轴则用链条或轴由曲轴驱动。采用无声链或同步带传动可使传动基本无声。

凸轮轴由曲轴驱动旋转时，凸轮轴上的凸轮推动挺柱、推杆做往复运动。推杆的上顶端顶推摇臂的一端，使摇臂绕摇臂轴摇摆，则摇臂另一端即下推气门，使气门开启，同时也压缩气门弹簧。当气门需要关闭时，受凸轮驱动的摇臂不再压住气门杆端，气门弹簧伸张而关闭气门。所以，气门的打开和关闭特性取决于凸轮轴的设计。

项目提出

用图解法设计单缸内燃机配气机构的对心直动尖顶从动件盘形凸轮轮廓曲线。已知凸轮的基圆半径 $r_0 = 13\text{mm}$，推程升距 $h = 8\text{mm}$，推程运动角为 60°，远程休止角为 20°，回程运动角为 60°，近程休止角为 220°，凸轮顺时针匀速转动，从动件推程和回程中按等加速等减速规律运动。

项目分解

凸轮机构是机械中常用的一种高副机构，在自动控制装置中得到广泛应用。凸轮机构通过高副接触使从动件获得预期的任意规律的运动（移动和摆动），从动件的运动规律取决于凸轮的轮廓形状。内燃机中的凸轮机构是一种对心直动尖顶从动件的盘形凸轮机构，要想设计出满足从动件运动规律的盘形凸轮轮廓，首先就要明确凸轮机构的组成及类型特点，为选择合适类型的凸轮机构做好准备；其次掌握图解法的设计原理、凸轮机构的工作过程、从动件的运动规律及机构实现预定工作要求的一些参数确定。

项目 凸轮机构设计 → 任务1 类型选择 → 任务2 运动规律选择

→ 任务3 图解法设计凸轮机构 → 项目实践

相关知识

4.1 确定内燃机中凸轮机构的类型

4.1.1 认识凸轮机构的组成及应用

如图4-2所示的凸轮机构中，构件1为凸轮，是具有变化的向径或凹槽的构件，通常是主动件，作等速转动或移动；构件2是从动件，由凸轮推动并按一定运动规律运动，通常是从动件，作往复的直线移动或摆动；构件3是机架。凸轮机构一般是由凸轮、从动件及机架三个构件所组成的高副机构，在自动控制装置中得到广泛应用。

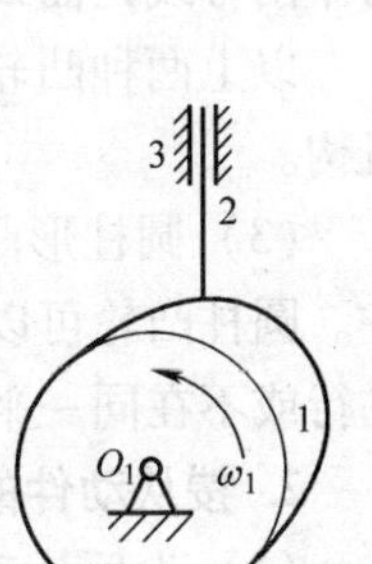

图4-2 凸轮机构

如图 4-3 所示为自动机床的进刀机构。当具有凹槽的圆柱凸轮 1 绕其轴线转动时，由滚子 3 推动构件 2 绕 O 点摆动，从而控制刀架做进刀和退刀运动。

如图 4-4 所示的内燃机配气机构，可通过机构中凸轮 1 的轮廓形状准确地控制气阀 2 的启闭，以保证内燃机的正常运转。这种凸轮机构不仅要求从动件有一定的位移，而且为了得到良好的热力效应和动力条件，要求按最佳运动规律启闭气阀。

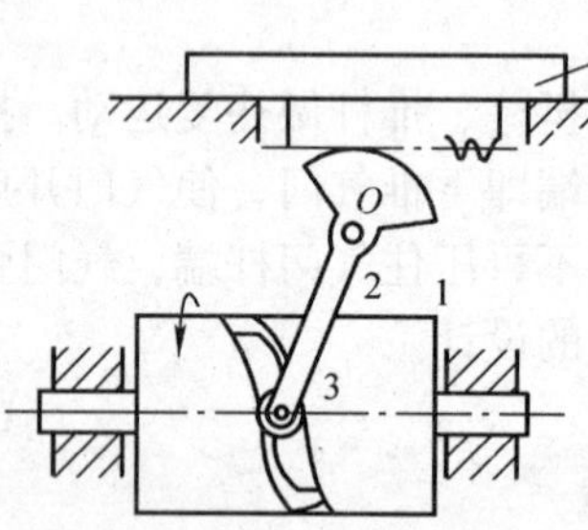

图 4-3　自动机床的进刀机构

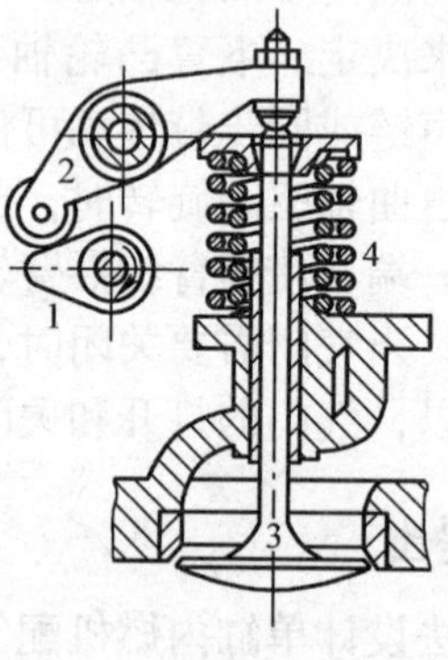

图 4-4　内燃机的配气机构

由上述可知，凸轮机构的优点是只要选择合适的凸轮轮廓曲线，就可以获得预期的运动规律，而且凸轮机构结构简单、紧凑。其缺点是凸轮轮廓形状复杂，加工较困难，凸轮轮廓与从动件间通过点、线接触，易于磨损。因此凸轮机构通常用于受力不大、速度不太高的场合。

4.1.2　熟悉凸轮机构的分类与特点

凸轮机构的种类很多，可从以下几个不同的角度进行分类。

1. 按凸轮的形状分类

（1）盘形凸轮　它是一个绕固定轴线转动且向径变化的盘形构件，以凸轮转动中心为圆心，轮廓上最小的向径为半径所画的圆为基圆，用 r_0 表示，如图 4-5 所示。此种凸轮的运动平面与其轴线垂直，结构简单，应用广泛，但从动件的行程不能太大，否则将使凸轮径向尺寸变化过大，对凸轮机构的工作不利。盘形凸轮是凸轮的基本形状，其他形状的凸轮均是盘形凸轮演化的结果。

（2）移动凸轮　当盘形凸轮的基圆半径趋向于无穷大、回转中心趋向于无穷远时，凸轮相对于机架作往复直线移动，这种凸轮称为移动凸轮。图 4-6 中构件 3 即为移动凸轮，作为车削母线是曲线的回转形零件的靠模。

以上两种凸轮，由于凸轮与从动件的运动平面都在同一平面内，所以称为平面凸轮机构。

（3）圆柱形凸轮　这种凸轮是在圆柱面上具有曲线凹槽或在圆柱端面有曲线轮廓的构件。圆柱凸轮可以看作是将移动凸轮绕在圆柱面上形成的，其运动平面与从动件运动平面不平行或不在同一平面内，故此凸轮机构属于空间凸轮机构，如图 4-7 所示。

2. 按从动件的结构形状分类

（1）尖顶从动件　如图 4-5a 所示，从动件尖顶能与复杂的凸轮轮廓保持接触，从而能实现任意预期的运动规律。但由于凸轮与从动件之间通过点或线接触，因而容易产生磨损，所以只适用于受力较小的低速凸轮机构。

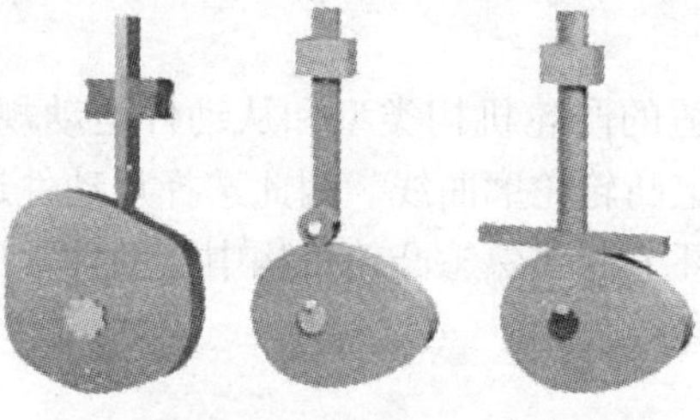

图4-5　盘形凸轮机构

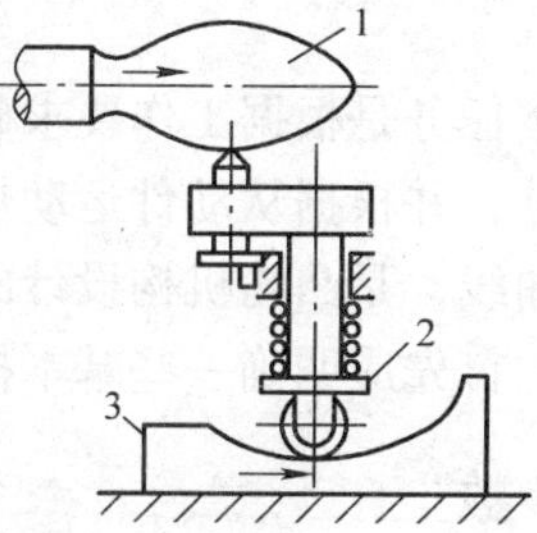

图4-6　移动凸轮机构

图4-7　圆柱凸轮机构

（2）滚子从动件　在从动件端部装一个滚子，即成为滚子从动件，如图4-5b所示。滚子与凸轮之间为滚动摩擦，耐磨损，并且可以承受较大的载荷。缺点是凸轮上凹陷的轮廓未必能很好地与滚子接触，从而影响实现预期的运动规律。

（3）平底从动件　在从动件端部固定一平板，即成为平底从动件，如图4-5c所示，平底与凸轮之间易于形成油膜，利于润滑，适用于高速场合，而且凸轮驱动从动件的力始终与平底垂直，传动效率高。缺点是凸轮上凹陷的轮廓未必能很好地与平底接触。

3. 按从动件运动方式分类

（1）移动从动件凸轮机构中从动件的运动方式为移动，如图4-2、图4-4、图4-5、图4-6所示。

（2）摆动从动件凸轮机构中从动件的运动方式为摆动，如图4-3、图4-8所示。

4. 按从动件与凸轮保持接触的方式分类

（1）力锁定的凸轮机构　如图4-4、图4-6所示，凸轮机构中的从动件2通过弹簧力的作用保持与凸轮3接触。也可以利用重力或其他外力，使从动件与凸轮保持接触，如图4-8所示。

（2）几何锁定的凸轮机构　如图4-9a所示，凸轮机构中的从动件通过凸轮上的凹槽在几何关系上限定两者的位置，从而使之保持接触；如图4-9b所示，从动件设计成框架形状，在几何关系上限定两者的位置，使之保持接触。

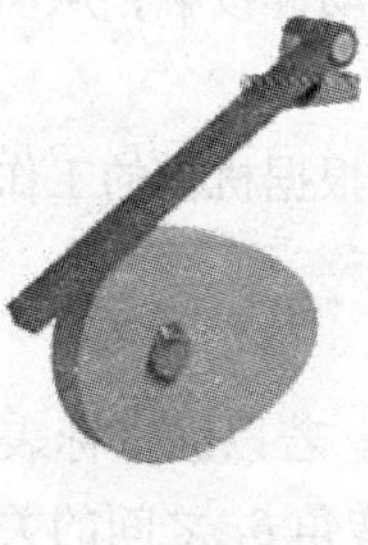

图4-8　摆动凸轮

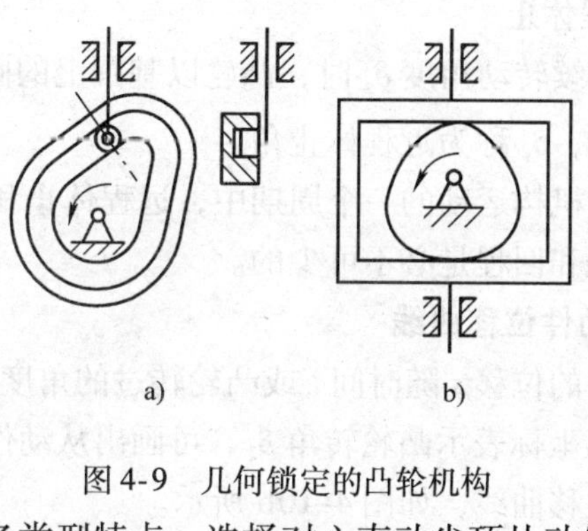

图4-9　几何锁定的凸轮机构

根据内燃机的工作要求，结合凸轮机构各类型特点，选择对心直动尖顶从动件盘形凸轮机构。

4.2　选择从动件的运动规律

凸轮机构设计的基本任务是根据工作要求确定合适的凸轮机构类型和从动件运动规律，合理选定有关的结构尺寸，并根据从动件运动规律确定凸轮轮廓曲线。因此选择从动件运动规律并画出从动件位移曲线，是凸轮机构设计的重要环节。要熟悉凸轮机构中从动件常用的几种运动规律及其特点，首先应明确一些基本概念与参数。

4.2.1　基本概念与参数

1. 推程

如图 4-10a 所示，设凸轮以等角速度 ω_1 顺时针转动。当从动件尖顶与凸轮轮廓上的 A 点（基圆与轮廓 AB 的连接点）接触时，从动件处于上升的起始位置。之后，从动件被凸轮轮廓推动，以一定的运动规律由离凸轮回转中心最近的位置 A 到达最远位置 B'，这一过程称为推程。推程过程中从动件移动的距离 h 称为升程，凸轮转过的相应角度 δ_t 称为推程运动角。

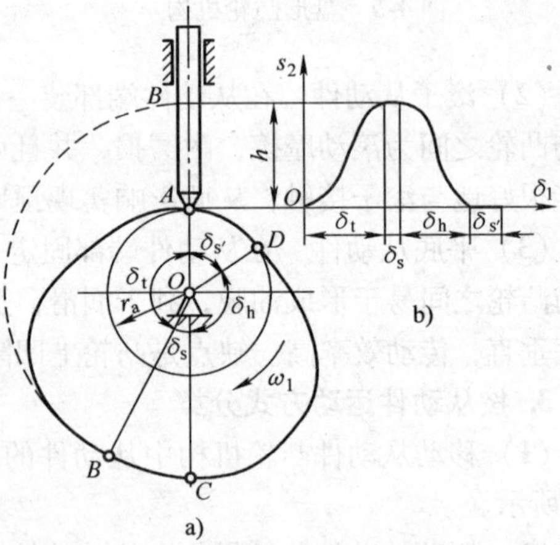

图 4-10　基本概念与参数

2. 远程休止

当从动件到达最远位置后，凸轮继续转动角度 δ_s 时，凸轮以圆心位于 O 点的圆弧轮廓 BC 与从动件接触，从动件在最远位置停止不动，δ_s 称为远程休止角。

3. 回程

凸轮继续转动角度 δ_h 时，由于凸轮的向径减小，从动件在与凸轮轮廓 CD 段接触的过程中，受力的作用或几何形状的制约由最远位置回到最低位置，这一过程称为回程，δ_h 称为回程运动角。

4. 近程休止

凸轮继续转动角度 $\delta_{s'}$ 时，凸轮以基圆上的圆弧轮廓 DA 与从动件接触，从动件在最近位置停止不动，$\delta_{s'}$ 称为近程休止角。

在凸轮机构运动的一个周期中，远程休止和近程休止的过程根据机构的工作要求可有可无，但推程和回程是必不可少的。

5. 从动件位移曲线

从动件的位移 s 随时间 t 或凸轮转过的角度 δ 作周期性变化。若以纵坐标表示从动件的位移 s_2，横坐标表示凸轮转角 δ_1，可画出从动件位移 s_2 与凸轮转角 δ_1 之间的关系曲线，称为从动件位移曲线，如图 4-10b 所示。

4.2.2　从动件常用运动规律

1. 等速运动规律

（1）等速推程运动　当凸轮匀速转过角度 δ_t 时，从动件等速上升的距离为 h，推程的运动时间 $T=\dfrac{\delta_t}{\omega_1}$，从动件速度 $v_2=\dfrac{h}{T}$，从动件位移 $s_2=v_2t$，从动件加速度 $a_2=\dfrac{dv_2}{dt}=0$。以凸轮转角 δ_1 表示的从动件推程运动方程为

$$\begin{cases}s_2=\dfrac{\delta_1 h}{\delta_t}\\ v_2=\dfrac{\omega_1 h}{\delta_t}\\ a_2=0\end{cases}$$

（2）等速回程运动　当凸轮匀速转过角度 δ_h 时，从动件的位移由 $s_2=h$ 等速减小到零。从动件回程运动方程为

$$\begin{cases}s_2=\left(1-\dfrac{\delta_1}{\delta_h}\right)h\\ v_2=-\dfrac{\omega_1 h}{\delta_h}\\ a_2=0\end{cases}$$

等速推程运动线图如图4-11所示，等速回程运动线图如图4-12所示。

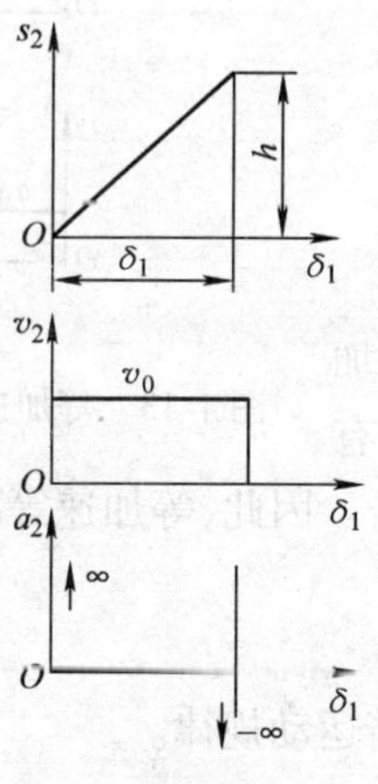

图4-11　等速推程运动

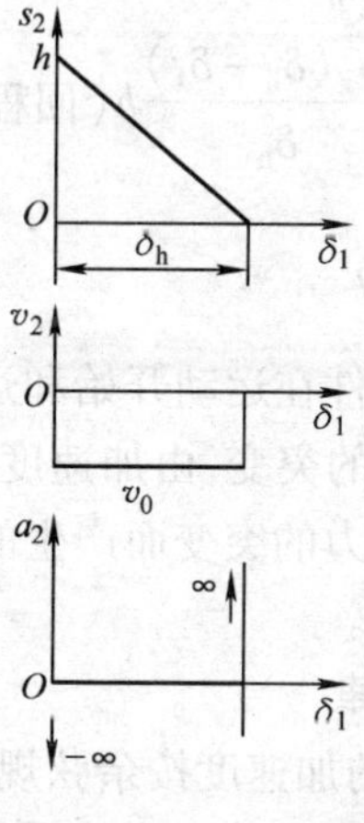

图4-12　等速回程运动

由图可见，从动件在运动开始和运动结束的瞬时，其速度产生数值为 v_0 的突变，加速度 $a_2\to\infty$（由于材料的弹性变形，实际数值并非无穷大），由加速度产生的惯性力也会很大，致使机构产生强烈的冲击，这种性质的冲击称为刚性冲击。因此，等速运动规律适用于低速、轻载、从动件质量较小的场合。

2. 等加速等减速运动规律

（1）等加速等减速推程运动　通常在推程的前半行程，从动件以等加速度 a_0 推升距离 $h/2$，速度由零加速到最大值；推程的后半行程，从动件以等加速度 $-a_0$ 推升距离 $h/2$，速度由最大值减速到零。对应的运动线图如图 4-13 所示。以凸轮转角 δ_1 表示的从动件推程运动方程为

$$\begin{cases} s_2 = \dfrac{2\delta_1^2}{\delta_t^2}h \\ v_2 = \dfrac{4\omega_1\delta_1}{\delta_t^2}h \\ a_2 = \dfrac{4\omega_1^2}{\delta_t^2}h \end{cases} \quad \text{（推程等加速段）} \qquad \begin{cases} s_2 = h - \dfrac{2\,(\delta_t-\delta_1)^2}{\delta_t^2}h \\ v_2 = \dfrac{4\omega_1\,(\delta_t-\delta_1)}{\delta_t^2}h \\ a_2 = -\dfrac{4\omega_1^2}{\delta_t^2}h \end{cases} \quad \text{（推程等减速段）}$$

（2）等加速等减速回程运动　参照推程运动的分析方法，可得等加速等减速回程运动的方程为

$$\begin{cases} s_2 = h - \dfrac{2\delta_1^2}{\delta_h^2}h \\ v_2 = -\dfrac{4\omega_1\delta_1}{\delta_h^2}h \\ a_2 = -\dfrac{4\omega_1^2}{\delta_h^2}h \end{cases} \quad \text{（回程等加速段）}$$

$$\begin{cases} s_2 = \dfrac{2(\delta_h-\delta_1)^2}{\delta_h^2}h \\ v_2 = -\dfrac{4\omega_1(\delta_h-\delta_1)}{\delta_h^2}h \quad \text{（回程等减速段）} \\ a_2 = \dfrac{4\omega_1^2}{\delta_h^2}h \end{cases}$$

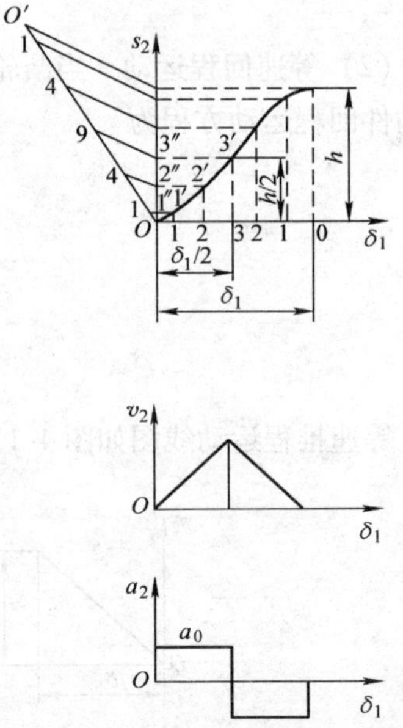

图 4-13　等加速等减速推程运动

由图可见，从动件在运动开始和运动结束的瞬时，其加速度产生数值为 a_0 的突变，由加速度产生的惯性力也是有限量的，因有限惯性力的突变而产生的冲击称为柔性冲击。因此，等加速等减速运动规律适用于中速、轻载的场合。

3. 简谐运动规律

当从动件运动的加速度按余弦规律变化时，称为简谐运动规律。

(1)简谐推程运动　其运动方程为

$$\begin{cases} s_2 = \dfrac{h}{2}\left(1-\cos\dfrac{\pi\delta_1}{\delta_t}\right) \\ v_2 = \dfrac{\pi\omega_1 h}{2\delta_t}\sin\dfrac{\pi\delta_1}{\delta_t} \\ a_2 = \dfrac{\pi^2\omega_1^2 h}{2\delta_t^2}\cos\dfrac{\pi\delta_1}{\delta_t} \end{cases}$$

简谐推程运动线图如图 4-14 所示。

（2）简谐回程运动　其运动方程为

$$\begin{cases} s_2 = \dfrac{h}{2}\left(1 + \cos \dfrac{\pi\delta_1}{\delta_h}\right) \\ v_2 = -\dfrac{\pi\omega_1 h}{2\delta_h}\sin \dfrac{\pi\delta_1}{\delta_h} \\ a_2 = -\dfrac{\pi^2\omega_1^2 h}{2\delta_h^2}\cos \dfrac{\pi\delta_1}{\delta_h} \end{cases}$$

由图可见，从动件在行程开始、结束时加速度产生有限值的突变，从而形成柔性冲击。因此，简谐运动规律适用于中速、中载的场合。

4. 正弦加速度运动规律

正弦加速度运动规律的运动方程为

$$\begin{cases} s = h\left(\dfrac{\delta}{\delta_0} - \dfrac{1}{2\pi}\sin \dfrac{\pi\delta}{\delta_0}\right) \\ s' = \dfrac{h}{\delta_0}\left(1 - \cos \dfrac{2\pi\delta}{\delta_0}\right) \\ s'' = \dfrac{2\pi h}{\delta_0^2}\sin \dfrac{2\pi\delta}{\delta_0} \end{cases}$$

由图可见，其运动线图如图 4-15 所示。从动件在行程开始、结束时加速度曲线连续，没有突变，因而不产生任何冲击。这种运动规律可用于高速的场合。

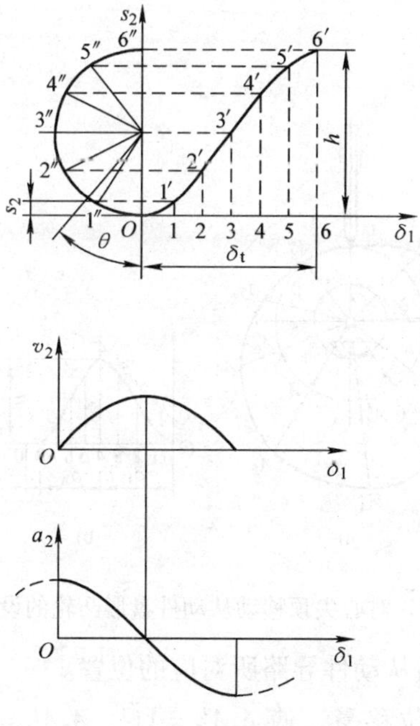

图 4-14　简谐推程运动

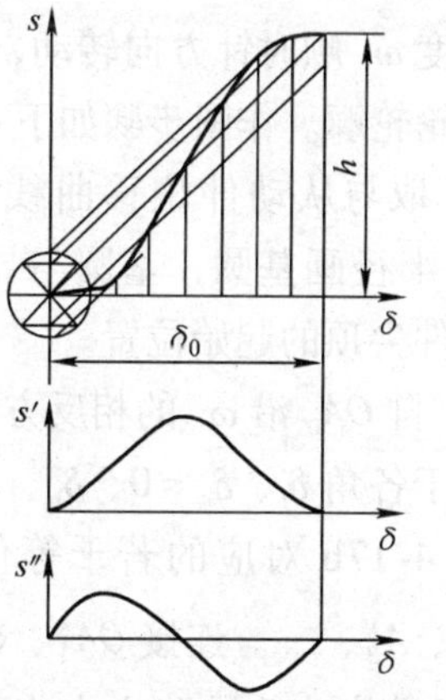

图 4-15　正弦加速度推程运动

4.3　图解法设计盘形凸轮机构

根据工作要求和结构条件先选择凸轮的类型，并确定凸轮的基本尺寸，再选定从动件运动规律和凸轮的转向后，就可以进行凸轮轮廓的设计了。凸轮轮廓设计的方法分为图解法和解析法两种。图解法直观、简便，但精度较低，适用于要求不高的场合；解析法设计的轮廓精确，适用于要求较高的场合。

4.3.1　设计理论

无论采用图解法还是解析法设计凸轮轮廓，所应用的都是相对运动理论。如图 4-16 所示是尖顶直动从动件盘形凸轮机构，其中以 r_0 为半径的圆是凸轮的基圆。当凸轮以等角速度 ω_1 绕轴心 O 转动时，推动从动件往复上、下移动，从动件的尖顶在凸轮廓线上做相对运动。现设想将整个凸轮机构加上一个公共角速度 $-\omega_1$，为保证机构中各构件间相对运动关系不变，根据相对运动理论，此时凸轮将静止不动，而从动件与导路一起以角速度 $-\omega_1$ 绕凸轮转动，同时从动件还以原来的运动规律相对于导路作移动。由于从动件尖顶与凸轮轮廓始终接触，所以加上反转角速度后，从动件尖顶的运动轨迹就是凸轮轮廓。这种方法称为反转法。

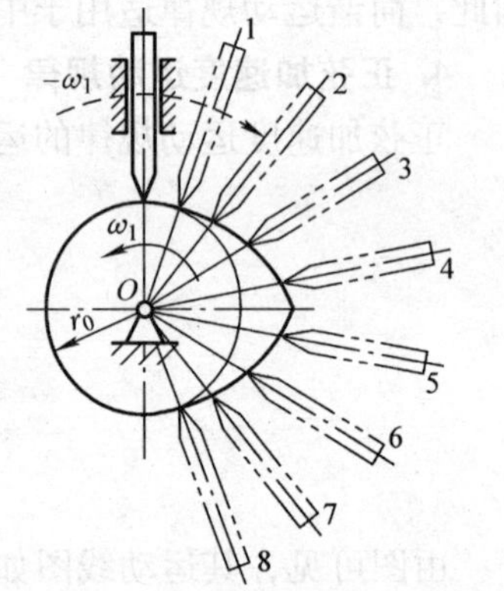

图 4-16　反转法设计凸轮轮廓

4.3.2　图解法设计凸轮轮廓

此处只介绍移动从动件盘形凸轮机构的绘制方法。

1. 对心尖顶移动从动件盘形凸轮轮廓的绘制

已知对心尖顶移动从动件盘形凸轮机构中，从动件位移曲线如图 4-17b 所示，凸轮以等角速度 ω_1 顺时针方向转动，基圆半径为 r_0，作出凸轮轮廓。作图步骤如下：

1）取与从动件位移曲线相同的比例尺，以 r_0 为半径画基圆，基圆与导路的交点 A_0 即是从动件尖顶的起始位置。

2）自 OA_0 沿 ω_1 的相反方向在基圆上取中心角等于各角 δ_t、$\delta_s=0$、δ_h、δ'_s，并将其划分成与图 4-17b 对应的若干等份，得到等分点 A'_1、A'_2、A'_3、…。连接 OA'_1、OA'_2、OA'_3、…即为反转后从动件导路所对应的位置。

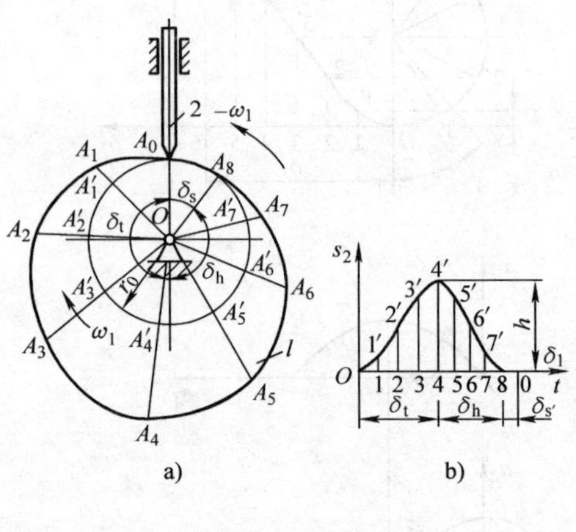

图 4-17　对心尖顶移动从动件盘形凸轮的设计

3）沿从动件导路方向自基圆向外量取各位移的位移量，使 $A_1A'_1=11'$、$A_2A'_2=22'$、$A_3A'_3=33'$、…得反转后尖顶的一系列位置 A_1、A_2、A_3、…，即凸轮轮廓线上的点。

4）以光滑的曲线连接 A_1、A_2、A_3、…即得凸轮的轮廓曲线，如图 4-17a 所示。

2. 偏置尖顶移动从动件盘形凸轮轮廓的绘制

从动件反转运动中，其导路始终与凸轮转动中心有偏心距 e 的距离。设计凸轮轮廓时，以偏心距 e 为半径作基圆的同心圆（称为偏置圆），如图4-18所示。

基圆与导路交点 A_0 为从动件起始位置；自 OA_0 沿 $-\omega_1$ 方向在基圆上取中心角等于各角 δ_t、$\delta_s=0$、δ_h、$\delta_{s'}$，并将其划分成与图4-17b对应的若干等份，得到等分点 A'_1、A'_2、A'_3、…；过各等分点沿 $-\omega_1$ 方向作偏置圆的切线，即为反转后从动件导路所对应的位置；沿从动件导路方向自基圆向外量取各位移的位移量，使 $A_1A'_1=11'$、$A_2A'_2=22'$、$A_3A'_3=33'$、…得反转后尖顶的一系列位置 A_1、A_2、A_3、…，即凸轮轮廓线上的点；以光滑的曲线连接 A_1、A_2、A_3、…即得凸轮的轮廓曲线，如图4-18所示。

3. 滚子移动从动件盘形凸轮轮廓的绘制

已知条件同上，滚子半径为 r_T，设计满足上述条件的凸轮机构。

若将滚子从动件的滚子中心看成尖顶从动件的尖顶，如图4-19所示，作图步骤同上，得到尖顶从动件的凸轮轮廓曲线 η，再以 η 上各点为圆心，以滚子半径 r_T 为半径画一系列滚子圆，最后画这些滚子圆的内包络线 η'，如图4-19所示。η' 称为滚子从动件盘形凸轮的实际轮廓线，η 称为此凸轮的理论轮廓线。而凸轮的基圆半径 r_0 则是指理论廓线的最小向径。

4. 对心平底移动从动件盘形凸轮轮廓的绘制

已知从动件的运动规律如图4-20a所示，基圆半径为 r_0，平底与导路垂直，凸轮逆时针转动，设计满足上述条件的凸轮廓线。

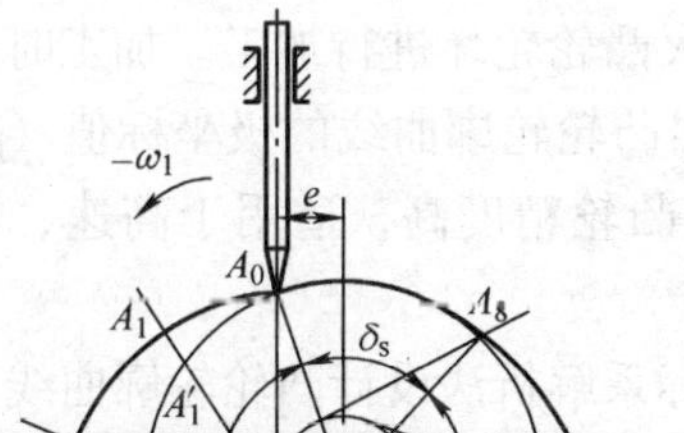

图4-18　偏置尖顶从动件盘形凸轮

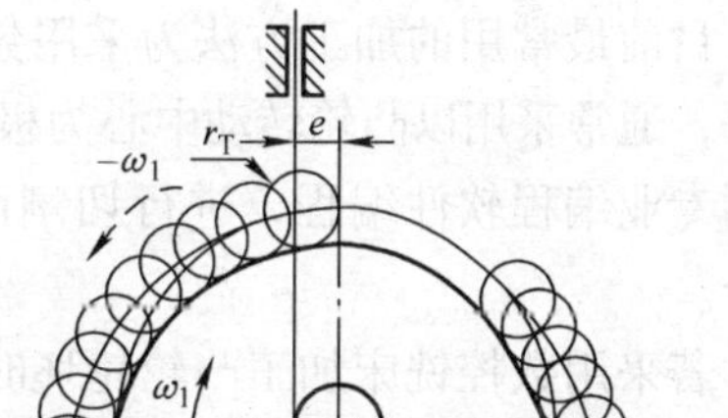

图4-19　滚子从动件盘形凸轮

如图4-20b所示，将从动件的起始位置与平底的交点 B_0 视为尖顶从动件的尖点，按上述作图步骤确定出 B 点在从动件做反转运动时依次占据的各位置 B_0、B_1、B_2、…、B_8，过这些点作一系列代表平底的直线，即在图中作代表各位置导路线的垂线，此直线族的包络线 η' 即为凸轮的实际廓线。η 为此凸轮的理论廓线，即 B_0、B_1、B_2、…、B_8 各点的连线。

从以上几种从动件盘形凸轮的设计可知，尖顶从动件的凸轮轮廓线其理论轮廓线与实际

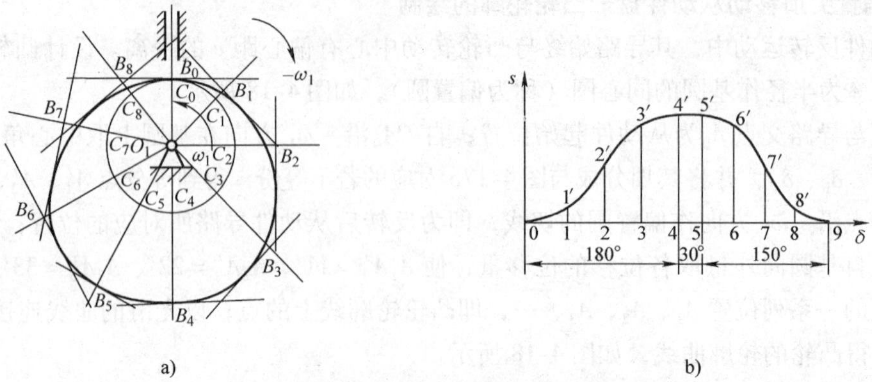

图 4-20　对心平底从动件盘形凸轮

轮廓线是相同的；滚子从动件的凸轮轮廓线其理论轮廓线与实际轮廓线在法线方向上是两条等距曲线；平底从动件的凸轮轮廓线其理论轮廓线与实际轮廓线是两条不相似的曲线。

4.3.3　凸轮的加工方法

对于小批量或单件生产的凸轮，其加工方法有以下两种：

1. 铣削、锉削加工

对于低速、轻载的凸轮，可以应用反转法原理在未淬火的凸轮轮坯上，通过图解法绘制出凸轮轮廓曲线，采用铣床或手工锉削办法加工而成。如凸轮需要进行淬火处理，只能采用人工修磨办法将凸轮淬火过程中产生的变形修去。

2. 数控加工

目前最常用的加工方法为采用数控线切割机床对淬火凸轮轮坯进行加工。加工时采用解析法，通常采用以凸轮转动中心为极点的极坐标来表示出凸轮轮廓曲线的极坐标值（ρ，θ），应用专业编程软件编程，进行切割而成。此方法加工的凸轮精度高，适用于高速、重载的场合。

若采用数控铣床加工凸轮轮坯时，则应采用直角坐标系解析法设计凸轮轮廓曲线，此法无法加工淬火凸轮。

4.4　凸轮机构基本尺寸的确定

前面在讨论凸轮轮廓曲线设计时，凸轮的基圆半径 r_0、滚子从动件的滚子半径 r_T 和平底从动件的平底尺寸都认为是已知的，而实际上这些尺寸的确定是要考虑机构的传力性能、结构、运动不失真等多种因素。下面分别讨论这些参数的确定。

4.4.1　压力角的确定

凸轮机构中，从动件受力方向与受力点速度方向之间所夹的锐角 α 称为压力角。如图 4-21 所示为偏置尖顶移动从动件盘形凸轮机构推程的一个位置，过接触点 B 作公法线 $n-n$，与过 O_1 点的水平线交于点 P，P 点即为凸轮与从动件的相对速度瞬心点，且 $\overline{O_1P}=\dfrac{v}{\omega_1}=\dfrac{\mathrm{d}s/\mathrm{d}t}{\mathrm{d}\delta/\mathrm{d}t}=$

$\frac{ds}{d\delta}$。由此可得压力角与基圆半径的公式：

$$\tan\alpha = \frac{\overline{OP} \mp \overline{OC}}{\overline{BC}} = \frac{ds/d\delta \mp e}{s + s_0} = \frac{ds/d\delta \mp e}{s + \sqrt{r_0^2 - e^2}}$$

式中　“－”——瞬心点 P 与从动件的导路在凸轮转轴同侧；

“＋”——瞬心点 P 与从动件的导路在凸轮转轴异侧。

由图可知，压力角 α 越大，有效分力越小，而有害分力越大，机构工作性能越差。当压力角 α 大到一定数值时，其摩擦阻力将超过有效分力，从而导致凸轮机构产生自锁而无法运动。在设计中，规定了压力角的许用值：推程时，移动从动件取 $[\alpha]=30°\sim40°$，摆动从动件取 $[\alpha]=40°\sim50°$，回程时，移动或摆动从动件一般取 $[\alpha]=70°\sim80°$。

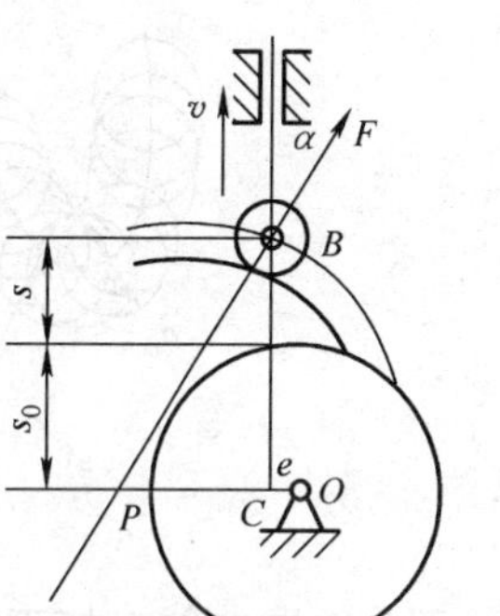

图 4-21　压力角的确定

4.4.2　基圆半径的确定

由上述可知，当偏心距 e 和从动件运动规律确定后，r_0 与 α 成反比。r_0 越大，α 越小，机构传力性能越好，但结构尺寸大；r_0 越小，α 越大，机构紧凑，但机构传力性能越差。r_0 选取的原则是：在保证压力角不大和不产生运动失真的前提下，尽量取小值。

在利用上式计算凸轮机构基圆半径时，如果限定推程压力角 $\alpha_{max} \leqslant [\alpha]$，则可求得最佳基圆半径。即

$$r_0 \geqslant \sqrt{\left(\frac{ds/d\delta \mp e}{\tan\,[\alpha]} - s\right)^2 + e^2}$$

由于机构中 α_{max} 的位置不易确定，因此很难利用公式直接计算 α_{max} 和 r_0。可由图解法在轮廓线上较陡的部分选择一些点，画出这些点的压力角。求出 α_{max} 后，可检验是否满足 $\alpha_{max} \leqslant [\alpha]$。如不满足 $\alpha_{max} \leqslant [\alpha]$，则要改变某些参数（如增大基圆半径等），重新设计凸轮轮廓曲线。最简单的方法就是利用经验公式

$$r_0 \geqslant 1.8r + (4\sim10)\,\mathrm{mm}$$

r_0 为凸轮轴孔直径。

利用经验公式初步确定 r_0，然后再校核 $\alpha_{max} \leqslant [\alpha]$。

4.4.3　滚子半径的确定

滚子从动件凸轮机构中，滚子半径的大小对凸轮实际轮廓有直接的影响。如图 4-22 所示，设理论轮廓线的最小曲率半径为 ρ_{min}，则内凹部分相应位置的实际轮廓线最小曲率半径为 $\rho'_{min} = \rho_{min} + r_T > \rho_{min}$，不管 r_T 多大都可以作出实际轮廓线，如图 4-22a 所示；而外凸部分相应位置的实际轮廓线最小曲率半径为 $\rho'_{min} = \rho_{min} - r_T$，实际轮廓线是否能够作出取决于 ρ_{min} 与 r_T 之间的相对大小，可分为以下三种情况：

1）当 $\rho_{min} > r_T$ 时，如图 4-22b 所示，此时 $\rho'_{min} > 0$，实际廓线为平滑的曲线。

2）当 $\rho_{min} = r_T$ 时，如图 4-22c 所示，此时 $\rho'_{min} = 0$，实际廓线出现尖点，这种尖点极易磨损，从而改变原定的运动规律，出现运动失真。

3）当 $\rho_{min} < r_T$ 时，如图 4-22d 所示，此时 $\rho'_{min} < 0$，实际廓线出现交叉点，交叉点以上

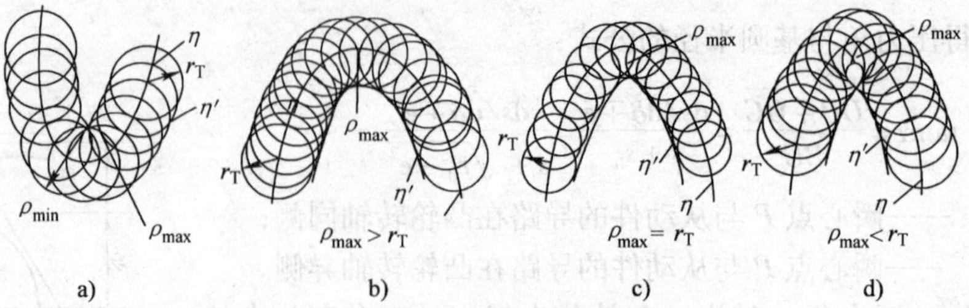

图 4-22　滚子半径对凸轮轮廓的影响

的部分轮廓曲线在加工时将被切除，从而无法实现与之对应的运动规律，出现运动失真。

综上所述，为使凸轮机构正常加工而不出现运动失真，应保证 $\rho_{min}>r_T$。

取 $r_T<0.8\rho_{min}$，推荐使用 $r_T=(0.1\sim0.5)r_0$。

项目实践

汽车内燃机配气机构的对心直动尖顶从动件盘形凸轮轮廓曲线的设计过程和结果如下：

1）选取比例尺，做出从动件的位移曲线。

选长度比例尺 $\mu_l=0.5$mm/mm，角度比例尺 $\mu_\phi=2°$/mm，画出从动件的位移曲线，如图 4-23a 所示，并将位移曲线图横坐标上代表推程运动角和回程运动角的线段各分为 6 等份，过这些等分点分别作垂线，这些垂线与位移曲线相交所得的线段为 11′、22′、33′、…、1212′，即代表相应位置从动件的位移量。

2）选取同样的比例尺，依据从动件的位移曲线及基本参数，绘制配气机构的对心直动尖顶从动件盘形凸轮的轮廓曲线。

1）任取一点 O 为圆心，以已知基圆半径 $r_0/\mu_l=13\text{mm}/0.5=26\text{mm}$ 为半径作凸轮的基圆，过 O 点画出从动件导路与基圆交点 B_0 点。

2）自 OB_0 开始，沿 $-\omega$ 方向在基圆上量取各运动阶段的凸轮转角60°、20°、60°、220°，再将这些角度各分为与从动件位移曲线图同样的等份，从而在基圆上得相应的等分点 B_1、B_2、B_3、…，连接 OB_1、OB_2、OB_3、…即代表机构在反转后各瞬时位置从动件尖顶相对导路的方向线。

3）在 OB_1、OB_2、OB_3、…的延长线上分别截 $A_1B_1=11'$、$A_2B_2=22'$、$A_3B_3=33'$、…，就得到机构反转后从动件尖顶的一系列位置点 A_1、A_2、A_3、…。

4）将 A_1、A_2、A_3、…连成一条光滑的封闭曲线，即为凸轮轮廓曲线，如图 4-23b 所示。

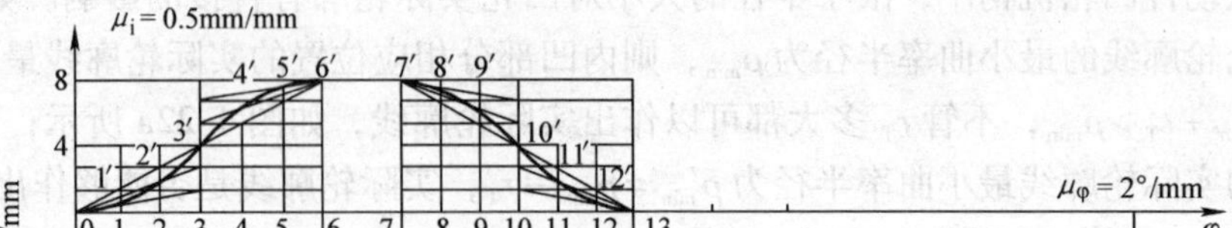

图 4-23　内燃机配气机构设计图

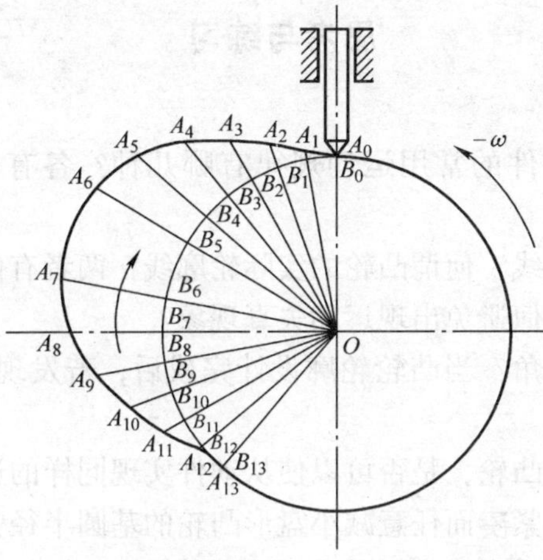

b)

图4-23 内燃机配气机构设计图（续）

知识梳理与总结

通过此项目实践，我们学会了凸轮机构的分类方法、几种常用运动规律的特点和使用场合、学会了利用反转法设计凸轮轮廓曲线以及在设计中几个基本参数的确定方法。

1. 凸轮机构的突出优点是只要选择合适的凸轮轮廓曲线，就可以获得预期的运动规律；从动件不同的运动规律也决定了凸轮有不同的轮廓曲线。凸轮机构通常用于受力不大、速度不太高的场合。

2. 凸轮机构的类型与应用场合。尖顶从动件：能实现任意预期的运动规律，适用于受力较小的低速凸轮机构。滚子从动件：滚子与凸轮之间为滚动摩擦，耐磨损，并且可以承受较大的载荷。平底从动件：平底与凸轮之间易于形成油膜，利于润滑，适用于高速场合。

3. 几种常用从动件运动规律的特点及应用场合。等速运动规律：从动件在运动开始和运动结束的瞬时，其速度产生突变，致使机构产生刚性冲击，适用于低速、轻载、从动件质量较小的场合；等加速等减速运动规律：从动件在运动开始和运动结束的瞬时，其加速度产生有限量的突变，因产生柔性冲击，适用于中速、轻载的场合。简谐运动规律：从动件在行程开始、结束时加速度产生有限值的突变，从而形成柔性冲击，适用于中速、中载的场合。

正弦加速度运动规律：从动件在行程开始、结束时速度、加速度曲线连续，没有突变，因而不产生任何冲击，可用于高速的场合。

4. 在凸轮机构基本尺寸和从动件运动规律确定后，采用反转法对盘形凸轮轮廓线进行设计。对尖顶从动件，凸轮轮廓线的理论轮廓线和实际轮廓线是相同的；对滚子从动件，凸轮轮廓线的理论轮廓线和实际轮廓线在法线方向上是两条等距曲线；而平底从动件凸轮轮廓线的理论轮廓线和实际轮廓线是两条不相似的曲线。

5. 凸轮机构基圆半径 r_0 选取的原则：在保证压力角不大于许用压力角和不产生运动失真的前提下，尽量取小值。若压力角不满足条件，可采用增大基圆半径或适当偏置从动件等措施来减小压力角。

6. 为避免滚子从动件凸轮机构出现运动失真，在确定滚子半径时应满足 $r_T < \rho_{min}$。

思考与练习

思考题

1. 在凸轮机构中，从动件的常用运动规律有哪几种？各有什么特点？各适用于什么场合？

2. 何谓凸轮的理论轮廓线？何谓凸轮的实际轮廓线？两者有何区别和联系？

3. 何谓运动失真？应如何避免出现运动失真现象？

4. 何谓凸轮机构的压力角？当凸轮轮廓设计完成后，若发现压力角超过许用值，可采取什么措施？

5. 两个不同轮廓曲线的凸轮，是否可以使从动件实现同样的运动规律？为什么？

6. 为什么不能为了机构紧凑而任意减小盘形凸轮的基圆半径？

7. 设计滚子从动件盘形凸轮机构时，如果实际轮廓上出现尖点，可能出现什么后果？面对这一实际结果，设计上应如何加以处理？

8. 在什么情况下凸轮机构的从动件才能得到运动的间歇？

9. 凸轮机构是由哪些构件组成的？是怎么分类的？

10. 什么叫从动件的位移曲线？

11. 设计凸轮时，基圆半径的确定原则是什么？

12. 凸轮机构压力角太大有什么害处？

13. 刚性冲击和柔性冲击在加速度变化上有什么区别？

14. 尖顶从动件凸轮机构中，从动件易产生磨损，适用于什么场合？

15. 平顶从动件凸轮机构中，为什么传动性能好？

练习题

1. 画出图 4-24 所示机构在 A 点和 B 点的压力角。

2. 画出图 4-25 所示机构在 A 点和 B 点的压力角。

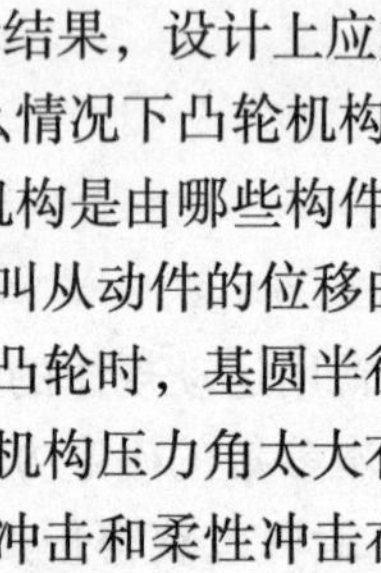

图 4-24　练习题 1 图

图 4-25　练习题 2 图

3. 如图 4-26 所示凸轮机构中，画出凸轮基圆，标出 A 点的位移 h_A 和压力角 α_A。

4. 图 4-27 所示为滚子直动从动件盘形凸轮机构，凸轮为一偏心圆盘。试用图解法做出：

1）凸轮的理论轮廓线。

2）凸轮的基圆。

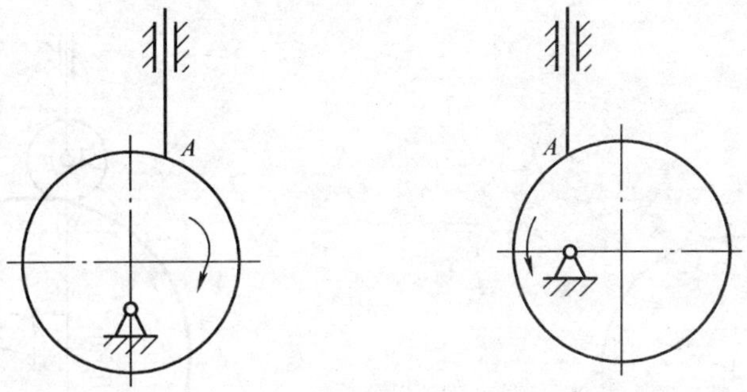

图 4-26　练习题 3 图

3）图示位置的压力角。

4）从动件在图示位置的位移 s 及凸轮的转角 δ。

5）从动件的升程 h 及凸轮的推程运动角 δ_t。

5. 如图 4-28 所示为一偏置直动从动件盘形凸轮机构，凸轮轮廓上的 AmB 和 CnD 为两段圆心位于凸轮回转中心的圆弧，凸轮转向如图所示。试在图中标出推程运动角 δ_t、回程运动角 δ_h、最大升程 h，以及推杆与凸轮在 C 点接触时的压力角 α。

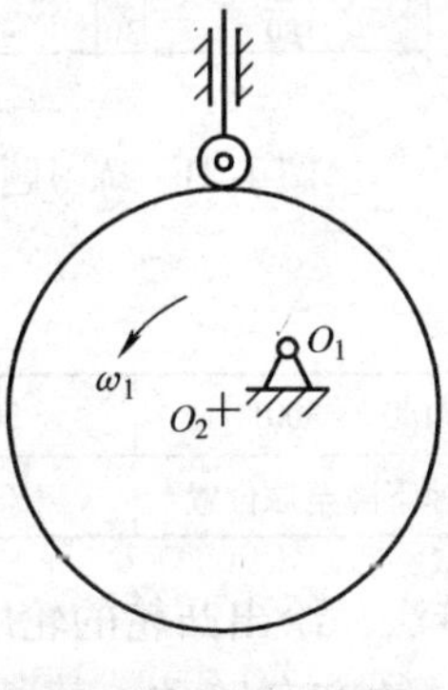

图 4-27　练习题 4 图

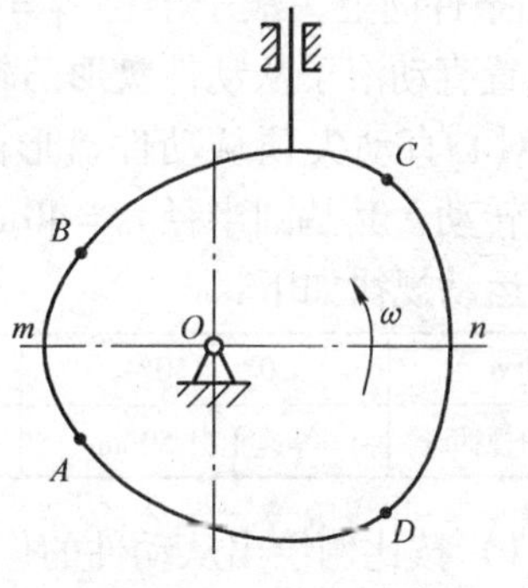

图 4-28　练习题 5 图

6. 如图 4-29 所示为一对心滚子移动从动件凸轮机构，凸轮的实际轮廓曲线为一圆，其圆心为 A，半径 $R=40$mm，由凸轮转动中心 O 到圆盘中心 A 的距离为 $OA=25$mm，滚子半径 $r_T=10$mm，用图解法绘出凸轮的基圆半径 r_0 以及从动件的最大行程 h。

7. 如图 4-30 所示为一偏置直动滚子从动件盘形凸轮机构，凸轮为一偏心圆盘，其半径 $R=40$mm，由凸轮转动中心 O 到圆盘中心 A 的距离为 $OA=25$mm，滚子半径 $r_T=10$mm，从动件导路方向线与凸轮转动中心 O 的偏置距离为 $e=10$mm，凸轮逆时针方向旋转，试用图解法求：

1）凸轮的理论轮廓线 η'。

2）凸轮的基圆。

3）凸轮从图示位置转过角度 $\phi=90°$ 时，从动件的位移量 S 及该位置所对应的压力角 α。

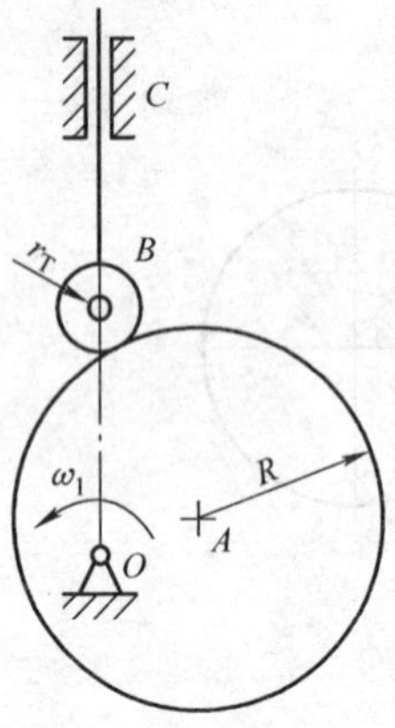

图 4-29　练习题 6 图

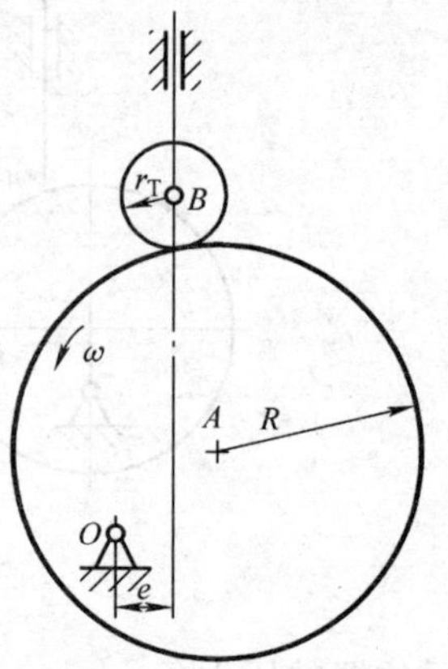

图 4-30　练习题 7 图

4）从动件的最大升距 h。

8. 设计一偏置直动尖顶从动件盘形凸轮机构。已知从动件运动规律如图 4-31 所示，基圆半径 $r_0=15\text{mm}$，偏心距 $e=7\text{mm}$，凸轮以等角速度 ω_1 沿逆时针方向转动。

9. 已知条件同上，滚子半径 $r_T=4\text{mm}$，设计满足上述条件的偏置直动滚子从动件盘形凸轮机构。

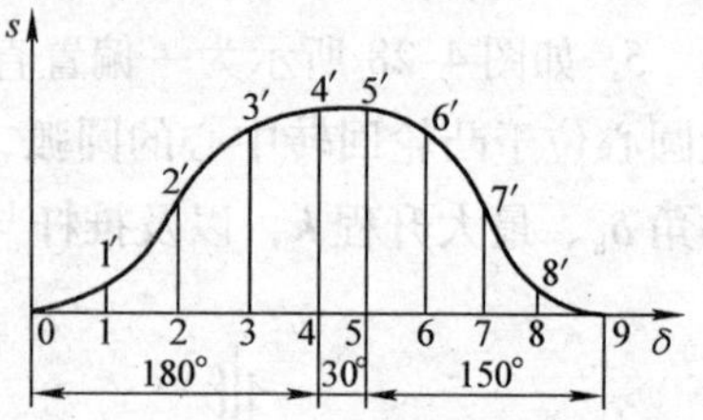

图 4-31　练习题 8 图

10. 一对心直动尖顶从动件盘形凸轮机构，凸轮按顺时针方向转动，其基圆半径 $r_0=40\text{mm}$，从动件的行程 $h=50\text{mm}$，运动规律如下：

凸轮转角 θ	0°～150°	150°～180°	180°～300°	300°～360°
从动件运动规律	等速上升 50mm	停止不动	等速下降至原位置	停止不动

要求：1）按比例绘出从动件的位移曲线。2）利用反转法，绘出凸轮的轮廓曲线。

11. 一对心直动滚子从动件盘形凸轮机构，凸轮按顺时针方向转动，其基圆半径 $r_0=20\text{mm}$，从动件的行程 $h=30\text{mm}$，滚子半径为 $r_T=10\text{mm}$，运动规律如下：

凸轮转角 θ	0°～150°	150°～180°	180°～300°	300°～360°
从动件运动规律	等加速等减速上升 30mm	停止不动	等加速等减速下降至原位置	停止不动

要求：1）按比例绘出从动件的位移曲线。2）利用反转法，绘出凸轮的轮廓曲线。

项目5　设计单缸内燃机中的齿轮机构

教学导航

知识目标

1. 熟悉齿轮机构的类型、特点及应用场合
2. 掌握渐开线的形成和性质
3. 掌握渐开线齿廓的啮合特性
4. 重点掌握渐开线标准直齿圆柱齿轮的基本参数及几何尺寸计算
5. 掌握渐开线直齿圆柱齿轮的啮合传动
6. 掌握渐开线齿廓切削加工的原理及不发生根切的最少齿数
7. 了解变位齿轮的概念和特点
8. 熟悉平行轴斜齿圆柱齿轮的啮合特点，掌握标准斜齿圆柱齿轮基本参数和几何尺寸计算，掌握正确啮合条件和重合度，了解当量齿轮及当量齿数
9. 了解直齿锥齿轮的啮合特点，熟悉其几何尺寸计算，了解当量齿轮及当量齿数

能力目标

1. 学会分析渐开线齿廓的啮合特性
2. 对标准直齿圆柱齿轮能进行正确测量，确定基本参数并进行几何尺寸计算
3. 能够掌握范成法加工的原理
4. 分析斜齿轮的特点及应用，并能对标准斜齿圆柱齿轮的几何尺寸进行计算
5. 能够分析变位齿轮与标准齿轮的异同点

项目目标

1. 根据使用要求，合理选择齿轮的类型为标准直齿圆柱齿轮
2. 通过对内燃机的标准直齿圆柱齿轮的测量，确定基本参数，并对其几何尺寸进行计算
3. 根据渐开线直齿圆柱齿轮正确啮合、连续传动和正确安装的条件来验证上面计算结果

建议学时

14～16 学时

典型案例

汽车变速器齿轮、机床主轴箱的齿轮、内燃机中的齿轮等

项目引入

内燃机的工作原理是利用燃料在气缸内燃烧产生的热能，通过气体受热膨胀推动活塞移动，再经过连杆传递到曲轴使其旋转做功。做功冲程，压缩后燃烧的空气使活塞下行从而将

热能转换成机械能，其中一部分转换成势能储存在与曲轴相连的飞轮中，这个势能以飞轮惯性旋转的形式释放，为内燃机的吸气、压缩、排气这三个冲程提供能量。内燃机每进行一次进气、压缩、做功和排气叫做一个工作循环。对于四冲程内燃机来说，活塞完成一个工作循环时曲轴要转两圈。曲轴转动的同时带动曲轴上的小齿轮转动，小齿轮转动又带动大齿轮转动。为保证曲轴转两圈，而凸轮轴转一圈，即吸排气各一次，需使小齿轮与大齿轮的传动比为2，也就是说，大齿轮的齿数是小齿轮齿数的2倍。下面对内燃机中的齿轮机构进行设计计算。

项目提出

已知内燃机中小齿轮的齿数 $z_1=23$，大齿轮的齿数 $z_2=46$，测得小齿轮跨2个齿公法线长度 $W_2=9.60\text{mm}$，跨3个齿公法线长度 $W_3=15.40\text{mm}$，试计算内燃机中两齿轮的几何尺寸。

项目分解

齿轮机构应用于传动系统，能够传递空间任意两轴的运动和动力，并可改变转动速度和转动方向，在现代机械中应用非常广泛。像机械式的钟表、机械式汽车变速器、内燃机、电影放映机等。本项目是以渐开线标准直齿圆柱齿轮的传动为主线，介绍渐开线的形成及性质、啮合特性、啮合传动和标准齿轮的基本参数及几何尺寸计算；对于平行轴斜齿圆柱齿轮几何尺寸的计算，只要掌握法面参数与端面参数之间的关系，就可以应用标准直齿圆柱齿轮的计算公式；对于变位齿轮，只熟悉变位齿轮的应用、在基本参数及几何尺寸上与标准齿轮的异同点。项目分解如下：

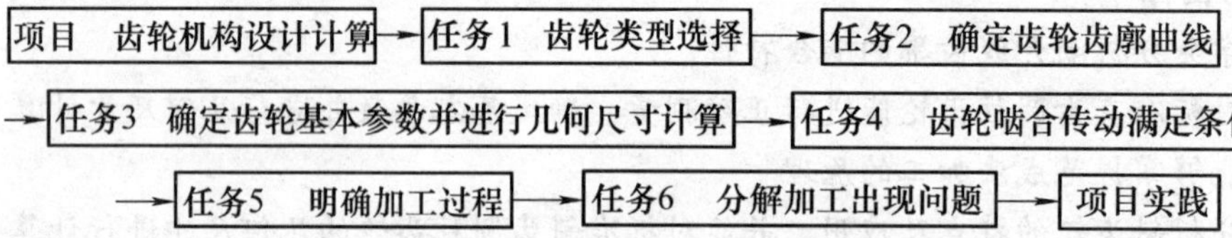

相关知识

5.1　分析齿轮传动的特点和基本类型

5.1.1　齿轮传动的特点

齿轮传动与其他形式的机械传动相比较具有如下特点：

（1）优点　能保证恒定的传动比；传递的功率和圆周速度范围大，传动效率高；结构紧凑；工作平稳、安全可靠且使用寿命长。

（2）缺点　制造及安装精度高，因而成本也较高；不宜用于两轴间距离较大的传动。

5.1.2　齿轮传动的基本类型

齿轮的类型很多，具体分类形式如下：

1）按照一对齿轮传动的传动比是否恒定，可将齿轮传动分为定传动比的齿轮传动和变传动比的齿轮传动。定传动比的齿轮是圆形，又称圆形齿轮传动，应用最为广泛，本项目只研究圆形齿轮传动；变传动比的齿轮一般为非圆形，仅在某些特殊机械中使用。

2）按照一对齿轮轴线的相对位置不同，将圆形齿轮传动分为平面齿轮传动和空间齿轮传动。平面齿轮传动的特点是组成平面齿轮机构的两齿轮的轴线相互平行，其轮齿分布在圆柱面上，又称圆柱齿轮。在平面齿轮传动中，根据轮齿的方向是否与轴线平行又分为直齿、斜齿和曲齿；根据啮合方式又分为外啮合、内啮合、齿轮与齿条啮合传动。常用的平面齿轮机构如图5-1所示。空间齿轮传动的特点是组成空间齿轮机构的两齿轮的轴线不平行，要么相交，要么交错。轴线相交的是锥齿轮或是相交轴的斜齿圆柱齿轮；轴线交错的是蜗轮蜗杆。常用的空间齿轮机构如图5-2所示。

3）按照齿轮轮齿的齿廓曲线形状，又可分为渐开线齿轮传动、圆弧齿轮传动、摆线齿轮传动等，其中渐开线齿轮制造、安装方便，应用最为广泛。本章只研究渐开线齿轮传动。

4）根据齿轮传动的工作条件不同又可分为开式、半开式和闭式齿轮传动。开式齿轮传动的齿轮完全外露，外界的灰尘和杂质容易落入轮齿啮合区，润滑不良，易引起齿面磨损。因此，开式齿轮传动多用于低速和不重要的场合。半开式齿轮传动大多浸入油池内并装有简单的防护罩，较开式齿轮的工作条件要好一些，但仍然难免有杂物浸入齿面。闭式齿轮传动的齿轮封闭在具有足够刚度的密封箱体内，可保证良好的润滑条件和工作要求，重要的齿轮传动都采用闭式齿轮传动。

5）按照齿面的硬度，齿轮传动可分为软齿面传动和硬齿面传动。当齿轮的齿面硬度≤350HBW时，称为软齿面传动，大于350HBW时，称为硬齿面传动。

a)　b)　c)　d)　e)

图5-1　平面齿轮机构

a）直齿圆柱齿轮（外啮合）　b）直齿圆柱齿轮（内啮合）　c）直齿圆柱齿轮与齿条

d）斜齿圆柱齿轮（外啮合）　e）人字齿轮（外啮合）

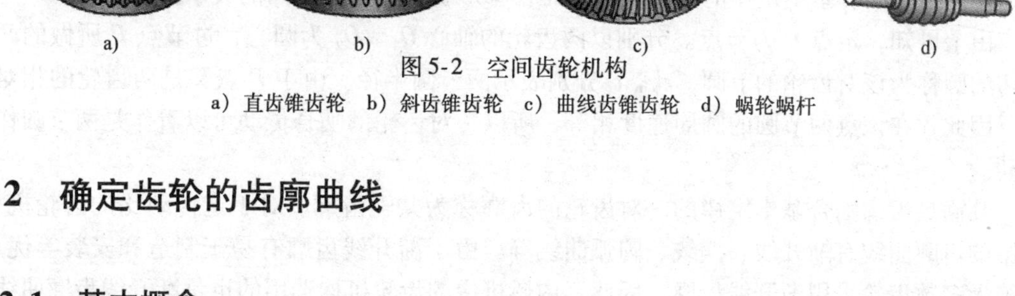

a)　b)　c)　d)

图5-2　空间齿轮机构

a）直齿锥齿轮　b）斜齿锥齿轮　c）曲线齿锥齿轮　d）蜗轮蜗杆

5.2　确定齿轮的齿廓曲线

5.2.1　基本概念

1. 啮合

一对轮齿齿廓相互接触并进行相对运动的状态为啮合。

2. 传动比

两轮的瞬时角速度之比为传动比。

当不考虑两齿轮的转动方向时，传动比的大小用 i 来表示，即

$$i=\frac{\omega_1}{\omega_2} \tag{5-1}$$

通常主动轮用“1”表示，从动轮用“2”表示；ω_1 为主动齿轮的角速度，ω_2 为从动齿轮的角速度。一般为降速传动，其传动比 $i>1$。

轮齿齿廓曲线的形状不同，则两轮的瞬时传动比的变化规律也不同，它既可以是恒定不变的也可以是变化的。齿轮的齿廓曲线形状应如何满足齿轮传动的瞬时传动比为常数的问题，将在下面进行介绍。

5.2.2　齿廓啮合基本定律

如图 5-3 所示，一对相互啮合的齿廓 E_1、E_2 在 K 点接触，设主动轮 1 以角速度 ω_1 绕轴线 O_1 沿顺时针方向转动，从动轮 2 以角速度 ω_2 绕轴线 O_2 沿逆时针方向转动，过啮合点 K 做公法线 $n-n$ 与连心线 O_1O_2 相交于 P 点，根据三心定理，点 P 为齿轮 1、2 在啮合点 K 时的瞬心，此时的传动比等于两齿轮绝对瞬心到相对瞬心距离的反比，即

$$i=\frac{\omega_1}{\omega_2}=\frac{O_2P}{O_1P} \tag{5-2}$$

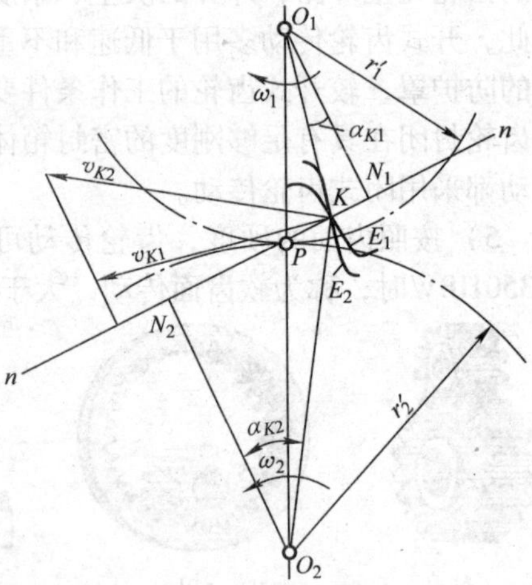

图 5-3　齿廓啮合基本定律

上式表明，两轮的瞬时传动比等于两轮的连心线被其齿廓接触点的公法线所分成的两线段的反比。为满足瞬时传动比为常数，则 $\frac{O_2P}{O_1P}$ 也必须为常数。因 O_1、O_2 为两齿轮的固定轴心，故在传动过程中 O_1O_2 不变，则两齿轮在啮合传动过程中 P 点位置必须保持不变。即要使两齿轮作定传动比传动，则其齿廓曲线必须满足下述条件：不论两齿廓在任何位置相接触，过接触点所做的齿廓公法线必与两齿轮的连心线相交于一定点，此点为节点。这就是齿廓啮合基本定律。齿廓啮合基本定律的实质反映的是齿廓形状与传动比之间的关系。

由上可知，定点 P 为节点。分别以两齿轮的轴心 O_1、O_2 为圆心，过节点 P 所做的两个相切的圆称为该对齿轮的节圆，r_1'、r_2' 分别表示两节圆半径。由于 P 点又是两齿轮的相对瞬心。因此，在该点两节圆的圆周速度相等，所以一对齿轮的啮合传动可以看作是两节圆作纯滚动。

凡满足齿廓啮合基本定律的一对齿轮的齿廓称为共轭齿廓。对于定传动比的齿轮机构，常用的齿廓曲线有渐开线、摆线、圆弧曲线等。由于渐开线齿廓有易于制造和安装等优点，故绝大多数齿轮采用渐开线齿廓。因此，内燃机中的齿轮机构选用的也是渐开线齿廓曲线。

5.2.3　渐开线的形成

如图 5-4 所示，当一条动直线 $n-n$ 沿着一个固定圆的圆周作纯滚动时，该直线上任意

一点 K 在平面上的运动轨迹 AK 称为这个圆的渐开线，这个圆称为渐开线的基圆。其半径用 r_b 表示，该直线称为发生线。

5.2.4　渐开线的性质

根据渐开线形成的过程，可知渐开线具有以下性质：

1）发生线沿基圆上滚过的长度等于基圆上被滚过的弧长，即 $\overline{NK}=\widehat{NA}$。

2）渐开线上任一点的法线必与基圆相切。

因为发生线在基圆上作纯滚动，所以它与基圆的切点 N 就是此刻的瞬心位置，过 K 点所作的公法线必通过瞬心点 N。发生线 NK 就是渐开线在 K 点的法线，同时也是基圆在 N 点的切线。

3）渐开线上各点的曲率半径不相等，基圆内无渐开线。

由图5-4所示，切点 N 是渐开线上点 K 的曲率中心，NK 是渐开线上点 K 的曲率半径。离基圆越近，曲率半径越小。渐开线是从基圆开始向外展开的，所以基圆以内无渐开线。

4）渐开线的形状取决于基圆的大小。

如图5-5所示，基圆大小不同时，所展成的渐开线形状不同。基圆半径越小，展开的渐开线越弯曲；相反基圆半径越大，渐开线越平直，当基圆半径趋于无穷大时，其渐开线为直线，它就是齿条齿廓。

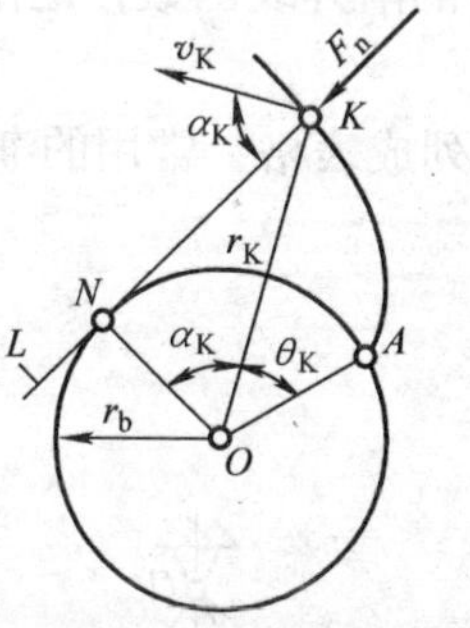

图5-4　渐开线的形成

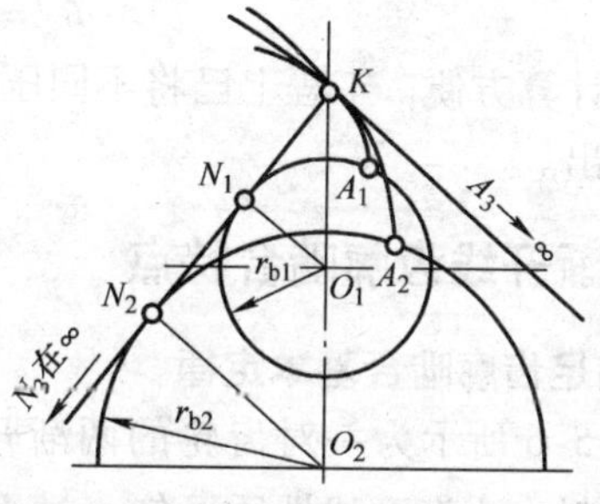

图5-5　渐开线的性质

5）渐开线上各点的压力角是变化的。

如图5-4所示，若以此渐开线作为齿轮的齿廓，当齿轮在 K 点啮合时，其正压力的方向（不计摩擦）沿着 K 点的法线（NK）方向，而齿廓上 K 点的速度垂直于 OK 线。K 点的受力方向与运动速度方向之间所夹的锐角称为渐开线上 K 点的压力角，用 α_K 表示。以 r_K 表示渐开线上 K 点的向径，在 $\triangle NOK$ 中，$\angle NOK=\alpha_K$，则

$$\cos\alpha_K=\frac{ON}{OK}=\frac{r_b}{r_K} \tag{5-3}$$

由上式可知，渐开线上各点的压力角不相等，离基圆越远，向径 r_K 越大，压力角 α_K 也越大。当 $r_K=r_b$ 时，$\alpha_K=0°$，即渐开线在基圆上的压力角最小，等于0°。

5.2.5　渐开线方程

在工程上，为分析渐开线齿轮的啮合特性，计算齿轮几何尺寸及相关的啮合参数，常常

用到渐开线方程。根据渐开线形成的过程，推导的渐开线方程是极坐标方程。

1. 展角

渐开线上任意点 K 的向径 r_K 与起始点 A 的向径间的夹角 $\angle AOK$ 称为渐开线 AK 段的展角，用 θ_K 表示，单位为 rad，如图 5-4 所示，$\theta_K=\angle AOK$。

2. 渐开线方程

在图 5-4 中，A 为渐开线在基圆上的起始点，K 为渐开线上的任意点。若以基圆的圆心 O 为极点，OA 为极轴，K 点的向径 r_K 与极轴的夹角 θ_K 为极角，建立极坐标系，则 K 点的极坐标为（r_K，θ_K）。

在△NOK 中

$$\tan\alpha_K=\frac{\overline{NK}}{ON}=\frac{\widehat{NA}}{ON}=\frac{r_b(\alpha_K+\theta_K)}{r_b}=\alpha_K+\theta_K$$

即
$$\theta_K=\tan\alpha_K-\alpha_K$$

又在△NOK 中，$r_K=\dfrac{r_b}{\cos\alpha_K}$

联立以上两式可得渐开线的极坐标方程为

$$\begin{cases}\theta_K=\tan\alpha_K-\alpha_K\\ r_K=\dfrac{r_b}{\cos\alpha_K}\end{cases}\tag{5-4}$$

上式表明，θ_K 随压力角的改变而改变，称 θ_K 为压力角 α_K 的渐开线函数，记作 $\text{inv}\alpha_K$，即
$$\theta_K=\text{inv}\alpha_K=\tan\alpha_K-\alpha_K$$

为了计算方便，工程上已将不同压力角的渐开线函数的值列成表格，常用的渐开线函数可查表得出。

5.2.6　渐开线齿廓啮合特点

1. 满足齿廓啮合基本定律

如图 5-6 所示为一对齿轮的两渐开线齿廓，E_1、E_2 在 K 点接触。由渐开线性质可知，过 K 点作两齿廓的公法线 N_1N_2 必同时与两基圆相切，即 N_1N_2 线是两基圆的内公切线。因为基圆在同一方向上的内公切线只有一条，所以无论两齿廓在何处接触，过接触点的公法线都一定和 N_1N_2 相重合。在齿轮传动过程中，两基圆的大小及位置均不变，所以公法线 N_1N_2 与连心线 O_1O_2 的交点 P 为一定点，这就说明渐开线齿廓满足齿廓啮合基本定律。

由于△$O_1P_1N_1$∽△$O_2P_2N_2$，因此传动比也可以写为

$$i=\frac{\omega_1}{\omega_2}=\frac{O_2P}{O_1P}=\frac{r_2'}{r_1'}=\frac{r_{b2}}{r_{b1}}=\text{常数}\tag{5-5}$$

上式表明，渐开线齿廓的瞬时传动比恒定不变，其大小不仅与两轮的节圆半径成反比，同时也与两轮的基圆半径成反比。

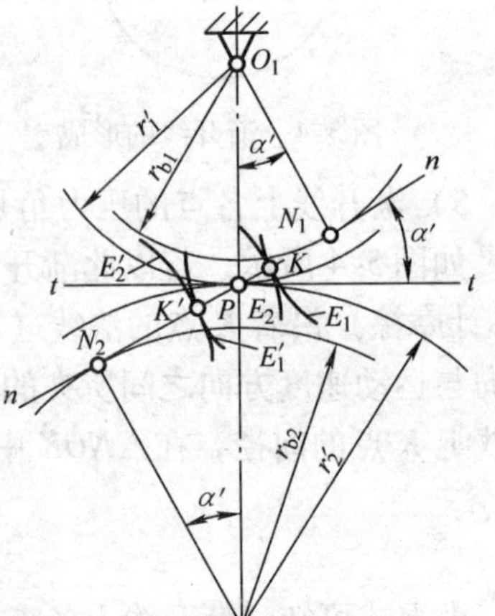

图 5-6　渐开线齿廓的啮合

2. 四线合一

由上面分析可知，一对渐开线齿廓在任意一点 K 啮合，过 K 点所作的公法线 N_1N_2 又是两基圆的内公切线。由于公法线 N_1N_2 仅为一条，所以不管齿廓在哪一点啮合，啮合点总在这条公法线上，该公法线又称啮合线。

由于两个齿轮在啮合传动时，其正压力是沿着公法线方向的，因此对渐开线齿廓的齿轮传动来说，过啮合点的公法线、基圆的公切线、啮合线和正压力作用线四线合一。

3. 啮合角不变

如图5-6所示，啮合线 N_1N_2 与两节圆的公切线 $t-t$ 所夹的锐角称为啮合角，用 α' 表示，因啮合线不变，所以，渐开线齿轮传动中啮合角为常数。一对相啮合的渐开线齿廓，其啮合角在数值上等于渐开线在节圆上的压力角。显然，齿轮传动时啮合角不变表示齿廓间压力方向不变。若传递的转矩不变，其压力大小和方向保持不变，因而传动较平稳，这也是渐开线齿轮传动的一大优点。

4. 具有中心距可分性

一对渐开线齿轮在啮合传动时，若安装时中心距略有变化，则不会改变其瞬时传动比的大小，渐开线齿廓的这个特性称为中心距的可分性。

如图5-7a所示，当中心距为 a 时，由式（5-5）可知其传动比为；

$$i=\frac{\omega_1}{\omega_2}=\frac{O_2C}{O_1C}=\frac{r_2}{r_1}=\frac{r_{b2}}{r_{b1}}$$

如图5-7b所示，当中心距变为 $a+\delta_a$ 时，其传动比仍为

$$i=\frac{\omega_1}{\omega_2}=\frac{O_2C}{O_1C}=\frac{r_2'}{r_1'}=\frac{r_{b2}}{r_{b1}}$$

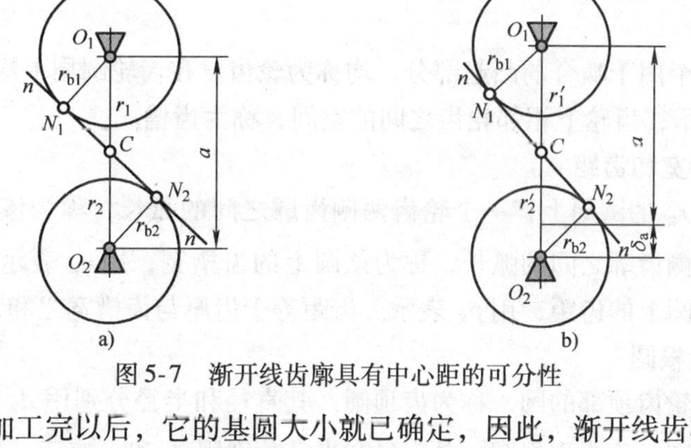

图5-7　渐开线齿廓具有中心距的可分性

当渐开线齿轮加工完以后，它的基圆大小就已确定，因此，渐开线齿轮传动的传动比是常数。利用这个独有的特性，即使是齿轮在制造或安装时产生误差，或者是在运转过程中产生轴承磨损等情况，仍能保持传动比不变，继而保持良好的传动特性。

5.3　渐开线标准直齿圆柱齿轮的主要参数及几何尺寸计算

5.3.1　齿轮各部分的名称和符号

如图5-8所示为直齿圆柱齿轮的一部分，图5-8a所示为外齿轮、图5-8b所示为内齿

轮、图5-8c所示为齿条。由图可知，渐开线齿轮轮齿齿廓的两侧是由形状相同、方向相反的两个渐开线曲面组成的。以外啮合齿轮为例，其各部分名称和符号如下：

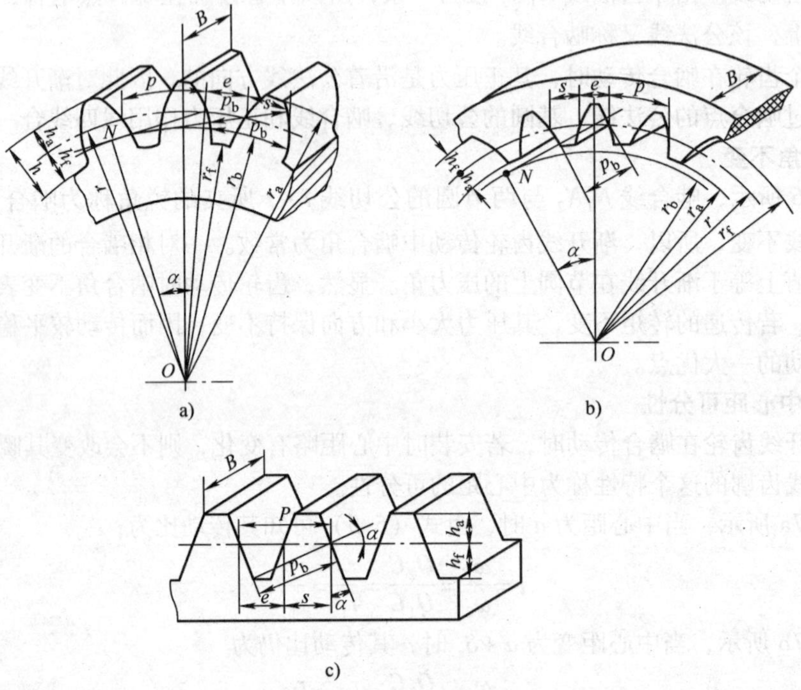

图5-8　齿轮各部分的名称和符号

1. 轮齿和齿槽

齿轮上的每一个用于啮合的凸起部分，均称为轮齿。在齿轮圆周上均匀分布的轮齿总数称为齿数，用 z 表示；齿轮上相邻轮齿之间的空间，称为齿槽。

2. 齿厚、齿槽宽和齿距

在任意半径为 r_K 的圆周上，一个轮齿两侧齿廓之间的弧长，称为该圆上的齿厚，用 s_K 表示；一个齿槽两侧齿廓之间的弧长，称为该圆上的齿槽宽，用 e_K 表示；相邻两齿同侧齿廓间的弧长称为该圆上的齿距，用 p_K 表示。齿距等于齿厚与齿槽宽之和，即 $p_K = s_K + e_K$。

3. 齿顶圆与齿根圆

通过齿轮所有轮齿顶部的圆，称为齿顶圆，其直径和半径分别用 d_a 和 r_a 表示；通过齿轮所有齿槽底部的圆，称为齿根圆，其直径和半径分别用 d_f 和 r_f 表示。

4. 分度圆

分度圆位于齿顶圆和齿根圆之间，其上的齿厚与齿槽宽相等，是计算轮齿各部分尺寸的基准圆，其直径和半径分别用 d 和 r 表示。

5. 模数与标准模数

由齿距的定义可知 $\pi d_K = z p_K$，或 $d_K = z\dfrac{p_K}{\pi}$

在不同直径的圆周上，比值 p_K/π 是不同的，且该比值包含无理数 π。为了计算和测量

方便，令 $m_K = \frac{p_K}{\pi}$

则
$$d_K = zm_K \tag{5-6}$$

m_K 称为该圆上的模数，单位为mm。为了便于设计、制造和互换，规定分度圆上的模数为标准模数，用 m 表示。标准模数见表5-1。模数是设计和制造齿轮的一个重要参数，当齿数不变时，模数的大小直接反映出轮齿的大小以及承载能力。

表5-1　渐开线齿轮的标准模数（GB/T 1357—2008）

第一系列	1	1.25	1.5	2	2.5	3	4	5	6	8
	10	12	16	20	25	32	40	50		
第二系列	1.75	2.25	2.75		3.5		4.5	5.5	(6.5)	7
	9	(11)	14		22		(30)	36	45	

注：1. 在选择时应优先采用第一系列，括号内的模数尽可能不用。
2. 本表适用于渐开线圆柱齿轮，对于斜齿轮指的是法向模数。

6. 标准压力角

渐开线上各点的压力角是不同的，为了便于设计和制造，将分度圆上的压力角规定为标准值，称为标准压力角。我国规定标准压力角 $\alpha = 20°$。α 也是设计和制造齿轮的一个重要参数，它决定了齿廓的形状和轮齿的啮合性能。在分度圆上，具有标准模数和压力角。

7. 齿顶与齿根

介于分度圆与齿顶圆之间的部分称为齿顶；介于分度圆与齿根圆之间的部分称为齿根。

8. 齿顶高、齿根高和齿高

齿顶的径向距离称为齿顶高，用 h_a 表示；齿根的径向距离称为齿根高，用 h_f 表示；齿顶圆与齿根圆之间的径向距离称为齿高，用 h 表示，即 $h = h_a + h_f$。

9. 齿宽

齿轮的有齿部分沿齿轮轴线方向度量的宽度称为齿宽，用 B 表示。

10. 中心距

两个圆柱齿轮轴线之间的距离称为中心距，用 a 表示。

5.3.2　直齿圆柱齿轮的基本参数

一个直齿圆柱齿轮的基本参数有五个，即齿数 z、模数 m、压力角 α、齿顶高系数 h_a^*、和顶隙系数 c^*，其中 m、α、h_a^*、c^* 为标准参数。我国规定，对于正常齿制，$h_a^* = 1$，$c^* = 0.25$；对于短齿制，$h_a^* = 0.8$，$c^* = 0.3$。标准齿顶高为 $h_a = h_a^* m$，齿根高为 $h_f = (h_a^* + c^*)m$，顶隙 $c = c^* m$，指的是在一对齿轮啮合传动中，一个齿轮的齿根圆与另一个齿轮的齿顶圆之间的径向距离。

具有标准参数且分度圆上的齿厚与齿槽宽相等的齿轮称为标准齿轮。

5.3.3　标准直齿圆柱齿轮几何尺寸的计算

标准直齿圆柱齿轮的所有几何尺寸均可用上述五个参数来表示。由式（5-6）可知，分度圆直径 $d = mz$，又由图5-8可知齿顶圆的直径 $d_a = d + 2h_a = (z + 2h_a^*)\ m$ 和齿根圆的直径

$d_f = d - 2h_f = (z - 2h_a^* - 2c^*)m$，齿轮各部分尺寸的计算公式可查表5-2。

5.3.4 内齿轮

如图5-8b所示，内齿轮的轮齿分布在空心圆柱的内表面上，相同基圆的内、外轮齿的齿廓曲线为完全相同的渐开线，但轮齿的形状不同，其主要特点为：

1）外齿轮的轮齿是外凸的，而内齿轮的轮齿是内凹的，即内齿轮的齿厚相当于外齿轮的齿槽宽。

2）内齿轮的齿顶圆小于齿根圆，为保证内齿轮的齿顶部分都是渐开线，齿顶圆必须大于基圆。

基于上述特点，内齿轮的齿顶圆直径、齿根圆直径和标准中心距的计算不同于外齿轮。

齿顶圆直径　$d_a = d - 2h_a = (z - 2h_a^*)m$

齿根圆直径　$d_f = d + 2h_f = (z + 2h_a^* + 2c^*)m$

标准中心距　$a = \dfrac{m}{2}(z_2 - z_1)$

表5-2　外啮合标准直齿圆柱齿轮的几何尺寸计算　（单位：mm）

名称	符合	计算公式
齿顶高	h_a	$h_a = h_a^* m$
齿根高	h_f	$h_f = (h_a^* + c^*)m$
齿高	h	$h = h_a + h_f$
顶隙	c	$c = c^* m$
齿距	p	$p = \pi m$
齿厚	s	$s = \dfrac{\pi m}{2}$
齿槽宽	e	$e = \dfrac{\pi m}{2}$
分度圆直径	d	$d = mz$
基圆直径	d_b	$d_b = d\cos\alpha = mz\cos\alpha$
齿顶圆直径	d_a	$d_a = d + 2h_a = (z + 2h_a^*)m$
齿根圆直径	d_f	$d_f = d - 2h_f = (z - 2h_a^* - 2c^*)m$
标准中心距	a	$a = \dfrac{m}{2}(z_2 + z_1)$

5.3.5 齿条

当基圆半径趋向无穷大时，渐开线齿廓变成直线齿廓，齿轮变成齿条，齿轮上的各圆都变成齿条上相应的线。如图5-8c所示，齿条上同侧齿廓相互平行，齿廓上任意一点的齿距都相等，但只有在分度线上齿厚等于齿槽宽，即$s = e = p/2$。齿条齿廓上各点的压力角都相等，均为标准值。齿条齿廓的倾斜角称为齿形角，其大小与压力角相等。

5.3.6 标准直齿圆柱齿轮的公法线长度

在检验齿轮的制造精度和测量标准齿轮基本参数时，常需测量齿轮的公法线长度，用以控制轮齿齿侧公差和确定标准齿轮基本参数。公法线长度是指用公法线千分尺或游标卡尺跨

过 K 个轮齿所量得的齿廓间的法线距离 W_k。

如图 5-9 所示，卡尺卡住两个轮齿，并使卡脚与齿廓相切于 A、D 两点，则 $AD = AC + CD$，由渐开线性质 1 可得：跨 2 齿时公法线长度 $W_2 = p_b + s_b$；若卡尺卡住三个轮齿，并使卡脚与齿廓相切于 A、B 两点，则跨 3 齿时公法线长度 $W_3 = 2p_b + s_b$，而

$$W_3 - W_2 = p_b = p \times \cos\alpha = \pi m \cos\alpha$$

由此可求出 m 值并圆整为标准值。

同理，跨 K 个齿所量得的公法线长度 $W_k = (k-1)p_b + s_b$。

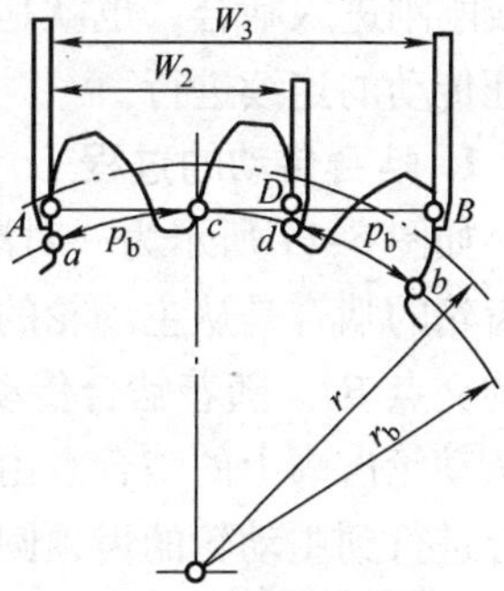

图 5-9　测量公法线

5.4　渐开线直齿圆柱齿轮啮合传动满足的条件

上节讲述了单个标准直齿圆柱齿轮的基本参数和几何尺寸计算，不是任意两个齿轮安装后都能进行传动。下面研究一对直齿圆柱齿轮在啮合传动过程中，需要满足的三个条件：正确啮合条件、连续传动条件和正确安装条件。

5.4.1　标准直齿圆柱齿轮的正确啮合条件

齿轮传动时，它的每一个轮齿在啮合一段时间后便要分离，由后一对轮齿来接替。所谓正确啮合是指每对轮齿同时进入啮合又同时分离，也就是要保证它们相邻两齿同侧齿廓在啮合线上的长度（称为法向齿距 p_n）必须相等，如图5-10所示，即 $p_{n1} = p_{n2}$。由渐开线性质可知，法向齿距等于基圆齿距，即 $p_n = p_b$。

要使两齿轮正确啮合，必须满足 $p_{b1} = p_{b2}$，又 $p_b = p \times \cos\alpha = \pi n \cos\alpha$，故可得

$$\pi m_1 \cos\alpha_1 = \pi m_2 \cos\alpha_2$$

由于渐开线齿轮的模数 m 和压力角 α 均为标准值，所以两轮的正确啮合条件为两齿轮分度圆上的模数和压力角分别相等，并等于标准值，即

$$m_1 = m_2 = m$$

$$\alpha_1 = \alpha_2 = \alpha$$

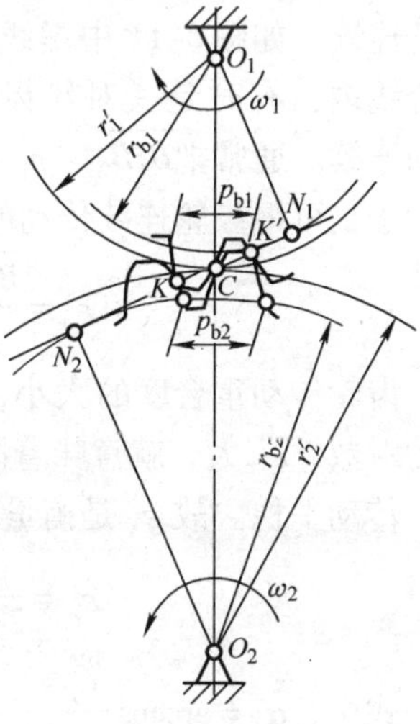

图 5-10　正确啮合条件

于是，一对渐开线直齿圆柱齿轮传动的传动比又可表达为

$$i_{12} = \frac{\omega_1}{\omega_2} = \frac{r'_2}{r'_1} = \frac{r_{b2}}{r_{b1}} = \frac{r_2\cos\alpha}{r_1\cos\alpha} = \frac{r_2}{r_1} = \frac{z_2}{z_1}$$

即其传动比不仅与两轮的节圆、基圆、分度圆半径成反比，而且与两轮的齿数成反比。

5.4.2　标准直齿圆柱齿轮连续传动条件

一对齿轮传动能满足正确啮合的条件，但并不代表就能连续传动。为了保证一对渐开线齿轮能够连续传动，必须保证当前一对啮合轮齿在终止啮合时，后一对轮齿就必须已进入啮

合或刚刚进入啮合，也就是说同时啮合轮齿的对数必须有一对或一对以上。只有这样，才能保证传动的连续进行。

1. 啮合传动的过程

如图 5-11 所示为一对渐开线齿轮啮合的情况。其中轮 1 为主动轮，轮 2 为从动轮，一对齿轮的啮合是从主动轮的齿根推动从动轮的齿顶开始的。起始啮合点是从动轮齿顶与啮合线的交点 B_2。随着啮合传动的进行，轮齿的啮合点将沿着啮合线 N_1N_2 向 N_2 方向移动，同时从动轮齿廓上的啮合点由齿顶向齿根移动，主动轮齿廓上的啮合点由齿根向齿顶移动，当啮合进行到主动轮的齿顶圆与啮合线的交点 B_1 时，齿廓啮合终止，B_1 为终止啮合点。由此可见，$\overline{B_1B_2}$为齿廓啮合的实际啮合线长度。显然，随着齿顶圆的增大，B_1B_2 线段可以增长，但基圆内没有渐开线，所以不会超过 N_1 和 N_2 两点，点 N_1 和 N_2 称为啮合极限点，N_1N_2 为理论上可能的最大啮合线段，$\overline{N_1N_2}$称为理论啮合线长度。

2. 齿轮连续传动的条件

若使齿轮连续传动，则必须保证前一对轮齿在 B_1 点脱离啮合之前，后一对轮齿刚好或已在 B_2 点进入啮合。当 $\overline{B_1B_2}=p_b$ 时，传动刚好连续；但若齿轮 2 的齿顶圆直径稍小，它与啮合线的交点在 B_2'，则$\overline{B_1B_2'}<p_b$，此时前一对轮齿在 B_1 点脱离啮合，而后一对轮齿尚未进入啮合，齿轮传动不连续，如图 5-11 中虚线所示；若$\overline{B_1B_2}\geqslant p_b$，则在实际啮合线内，有时是一对轮齿啮合，有时是两对轮齿啮合，传动连续。通常把$\overline{B_1B_2}$与 p_b 的比值 ε_a 称为齿轮传动的重合度。于是可得齿轮连续传动的条件为

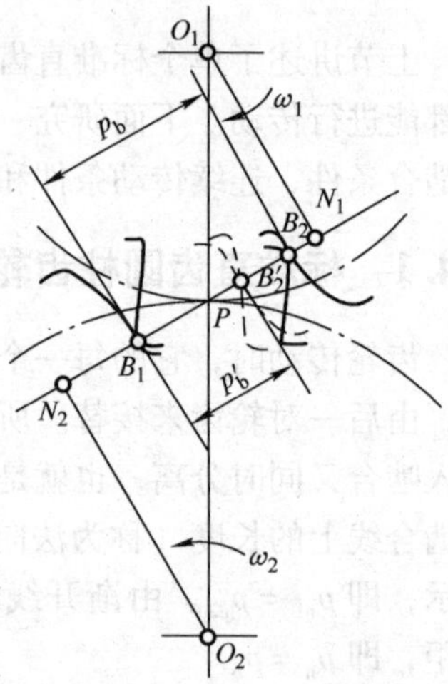

图 5-11　齿轮连续传动条件

$$\varepsilon_a=\frac{\overline{B_1B_2}}{p_b}\geqslant 1$$

齿轮传动重合度的大小，实质上表明同时参与啮合轮齿的对数。ε_a 大，就意味着同时参与啮合的轮齿对数多，每对齿的载荷小，载荷变动量也小，传动平稳。故 ε_a 是衡量齿轮传动质量的指标之一，ε_a 的计算公式为

$$\varepsilon_a=\frac{1}{2\pi}[z_1(\tan\alpha_{a1}-\tan\alpha')+z_2(\tan\alpha_{a2}-\tan\alpha')]$$

式中，$\alpha_a=\arccos\frac{r_b}{r_a}$　　$\alpha'=\arccos\frac{r_b}{r'}$

可见，重合度与齿数有关，与模数无关，随着齿数的增多而增大。

如图 5-12 所示为 $\varepsilon_a=1.3$ 的情况，当前一对齿在 D 点啮合时，后一对齿在 B_2 点刚进入啮合（如图中虚线所示），从此时开始有两对轮齿同时啮合，直到前一对齿到达 B_1 点，后一对齿到达 C 点为止（如图中实线所示）。因此啮合线上的 B_1D 和 B_2C 区间是双齿啮合区。从 C 点开始到 D 点只有一对齿啮合，CD 区间是单齿啮合区。

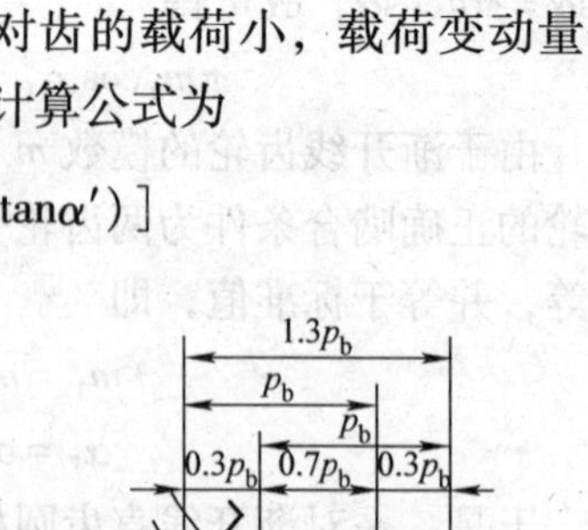

图 5-12　$\varepsilon_a=1.3$ 的含义

所以，$\varepsilon_a=1.3$ 表明在齿轮转过一个基圆齿距的时间内

有30%的时间是双齿啮合，70%的时间是单齿啮合。

当齿数趋向无穷多时，齿轮变成齿条，ε_a 增大。根据齿条与齿轮啮合情况，可得到直齿圆柱齿轮重合度的最大值 $\varepsilon_{max}=\dfrac{4h_a}{\pi\sin2\alpha}$。

对于一对标准直齿圆柱齿轮传动 $\alpha=20°$，$h_a^*=1$，$\varepsilon_{max}=1.981$。

表5-3所列为许用重合度 $[\varepsilon_a]$ 的推荐值，在设计时应满足 $\varepsilon>[\varepsilon_a]$。

表5-3 $[\varepsilon_a]$ 的推荐值

使用场合	一般机械制造业	汽车、拖拉机制造业	机床制造业	纺织机器制造业
$[\varepsilon_a]$	1.4	1.1~1.2	1.3	1.3~1.4

5.4.3 标准直齿圆柱齿轮正确安装条件

一对齿轮传动除满足正确啮合条件和连续传动条件外，还要满足正确安装条件。

1. 齿侧间隙

一对齿轮的啮合传动，相当于两轮的节圆作纯滚动。因此，一个齿轮节圆上的齿槽宽与另一个齿轮节圆上的齿厚之差称为齿侧间隙，用 Δ 来表示，则 $\Delta=e_1'-s_2'$。

在渐开线齿轮加工和齿轮传动中均要求无侧隙啮合，即 $\Delta=e_1'-s_2'=0$。

实际上，为了保证轮齿齿面的润滑，避免轮齿因摩擦发生热膨胀而产生卡死现象，以及为了补偿制造、安装误差等，需要齿侧留有适当的侧隙。此侧隙一般在制造齿轮时由齿轮的齿厚公差来保证，而在设计计算齿轮尺寸时仍按无侧隙计算。

2. 标准安装

为了避免冲击、振动、噪音等，理论上齿轮传动应为无侧隙啮合。因此在设计时，标准安装就是按齿侧无侧隙来设计其中心距尺寸。

由标准齿轮的定义可知，标准齿轮分度圆上的齿厚和齿槽宽相等。一对正确啮合的渐开线标准齿轮，其模数相等，故两齿轮分度圆上的齿厚等于齿槽宽，即 $s_1=e_1=s_2=e_2=\dfrac{\pi m}{2}$。显然，当两分度圆相切并作纯滚动时，其侧隙为零，此时分度圆与节圆重合。一对标准齿轮节圆与分度圆重合的安装称为标准安装，如图5-13所示，标准安装时的中心距称为标准中心距，用 a 表示。对于外啮合齿轮传动的标准中心距为 $a=r_1'+r_2'=r_1+r_2=\dfrac{m}{2}(z_2+z_1)$。

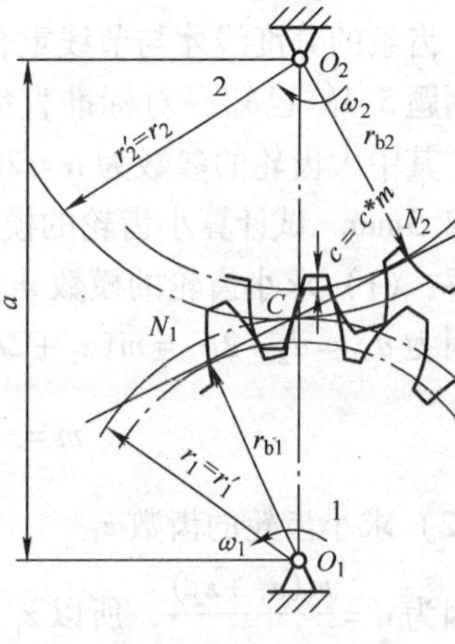

图5-13 标准中心距

3. 非标准安装

当实际中心距（安装中心距）与标准中心距不等时，节圆半径就会发生变化，但分度圆半径是不变的，这时分度圆与节圆不再重合，这样的安装称为非标准安装。非标准安装时啮合线位置发生变化，啮合角 α' 也不再等于分度圆上的压力角 α。此时的中心距为

$$a' = r_1' + r_2' = \frac{r_{b1}}{\cos\alpha'} + \frac{r_{b2}}{\cos\alpha'} = (r_1 + r_2)\frac{\cos\alpha}{\cos\alpha'} = a\frac{\cos\alpha}{\cos\alpha'}$$

即

$$a\cos\alpha = a'\cos\alpha'$$

当实际中心距大于标准中心距时，啮合角也大于压力角。

4. 顶隙

在一对齿轮啮合传动中，一个齿轮的齿顶圆与另一个齿轮的齿根圆之间在径向方向上留有的间隙，称为顶隙；当标准安装时，顶隙又称为标准顶隙，用 c 表示。其值为一个齿轮的齿根高减去另一个齿轮的齿顶高，即 $c=(h_a^*+c^*)m-h_a^*m=c^*m$。

顶隙的作用如下：一是可以避免一个齿轮的齿顶与另一个齿轮齿槽底部发生顶死现象；二是为了存储润滑油以润滑齿廓表面。

5. 齿轮齿条啮合

如图 5-14 所示，齿轮与齿条啮合，相当于齿轮的节圆与齿条的节线作纯滚动。当采用标准安装时，齿条的分度线与齿轮的分度圆相切，此时 $\alpha=\alpha'$。当齿条远离或靠近齿轮时（非标准安装），由于齿条的齿廓是直线，所以啮合线位置不变，啮合角不变，节点位置不变。所以不管是否为标准安装，齿轮与齿条啮合时齿轮的分度圆永远与节圆重合，啮合角恒等于压力角。但只有标准安装时，齿条的分度线才与节线重合。

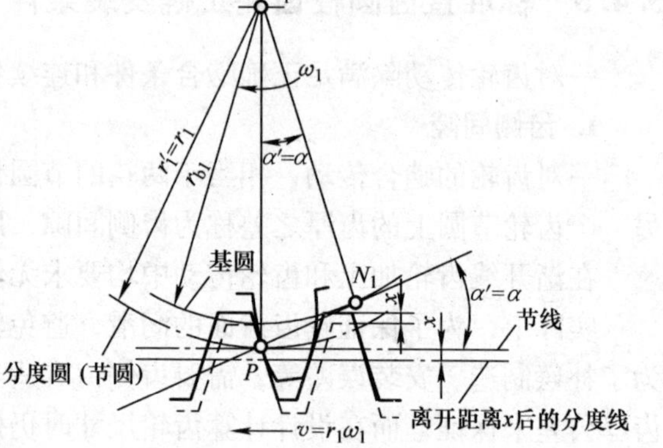

图 5-14　齿轮齿条啮合

例题 5-1　已知一对标准直齿圆柱齿轮传动，其中大齿轮的参数为 $\alpha=20°$，$h_a^*=1$，$c^*=0.25$，$z_2=52$，$d_{a2}=135\text{mm}$；标准中心距 $a=122.5\text{mm}$。试计算小齿轮的模数、齿数、分度圆直径、齿顶圆直径和齿根圆直径。

解：（1）求小齿轮的模数 m

因为 $d_{a2}=d_2+2h_a=m(z_2+2h_a^*)$，所以

$$m=\frac{d_{a2}}{z_2+2h_a^*}=\frac{135}{52+2\times1}\text{mm}=2.5\text{mm}$$

（2）求小齿轮的齿数 z_1

因为 $a=\dfrac{m(z_1+z_2)}{2}$，所以 $z_1=\dfrac{2a}{m}-z_2=\left(\dfrac{2\times122.5}{2.5}-52\right)\text{mm}=46\text{mm}$

（3）小齿轮分度圆直径

$$d_1=mz_1=2.5\times46\text{mm}=115\text{mm}$$

（4）小齿轮齿顶圆直径

$$d_{a1}=d_1+2h_a=m(z_1+2h_a^*)=2.5\text{mm}\times(4.6+2)=120\text{mm}$$

（5）小齿轮齿根圆直径

$$d_{f1}=d_1-2h_f=m(z_1-2h_a^*-2c^*)=2.5\times(46-2-0.5)\text{mm}=108.75\text{mm}$$

例题 5-2　为了修配两个损坏的标准直齿圆柱齿轮 A、B，现测得：齿轮 A 的齿高 $h=9\text{mm}$，齿顶圆直径 $d_a=324\text{mm}$；齿轮 B 的齿顶圆直径 $d_a=88\text{mm}$，齿距 $p=12.56\text{mm}$。试计

算齿轮 A 和 B 的模数 m 和齿数 z。

解：对于齿轮 A：

因为 $h=h_a+h_f=(2h_a^*+c^*)m$，所以

$$m=\frac{h}{2h_a^*+c^*}=\frac{9}{2\times1+0.25}\text{mm}=4\text{mm}$$

因为 $d_a=d+2h_a=m(z+2h_a^*)$

所以 $$z=\frac{d_a}{m}-2h_a^*=\left(\frac{324}{4}-2\times1\right)\text{mm}=79\text{mm}$$

对于齿轮 B：

$$m=\frac{p}{\pi}=\frac{12.58\text{mm}}{3.14}=4\text{mm}$$

$$z=\frac{d_a}{m}-2h_a^*=\frac{88}{4}-2\times1=20$$

例题5-3 已知一对外啮合标准直齿圆柱齿轮的参数 $m=2.5\text{mm}$，齿数 $z_1=22$、$z_2=33$。若两轮的实际中心距比标准中心距大1mm，试求这对齿轮的节圆半径 r_1' 和 r_2' 以及啮合角 α'。

解：(1) 标准中心距

$$a=\frac{m(z_1+z_2)}{2}=\frac{2.5\times(22+33)}{2}\text{mm}=68.75\text{mm}$$

实际中心距 $$a'=a+1\text{mm}=69.75\text{mm}$$

(2) 啮合角

因为 $a'\cos\alpha'=a\cos\alpha$，所以 $\alpha'=\arccos\left(\frac{a}{a'}\cos\alpha\right)=\arccos\left(\frac{68.75}{69.75}\times\cos20°\right)=22.15°$

(3) 节圆半径

方法一：$$r_1'=\frac{r_{b1}}{\cos\alpha'}=\frac{r_1\cos\alpha}{\cos\alpha'}=\frac{mz_1a'}{2a}=\frac{2.5\times22\times69.75}{2\times68.75}\text{mm}=27.90\text{mm}$$

$$r_2'=\frac{r_{b2}}{\cos\alpha'}=\frac{r_2\cos\alpha}{\cos\alpha'}=\frac{mz_2a'}{2a}=\frac{2.5\times33\times69.75}{2\times68.75}\text{mm}=41.85\text{mm}$$

方法二：由 $\begin{cases}r_1'+r_2'=a'=69.75\\ i=\dfrac{r_2'}{r_1'}=\dfrac{z_2}{z_1}=\dfrac{33}{22}\end{cases}$

解得 $\begin{cases}r_1'=27.90\text{mm}\\ r_2'=41.85\text{mm}\end{cases}$

5.5 明确渐开线齿廓切削加工过程

齿轮轮齿加工的方法很多，如切削法、铸造法、轧制法、冲压法、锻造法等。其中最常用的是切削法。按加工原理不同，切削法可分为仿形法和范成法两类。

5.5.1 仿形法

仿形法是在普通铣床上利用具有渐开线齿形的成形铣刀（其轴向剖面的形状与被切齿

轮齿槽的形状相同）将被加工齿轮齿槽部分的材料铣掉来切制齿形的一种加工方法。常用的刀具有指形齿轮铣刀（见图 5-15a）和盘状铣刀（见图 5-15b）两种。加工时，铣刀绕自身的轴线旋转，同时齿坯沿其轴线方向作直线移动，以便铣出整个齿宽。铣出一个齿槽后，齿坯退回原位，再转过 360°/z，然后铣下一个齿槽。依此类推，直到加工出全部轮齿。

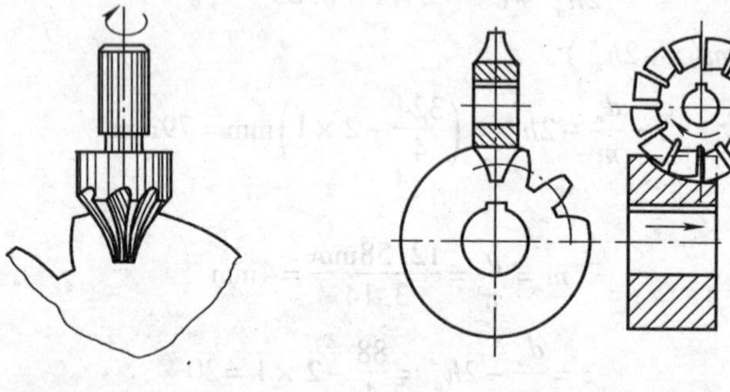

a)　　　　b)

图 5-15　仿形法切制齿轮

仿形法加工齿轮的优点是加工方法简单，不需要专用的机床。缺点是加工过程不连续，生产效率低；齿形误差大，精度低。

由于渐开线齿廓形状取决于基圆的大小，而 $d_b = mz\cos\alpha$，故齿廓形状与齿轮的模数、压力角和齿数有关。当模数和压力角相同时，不同齿数的齿轮齿廓形状不同，就需要配不同的铣刀。在实际生产中，为了减少刀具的数量，对同一模数和压力角的铣刀，一般采用 8 把（或 15 把）为一套，每把铣刀铣制一定范围齿数的齿轮（见表 5-4），该铣刀是按该组中最小齿数齿轮的齿形制成的。因此，每组中除齿数最小的齿轮外，对其余齿数的齿轮来说，其齿廓形状是近似的。所以，仿形法铣削的齿轮齿廓精度差，只适用于修配、单件小批量生产及加工精度不高的齿轮。

表 5-4　盘形铣刀加工齿数的范围

刀号	1	2	3	4	5	6	7	8
加工齿数范围	12 ~ 13	14 ~ 16	17 ~ 20	21 ~ 25	26 ~ 34	35 ~ 54	55 ~ 134	≥135

5.5.2　范成法

范成法是利用一对齿轮无侧隙啮合时，两齿轮的齿廓互为包络线的原理加工齿形的方法。加工时，刀具与齿坯的运动就像一对互为啮合的齿轮，最后刀具将齿坯切制出渐开线齿廓。由于范成法的加工精度高，是目前轮齿切削加工的主要方法，在大批量生产中得到广泛应用。

用范成法加工齿轮可根据刀具的不同分为插齿加工和滚齿加工。

1. 插齿加工

插齿加工是利用插刀在插齿机上加工齿轮的，一般采用的插齿刀有两种：

（1）齿轮插刀　齿轮插刀实际上就是一个齿廓为切削刃的外齿轮，刀具的模数和压力角与齿坯相同，但刀具的齿顶比标准齿轮高出一部分，即 $c = c^* m$，以便切出顶隙部分。用齿轮插刀加工齿轮的情况如图 5-16a 所示。在插齿过程中，插刀沿齿坯轴线方向做上下往复切削运动，沿径向做往复的进给运动，同时插刀和齿坯模仿一对齿轮的传动，以一定的角速比相对转动，直至切出全部轮齿。此时，加工出的齿轮齿廓为切削刃在各个位置的包络线，是标准的渐开线齿形，如图5-16b所示。

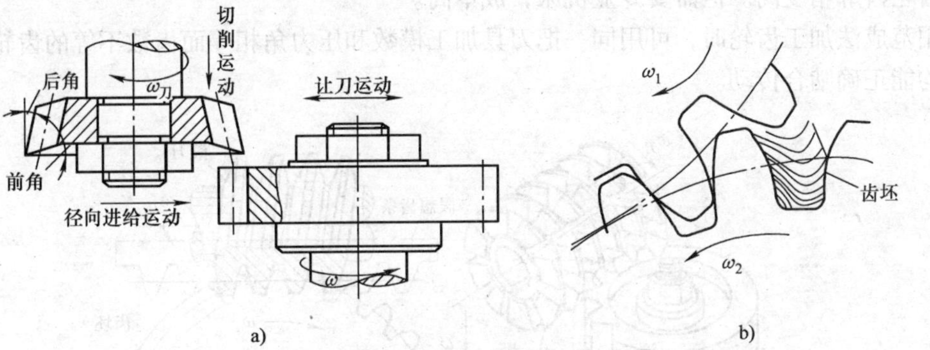

图5-16　齿轮插刀加工

(2) 齿条插刀　当齿轮插刀的齿数增至无穷多时，其基圆半径变为无穷大，插齿刀的齿廓成为直线，齿轮插刀变成齿条插刀。齿条插刀是一个齿廓为切削刃的齿条，其齿顶比标准齿条高出一部分，即$c=c^*m$，也是为了保证传动时的顶隙。加工时，刀具与齿坯的范成运动相当于齿条与齿轮的啮合传动，刀具的移动速度$v_刀=\omega mz/2$。用齿条插刀加工齿轮的切齿原理与用齿轮插刀加工齿轮的原理一样，如图5-17a所示。此时，加工出的齿轮齿廓为切削刃在各个位置的包络线，是标准的渐开线齿形，如图5-17b所示。

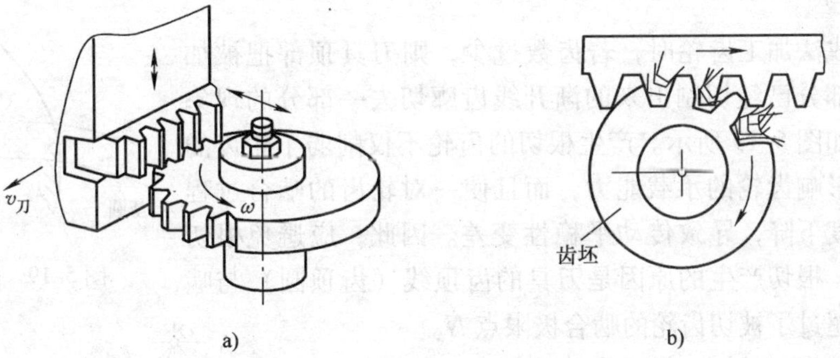

图5-17　齿条插刀加工

加工标准齿轮时，以齿坯顶圆对刀，取齿高$h=(2h_a^*+c^*)m$作为总进刀量，刀具分度线恰与齿坯分度圆相切。由刀具加工齿坯的范成原理可知，被加工齿轮分度圆上的齿厚与齿槽宽分别等于刀具分度线上的齿槽宽与齿厚。因刀具分度线上的齿厚与齿槽宽相等，故切出的齿轮为标准齿轮。

2. 滚齿加工

由以上分析可知，无论用齿轮插刀还是齿条插刀加工齿轮，切削均不连续，生产率低，故在大批量生产中更广泛采用齿轮滚刀来加工齿轮，如图5-18所示。滚齿加工是利用齿轮滚刀在滚齿机上加工齿轮。齿轮滚刀的外形类似一个开有纵向沟槽而形成切削刃的螺杆，在其轴向剖面上为一齿条，滚刀转动时相当于齿条在移动，滚刀除旋转外，还沿被加工齿轮的轴线逐渐移动，以便切出整个齿宽。这样就按范成原理切出齿轮的渐开线齿廓。

滚齿加工的特点为：由于滚齿加工能实现连续切削，生产率较高；采用范成原理进行加工，齿轮齿廓精度高。但需要专业机床，成本高。

用范成法加工齿轮时，可用同一把刀具加工模数和压力角相等而齿数不等的齿轮，这些齿轮均能正确啮合传动。

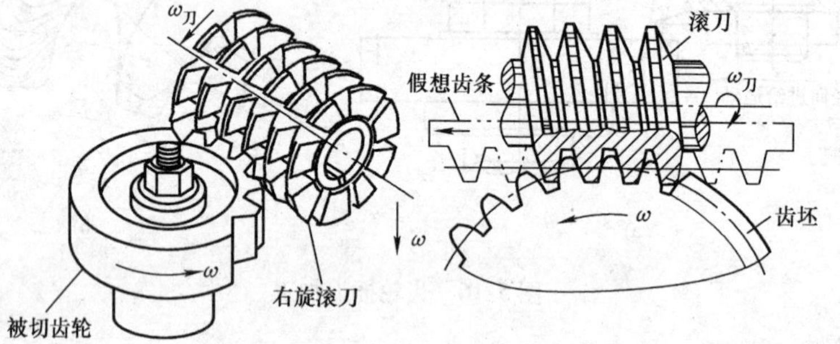

图 5-18　滚齿加工

5.6　分析渐开线齿廓加工出现的问题

5.6.1　根切现象及产生原因

当用范成法加工齿轮时，若齿数过少，则刀具顶部把被加工齿轮齿根部分已经切制出来的渐开线齿廓切去一部分的现象称为根切，如图 5-19 所示。产生根切的齿轮不仅削弱了轮齿的抗弯强度，影响齿轮的承载能力，而且使一对轮齿的啮合过程缩短，重合度下降，导致传动平稳性变差。因此，应避免根切现象的产生。根切产生的原因是刀具的齿顶线（齿顶圆）与啮合线的交点超过了被切齿轮的啮合极限点 N。

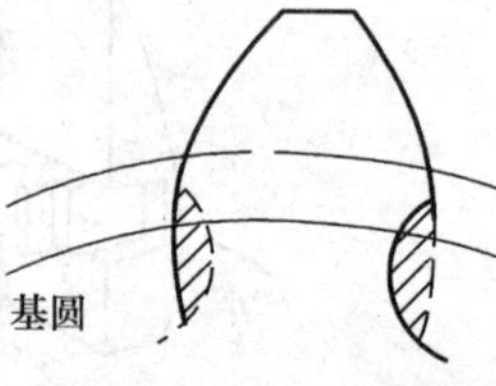

图 5-19　根切现象

现以齿条型刀具加工标准齿轮为例来分析产生根切的原因。如图 5-20 所示，根据齿轮加工原理，刀具从 B_1 点开始切制齿坯渐开线齿廓，当刀具齿廓运动到 N 点处于位置 I 时，已将齿坯渐开线齿廓加工完毕。由于啮合没到终止啮合点 B_2，范成运动继续进行，切削刃还将继续切削。当刀具移动距离 s 到位置 I' 时，刀具沿法线的移动距离为 NK，齿轮相应转过 φ，其分度圆转过的弧长也为 s，则有

$$\overline{NK} = s\cos\alpha = r\varphi\cos\alpha = r_b\varphi = \widehat{NN'}$$

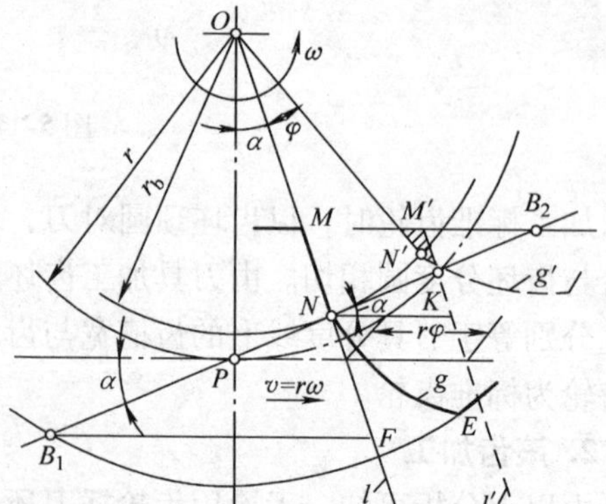

图 5-20　根切产生的原因

故渐开线齿廓上的N'点必落在切削刃的左侧，即N'点附近的渐开线齿廓必然被刀具切掉而产生根切。

5.6.2　标准外齿轮的最少齿数

用范成法加工齿轮时，当刀具的齿顶线与啮合线的交点超过了啮合极限点N时必将产生根切，因此要防止根切就必须使刀具的齿顶线不超过点N。在用标准齿条刀具加工标准齿轮时，刀具的分度线与被加工齿轮的分度圆相切，由图5-21可以看出，不产生根切的条件是：刀具的齿顶线到分度线的距离$h_a^* m$应小于等于啮合极限点N到节线的距离NQ，即

$$h_a^* m \leqslant \overline{NQ}$$

因　$$\overline{NQ} = r\sin^2\alpha$$

可得　$$h_a^* m \leqslant r\sin^2\alpha = \frac{mz}{2} \times \sin^2\alpha$$

$$z \geqslant 2h_a^* / \sin^2\alpha$$

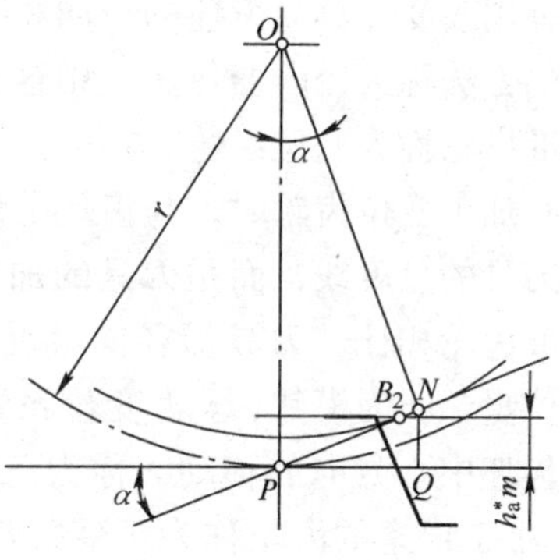

图5-21　不产生根切的条件

标准外齿轮不发生根切的最小齿数 $z_{min} = \dfrac{2h_a^*}{\sin^2\alpha}$

当$\alpha = 20°$，$h_a^* = 1$时，$z_{min} = 17$；

当$\alpha = 20°$，$h_a^* = 0.8$时，$z_{min} = 14$。

5.7　变位齿轮的加工

5.7.1　变位齿轮的提出

标准齿轮虽然有诸多优点，但也存在不足之处，使它不能满足工业发展对齿轮传动的要求。其缺点主要有：

1）受根切的限制，不能采用$z < z_{min}$的齿轮。

2）标准齿轮不适用于中心距$a' \neq a$的场合。当$a' < a$时，根本无法安装；当$a' > a$时，会产生过大侧隙，出现噪音，降低重合度而影响传动平稳性。

3）在一对相互啮合的标准齿轮中，小齿轮的强度低且磨损严重，限制了承载能力和寿命的提高。

为了克服标准齿轮的上述不足，突破标准齿轮的限制，出现了对齿轮的变位修正，得到的变位齿轮既克服了标准齿轮的缺点，又改善了齿轮的传动性能。

5.7.2　变位齿轮的概念

在一些机械中常用到$z < z_{min}$的齿轮，而要避免根切，可减小齿顶高系数h_a^*和增大压力角α。但减小h_a^*，重合度要降低，影响传动的连续性和平稳性；加大α，又会增大齿廓间的正压力。改变h_a^*、α还会影响刀具的标准化，只能用非标准刀具来加工这种齿轮。

如前所述，轮齿发生根切的根本原因在于刀具的齿顶线超过了啮合极限点 N_1，如果将刀具向远离齿坯中心拉开一段距离至图 5-22 中实线位置，使刀具齿顶线不超过 N_1 点就不能发生根切。这种用改变刀具与齿坯的径向相对位置来加工齿轮的方法称为径向变位法，用这种方法加工的非标准齿轮称为变位齿轮。

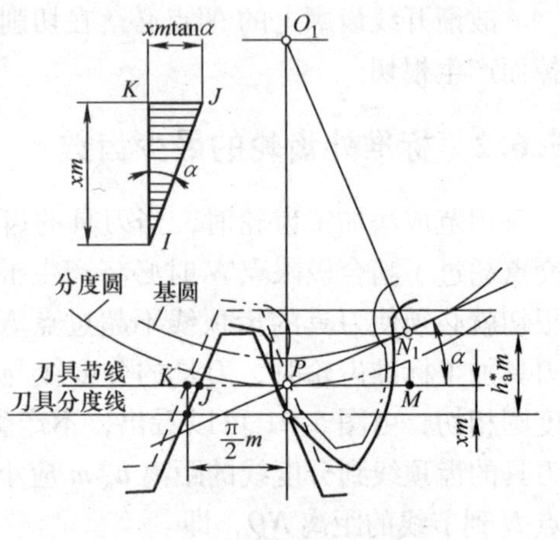

图 5-22　切削变位齿轮

加工变位齿轮时，与齿坯分度圆相切的不再是刀具的分度线，而是刀具的加工节线。同加工标准齿轮相比，刀具沿径向移动的距离 xm 称为变位量，m 为模数，x 为变位系数。规定刀具远离齿坯中心方向的移动，称为正变位，此时 $x>0$，加工出来的齿轮称为正变位齿轮；反之，$x<0$ 称为负变位，加工出来的齿轮为负变位齿轮。

5.7.3　变位齿轮的特点

用齿条刀具切制齿轮的过程相当于齿条与齿轮的啮合过程，所以齿轮分度圆上的模数和压力角等于刀具节线上的模数和压力角。依此分析，用同一把刀具加工标准齿轮和变位齿轮，虽然与齿坯分度圆相切的刀具节线不同，但由于节线和分度线相互平行且齿条轮齿同侧齿廓也相互平行，所以，刀具不同节线上的模数和压力角均相等，等于分度线上的模数和压力角。因此，同一把刀具加工出的标准齿轮和变位齿轮具有相同的模数和压力角。可见，加工变位齿轮时，齿轮的模数 m、压力角 α、齿数 z，以及分度圆直径 d、齿距 p、基圆直径 d_b 均与标准齿轮相同。在齿形方面，变位齿轮和标准齿轮的齿廓曲线是由相同基圆展开的渐开线，只是各自截取了不同的部位，离基圆远近不同罢了。图 5-23 所示为参数 z、m、α、h_a^*、c^* 相同的标准齿轮与变位齿轮的齿形比较。

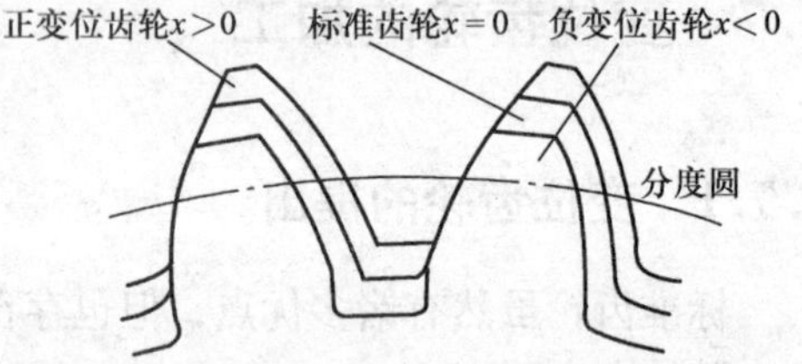

图 5-23　标准齿轮与变位齿轮的齿廓

由于刀具径向位置的变化，使变位齿轮的某些几何尺寸与标准齿轮不同。以正变位齿轮为例，加工时刀具外移，使齿根圆半径增大 xm、齿根高减小 xm、分度圆齿厚增大 $2xm\tan\alpha$、分度圆齿槽宽减小 $2xm\tan\alpha$、齿顶变尖。如果保持全齿高不变，则齿顶圆半径应加大 xm，齿顶高相应增大 xm。负变位齿轮的变化相反。还需说明，一对变位齿轮啮合传动时，为保证无侧隙啮合和标准顶隙，还必须降低齿顶高。

采用变位齿轮，不仅可以使齿数少于 z_{min} 的齿轮不发生根切，而且当实际中心距 a' 与标准中心距 a 不等时可配凑中心距，还可以提高轮齿的强度和承载能力。因此，变位齿轮传动在现代机械中得到了广泛应用。

5.7.4　最小变位系数

用范成法加工齿数少于最少齿数的齿轮时，为避免根切，必须采用正变位。当刀具外移

至齿顶线正好通过 N_1 点时，刀具的移动量为最小，此时的变位系数称为最小变位系数，用 $x_{\min}$ 表示。由图5-21可知，不发生根切的条件为

$$h_a^* m - xm \leqslant \overline{N_1 M}$$

而

$$\overline{N_1 M} = \overline{PN_1}\sin\alpha = r\sin^2\alpha = \frac{mz}{2}\sin^2\alpha$$

两式联立消去 m 后得

$$x \geqslant h_a^* - \frac{z}{2}\sin^2\alpha$$

将 $z_{\min} = \dfrac{2h_a^*}{\sin^2\alpha}$ 代入整理后得

$$x \geqslant h_a^* \frac{z_{\min} - z}{z_{\min}}$$

由此可得最小变位系数为

$$x_{\min} = h_a^* \frac{z_{\min} - z}{z_{\min}}$$

当 $\alpha = 20°$，$h_a^* = 1$ 时

$$x_{\min} = \frac{17 - z}{17}$$

上式说明，当被加工齿轮的齿数 $z < 17$ 时，$x_{\min} > 0$，此时必须采用正变位方可避免根切，其变位系数 $x \geqslant x_{\min}$；当 $z > 17$ 时，$x_{\min} < 0$，说明只要 $x > x_{\min}$，齿轮采用负变位也不会发生根切。

5.8　设计平行轴斜齿圆柱齿轮传动

在直齿圆柱齿轮啮合时，齿面上沿齿宽方向的接触线是平行于齿轮轴线的直线，如图5-24a所示。因此，轮齿是沿整个齿宽同时进入啮合、同时脱离啮合的，致使轮齿所承受的载荷沿齿宽突然加上、突然卸下。所以，直齿轮传动的平稳性较差，容易产生冲击和噪声，不适用于高速和重载的传动中。为了克服这个缺点，适应机器速度提高、功率增大的要求，常采用斜齿圆柱齿轮。

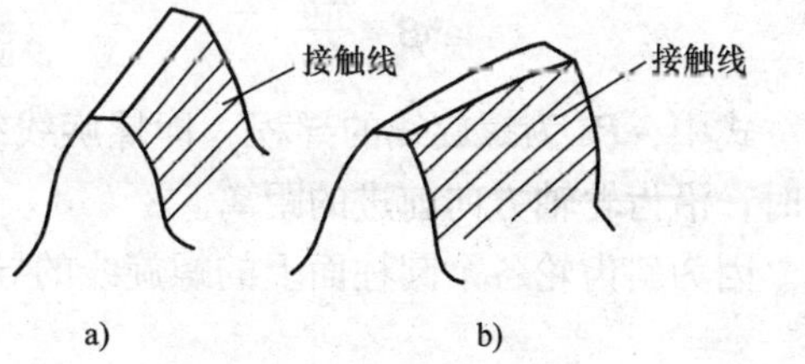

图5-24　齿廓啮合的接触线
a）直齿轮　b）斜齿轮

5.8.1　齿廓曲线的形成及啮合特点

前面在讨论直齿圆柱齿轮的齿廓形成时，仅仅在齿轮的端面（与齿轮轴线垂直的面）上研究，其齿廓曲线是精确的渐开线。实际上，由于圆柱齿轮是有一定宽度的，因此轮齿的齿廓沿轴线方向形成一曲面。直齿轮轮齿渐开线曲面的形成如图5-25a所示，平面 S 与基圆柱相切于母线 NN，当平面 S 沿基圆柱作纯滚动时，其上与母线平行的直线 KK 在空间所走过的轨迹即为渐开线曲面，其平面 S 称为发生面，形成的曲面即为直齿轮的齿廓曲面。

斜齿圆柱齿轮齿廓曲面的形成与直齿圆柱齿轮相似，如图5-25b所示，当发生面 S 沿基

圆柱作纯滚动时，其上与母线 NN 成倾斜角 β_b 的斜直线 KK 在空间所走过的轨迹即为一渐开线螺旋面，该螺旋面即为斜齿圆柱齿轮的齿廓曲面，称 β_b 为基圆柱上的螺旋角。

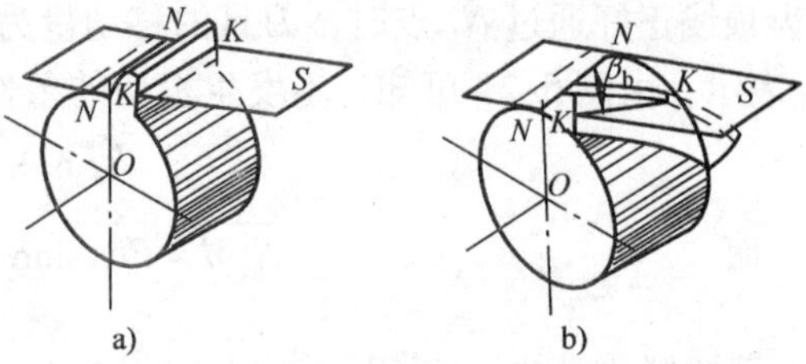

图 5-25　渐开线齿廓的形成

当一对平行轴斜齿圆柱齿轮啮合时，斜齿轮的齿廓是逐渐进入啮合、逐渐脱离啮合的。如图 5-24b 所示，斜齿轮齿廓接触线的长度由零逐渐增加，又逐渐变短，直至脱离接触，因此斜齿轮传动工作较平稳，承载能力大。但斜齿轮传动工作时会产生轴向力。

5.8.2　基本参数和几何尺寸计算

从斜齿轮的齿廓形成过程可见，斜齿轮的轮齿为螺旋面，所以在垂直于齿轮轴线的端面和垂直于齿廓螺旋面的法面上的齿形不同，参数也不同。端面上的参数用下标 t 表示，如 m_t、α_t，而法面上的参数用下标 n 表示，如 m_n、α_n。

斜齿轮的端面是标准的渐开线，所以在计算斜齿轮的几何尺寸时，可以按直齿轮的计算公式进行计算。但从斜齿轮的加工和受力角度看，斜齿轮的法面参数应为标准值。因此就要知道斜齿轮的端面与法面的参数换算关系。

1. 螺旋角

螺旋角是斜齿轮区别于直齿轮的一个重要参数。如图 5-26 所示为斜齿轮分度圆柱面展开图，螺旋线展开成一条斜直线，该直线与轴线的夹角称为分度圆上的螺旋角，简称螺旋角，用 β 表示。此时

$$\tan\beta = \frac{\pi d}{P_S} \tag{5-7}$$

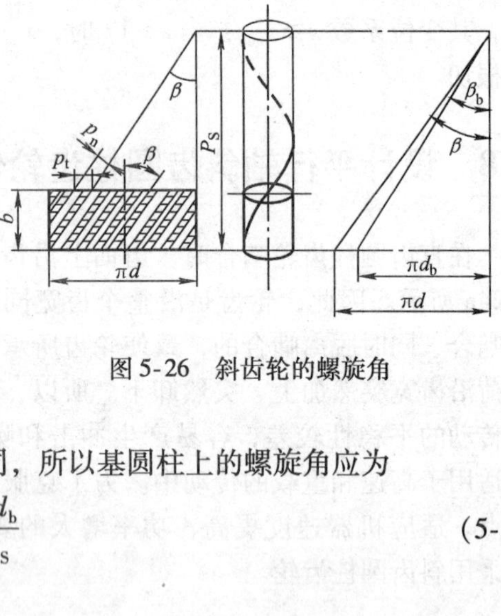

图 5-26　斜齿轮的螺旋角

式中，P_S 为螺旋线的导程，即螺旋线绕一周时，沿齿轮轴方向前进的距离。

因为斜齿轮各个圆柱面上的螺旋线的导程相同，所以基圆柱上的螺旋角应为

$$\tan\beta_b = \frac{\pi d_b}{P_S} \tag{5-8}$$

式（5-8）除以式（5-7）得

$$\tan\beta_b = \frac{d_b}{d}\tan\beta = \cos\alpha_t\tan\beta \tag{5-9}$$

斜齿轮按其齿廓渐开螺旋面的旋向，可分为右旋和左旋两种，如图 5-27 所示。当斜齿轮的轴线垂直放置时，斜齿轮可见部分的螺旋线右高左低时为右旋，反之为左旋。

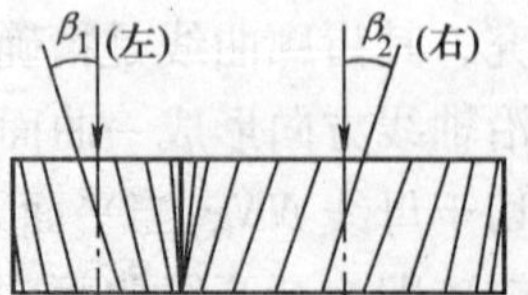

图 5-27　斜齿轮轮齿的旋向

2. 模数

如图 5-26 所示，p_t 为端面齿距，而 p_n 为法面齿距，有

$$p_n = p_t\cos\beta$$

由于 $p=\pi m$，所以 $\pi m_n=\pi m_t\cos\beta$，故斜齿轮法面模数与端面模数的关系为

$$m_n=m_t\cos\beta \tag{5-10}$$

3. 压力角

因斜齿圆柱齿轮和斜齿条啮合时，它们的法面压力角和端面压力角应分别相等，所以斜齿圆柱齿轮法面压力角 α_n 与端面压力角 α_t 的关系可通过斜齿条得到。在图5-28所示的斜齿条中，$\triangle abc$ 在端面上，$\triangle a'b'c$ 在法面上，$\angle aa'c=90°$，在直角三角形 $\triangle abc$ 中可得

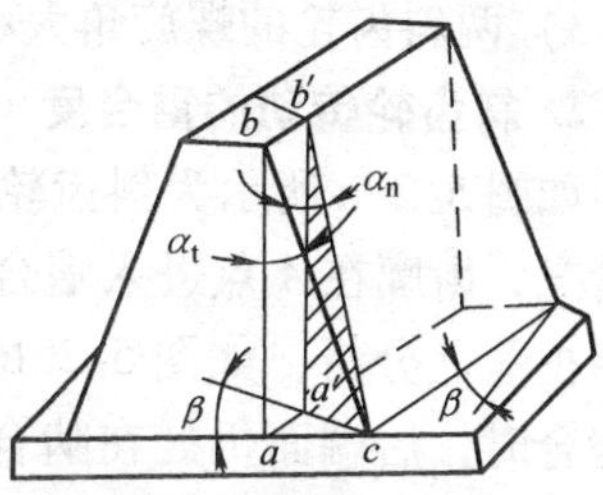

图5-28　斜齿条的压力角

$$\tan\alpha_n=\frac{\overline{a'c}}{\overline{a'b'}};\quad \tan\alpha_t=\frac{\overline{ac}}{\overline{ab}}$$

而 $\overline{a'c}=\overline{ac}\cos\beta$，又因 $\overline{ab}=\overline{a'b'}$，故

$$\tan\alpha_n=\frac{\overline{ac}}{\overline{ab}}\cos\beta$$

所以

$$\tan\alpha_n=\tan\alpha_t\cos\beta \tag{5-11}$$

4. 齿顶高系数及顶隙系数

斜齿轮的齿顶高和齿根高不论从端面还是从法面来看都是相等的，即

$$h_{an}^*m_n=h_{at}^*m_t;\quad c_n^*m_n=c_t^*m_t$$

将式（5-10）代入以上两式即得

$$h_{at}^*=h_{an}^*\cos\beta$$

$$c_t^*=c_n^*\cos\beta \tag{5-12}$$

5. 斜齿轮的几何尺寸计算

斜齿轮的啮合在端面上相当于一对直齿轮的啮合，因此将斜齿轮的端面参数代入直齿轮的计算公式，就可以得到斜齿轮的相应几何尺寸，具体可查看表5-5。

表5-5　外啮合标准斜齿圆柱齿轮的几何尺寸计算　（单位：mm）

名称	符号	计算公式
齿顶高	h_a	$h_a=m_n$
齿根高	h_f	$h_f=1.25m_n$
齿高	h	$h=h_a+h_f$
分度圆直径	d	$d=m_tz=m_nz/\cos\beta$
齿顶圆直径	d_a	$d_a=d+2h_a=(z+2h_{at}^*)m_t=(z/\cos\beta+2h_{an}^*)m_n$
齿根圆直径	d_f	$d_f=d-2h_f=(z-2h_{at}^*-2c_t^*)m_t=(z/\cos\beta-2h_{an}^*-c_n^*)m_n$
标准中心距	a	$a=\frac{m_t}{2}(z_1+z_2)=\frac{m_n}{2\cos\beta}(z_1+z_2)$

由表5-5可知，斜齿轮传动的中心距与螺旋角 β 有关。当一对斜齿轮的模数、齿数一定时，可以通过改变其螺旋角 β 的大小来圆整中心距。

5.8.3　正确啮合条件和重合度

1. 斜齿轮正确啮合的条件

一对外啮合斜齿轮传动的正确啮合条件为：

1）两斜齿轮的法面模数相等，即 $m_{n1} = m_{n2} = m_n$。

2）两斜齿轮的法面压力角相等，即 $\alpha_{n1} = \alpha_{n2} = \alpha_n$。

3）两斜齿轮的螺旋角大小相等、方向相反，即 $\beta_1 = -\beta_2$。

2. 斜齿轮传动的重合度

如图 5-29a 所示为斜齿轮与斜齿条在前端面的啮合情况，齿廓在 A 点进入啮合，在 E 点终止啮合。但从俯视图上分析，如图 5-29b 所示，当前端面开始脱离啮合时，后端面仍处在啮合区内，只有当后端面脱离啮合时，这对齿才终止啮合。当后端面脱离啮合时，前端面已经到达 H 点，所以从前端面进入啮合到后端面脱离啮合，前端面走了 FH 段，故斜齿轮传动的重合度为

$$\varepsilon = \frac{\overline{FH}}{P_{bt}} = \frac{\overline{FG}}{P_{bt}} + \frac{\overline{GH}}{P_{bt}} = \varepsilon_\alpha + \frac{b\tan\beta}{P_{bt}} \qquad (5\text{-}13)$$

式中　ε_α——端面重合度，其值等于与斜齿轮端面齿廓相同的直齿轮传动的重合度；

$\dfrac{b\tan\beta}{P_{bt}}$——轮齿倾斜而产生的附加重合度。

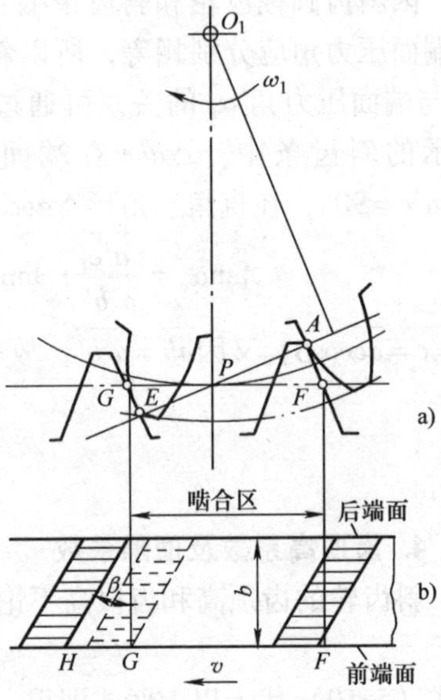

图 5-29　斜齿轮传动的重合度

由此可知，斜齿轮传动的重合度要比直齿轮大，且 ε 随齿宽 b 和螺旋角 β 的增大而增大，所以斜齿轮传动较平稳。

5.8.4　当量齿轮和最少齿数

1. 当量齿轮

在进行斜齿轮强度计算以及用仿形法加工斜齿轮选择刀具时，必须知道斜齿轮的法面齿形。但是精确地求出法面齿形是比较困难的，通常采用一个近似的方法，即借助于当量齿轮来分析斜齿轮的法面齿形。

如图 5-30 所示，过斜齿轮分度圆柱上齿廓的任一齿的齿厚中点 P 作轮齿的法面 $n-n$，该法面与分度圆柱面的交线为一椭圆。

椭圆的长半轴为 $a = \dfrac{d}{2\cos\beta}$，短半轴为 $b = \dfrac{d}{2}$，

由高等数学可知，椭圆在 P 点的曲率半径为

$$\rho = \frac{a^2}{b} = \left(\frac{d}{2\cos\beta}\right)^2 \Big/ \frac{d}{2} = \frac{d}{2\cos^2\beta}$$

以 ρ 为分度圆半径，以斜齿轮法面模数 m_n 为模数，取压力角 α_n 为标准压力角作一直齿圆柱齿轮，则其齿形近似于斜齿轮的法面齿形。该直齿轮称为斜齿圆柱齿轮的当量齿轮，其齿数称为斜齿圆柱齿轮的当量齿数，用 z_v 表示，计算公式为

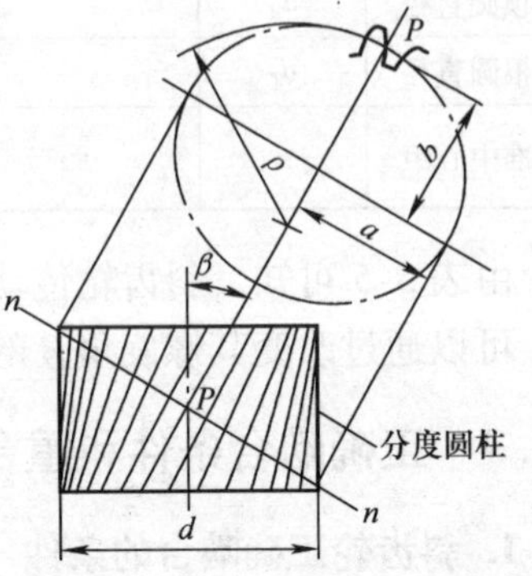

图 5-30　斜齿轮的当量齿轮

$$z_v = \frac{2\rho}{m_n} = \frac{d}{m_n\cos^2\beta} = \frac{m_t z}{m_n\cos^2\beta} = \frac{z}{\cos^3\beta} \qquad (5\text{-}14)$$

当量齿数是假想的直齿轮的齿数，计算出来的结果一般不是整数，不必进行圆整，保留小数点后两位。但是总是大于斜齿轮的实际齿数，即 $z_v > z$。

2. 最少齿数

标准斜齿轮不发生根切的最少齿数可由其当量直齿轮的最少齿数 z_{vmin} 计算出来，斜齿轮的最少齿数 z_{min} 为

$$z_{min} = z_{vmin}\cos^3\beta = 17\cos^3\beta$$

由此可以看出，斜齿圆柱齿轮的最少齿数比直齿圆柱齿轮的要少，所以用范成法加工斜齿轮时可以加工比17还要少的齿数而不发生根切，因而斜齿轮机构更加紧凑。

项目实践

已知内燃机中小齿轮的齿数 $z_1 = 23$，两个大齿轮的齿数 $z_2 = 46$，测得小齿轮的公法线长度 $W_2 = 9.60\text{mm}$、$W_3 = 15.40\text{mm}$，试计算内燃机中大、小齿轮的几何尺寸。

1. 选取内燃机中齿轮机构的类型

由单缸内燃机结构（见图1-1）可知，齿轮所在的轴线均平行且轮齿需要同时啮合同时分离，所以选用标准直齿圆柱齿轮。

2. 确定齿轮的模数 *m*

由公法线的定义及公式可得

$$W_3 - W_2 = p_b = p \times \cos\alpha = \pi m\cos\alpha \tag{5-15}$$

把已知 $W_2 = 9.60\text{mm}$ 和 $W_3 = 15.40\text{mm}$ 代入上式，可得

$$m = \frac{W_3 - W_2}{\pi\cos\alpha} = \frac{15.40 - 9.60}{3.14 \times \cos 20^\circ}\text{mm} = 1.96\text{mm}$$

由表5-1取标准模数 $m = 2\text{mm}$。

3. 计算大小齿轮的几何尺寸

（1）分度圆直径

$$d_1 = mz_1 = 2 \times 23\text{mm} = 46\text{mm},\quad d_2 = mz_2 = 2 \times 46\text{mm} = 92\text{mm}$$

（2）齿顶圆直径

$$d_{a1} = d_1 + 2h_a = m(z_1 + 2h_a^*) = 2(23 + 2)\text{mm} = 50\text{mm}$$

$$d_{a2} = d_2 + 2h_a = m(z_2 + 2h_a^*) = 2(46 + 2)\text{mm} = 96\text{mm}$$

（3）齿根圆直径

$$d_{f1} = d_1 - 2h_f = m(z_1 - 2h_a^* - 2c^*) = 41\text{mm}$$

$$d_{f2} = d_2 - 2h_f = m(z_2 - 2h_a^* - 2c^*) = 87\text{mm}$$

（4）基圆直径

$$d_{b1} = mz_1\cos\alpha = 2\text{mm} \times 23 \times \cos 20^\circ = 43.24\text{mm}$$

$$d_{b2} = mz_2\cos\alpha = 2\text{mm} \times 46 \times \cos 20^\circ = 86.48\text{mm}$$

计算完的齿轮几何尺寸是否满足强度要求，需进行校核，齿轮的强度计算与大小齿轮的结构将在《机械设计基础（下）项目教程》的齿轮传动中进行讲解。

知识梳理与总结

通过此项目实践，我们学会了下面相关知识：齿轮机构的特点及类型、齿廓啮合基本定

律、渐开线齿廓的啮合特性、渐开线标准齿轮的基本参数及几何尺寸、渐开线标准直齿圆柱齿轮的啮合传动、渐开线齿廓的加工、渐开线齿廓的根切及最少齿数、变位齿轮传动的特点等，相关知识点如下：

1）按照两轴的相对位置，齿轮机构可分为平面齿轮机构和空间齿轮传动。平面齿轮传动的特点是组成平面齿轮机构的两齿轮的轴线相互平行，其轮齿分布在圆柱面上，又称圆柱齿轮。在平面齿轮传动中，根据轮齿的方向是否与轴线平行又分为直齿、斜齿和曲齿；根据啮合方式又分为外啮合、内啮合、齿轮与齿条啮合传动。

2）不论两齿廓在任何位置相接触，过接触点所做的齿廓公法线必须与两齿轮的连心线相交于一定点，此点为节点，这就是齿廓啮合基本定律。齿廓啮合基本定律的实质反映的是齿廓形状与传动比之间的关系。

3）渐开线的形成：当一条发生线 $n-n$ 沿着一个固定基圆的圆周作纯滚动时，该直线上任意一点 K 在平面上的运动轨迹 AK 称为这个圆的渐开线。

4）渐开线具有以下性质：

① 发生线沿基圆上滚过的长度等于基圆上被滚过的弧长，即$\overline{NK}=\widehat{NA}$。

② 渐开线上任一点法线必与基圆相切。

③ 渐开线上各点的曲率半径不相等，基圆内无渐开线。

④ 渐开线的形状取决于基圆的大小。

⑤ 渐开线上各点的压力角是不等的，离基圆越远，向径 r_K 越大，压力角也越大；渐开线在基圆上的压力角最小，等于零度。

5）渐开线齿廓的啮合特点如下：

① 满足齿廓啮合基本定律。

② 四线合一。

③ 啮合角不变。

④ 具有中心距的可分性。

6）一个标准直齿圆柱齿轮有五个基本参数：齿数 z、模数 m、压力角 α、齿顶高系数 h_a^* 和顶隙系数 c^*，其中 m、α、h_a^*、c^* 为标准参数。我国规定，对于正常齿制 $h_a^*=1$，$c^*=0.25$。

7）在渐开线标准直齿圆柱齿轮中，压力角决定了齿廓的形状和齿轮的啮合性能。

8）在渐开线标准直齿圆柱齿轮中，模数 m 决定了轮齿的大小及齿轮的承载能力。

9）对相同齿数的齿轮，模数越大，其各部分尺寸越大。

10）具有标准齿廓参数，而且分度圆上的齿厚与齿槽宽相等的齿轮称为标准齿轮。

11）一对渐开线直齿圆柱齿轮的啮合线相切于两基圆。

12）对于单个齿轮来说，是没有节圆的。

13）齿条齿廓上各点的压力角均相等。

14）公法线长度，是指用公法线千分尺或游标卡尺跨过 K 个轮齿所量得的齿廓间的法线距离 W_k。

15）一对直齿圆柱齿轮在啮合传动过程中，需要满足的三个条件是：正确啮合条件、连续传动条件和正确安装条件。渐开线直齿圆柱齿轮的正确啮合条件是模数相等、分度圆上的压力角相等；连续传动条件是重合度大于等于1；按标准中心距安装的渐开线直齿圆柱标准齿轮，其节圆与分度圆重合。

16）一对直齿圆柱齿轮啮合传动，重合度与齿数有关，与模数无关。

17）标准直齿圆柱齿轮的几何尺寸计算。

18）齿轮加工按其加工原理不同，可分为仿形法和范成法两类。

仿形法是在普通铣床上利用具有渐开线齿形的成形铣刀（其轴向剖面的形状与被切齿轮齿槽的形状相同）将被加工齿轮齿槽部分的材料铣掉来切制齿形的一种加工方法。

范成法是利用一对齿轮无侧隙啮合时，两轮的齿廓互为包络线的原理加工齿形的一种加工方法。加工时，刀具与齿坯的运动就像一对互相啮合的齿轮，最后刀具将齿坯切制出渐开线齿廓。范成法加工齿轮的方法根据刀具的不同分为插齿加工和滚齿加工。

在用范成法加工的常用刀具中，齿轮滚刀能连续切削，生产效率更高。

19）用范成法加工齿轮时，可用同一把刀具加工模数和压力角相等而齿数不等的齿轮。

20）当用范成法加工齿轮时，若齿数过少，则刀具顶部把被加工齿轮齿根部分已经切制出来的渐开线齿廓切去一部分的现象称为根切。根切产生的原因是刀具的齿顶线（齿顶圆）与啮合线的交点超过了被切轮齿的啮合极限点 N。

当 $\alpha=20°$，$h_a^*=1$ 时，标准外齿轮不发生根切的最小齿数为17。

21）齿轮变位后，其齿距、模数和压力角均没有发生改变。

22）用标准齿条形刀具加工正变位渐开线直齿圆柱外齿轮时，刀具的中心线与齿轮的分度圆相离。

23）和标准齿轮相比，变位齿轮中分度圆齿厚与齿槽宽、齿顶圆与齿根圆发生了改变。

24）螺旋角是斜齿轮区别于直齿轮的一个重要参数。

25）斜齿圆柱齿轮的模数和压力角的标准值是规定在轮齿的法向截面中。

26）斜齿轮的重合度随齿宽和螺旋角的增大而增大。

27）一对渐开线斜齿圆柱齿轮在啮合传动过程中，其齿廓上的接触线长度是由小到大再到小变化的。

28）渐开线斜齿圆柱齿轮分度圆上的端面压力角大于法面压力角。

29）借助于当量齿轮来分析斜齿轮的法面齿形。斜齿圆柱齿轮不发生根切的最少齿数比直齿圆柱齿轮的要少。

思考与练习

思考题

1. 所有的齿轮传动传动比都是恒定的吗？什么样的齿轮齿廓曲线能保证传动比恒定？
2. 渐开线的形状取决于什么？
3. 一对标准直齿圆柱齿轮的正确啮合条件是什么？连续传动的条件是什么？
4. 模数的意义是什么？
5. 齿轮基圆一定大于齿根圆吗？
6. 一对渐开线齿轮传动，它的一对节圆做什么运动？
7. 为什么要限制齿轮的齿数？

8. 斜齿圆柱齿轮哪个面上的参数为标准参数？斜齿轮的当量齿数有何用处？求出的当量齿数是否需要圆整？

9. 两齿轮中心距变化，什么圆发生变化？

10. 齿轮传动啮合角不变表示什么？

11. 渐开线齿轮传动中心距略有变化，传动比变化吗？

12. 齿轮的齿厚 S 和齿槽宽 e 是在哪个位置测量的？

13. 标准模数和标准压力角是在哪个位置测量的？

14. 标准齿轮有几个参数是标准值？

15. 齿条齿廓上各点压力角是否相等？

16. 齿轮上法向齿距等于基圆齿距是根据什么？

17. 齿轮传动为什么要保留齿侧间隙？

18. 齿侧间隙如何保证？

19. 对于齿轮传动，标准安装和非标准安装有何区别？

20. 顶隙起什么作用？

21. 重合度 ε 有什么意义？

22. 利用展成法加工直齿轮不发生根切的最小齿数是多少？

23. 变位齿轮有什么特点？

24. 斜齿轮传动螺旋角 β 和中心距 a 成什么关系？

25. 斜齿轮的什么参数是标准值？

26. 与直齿轮相比，斜齿轮的优点是什么？

27. 斜齿轮传动正确啮合条件是什么？

28. 斜齿轮重合度 ε 与什么参数有关？

29. 斜齿轮不发生根切的最少齿数比直齿轮多还是少？

30. 斜齿轮轴向力与螺旋角 β 成什么关系？

练习题

1. 有一渐开线齿轮，其基圆半径 $r_b = 50\text{mm}$，齿顶圆半径 $r_a = 55\text{mm}$，试求该齿轮的渐开线齿廓在齿顶圆处的压力角 α_a。

2. 在一个中心距 $a = 155\text{mm}$ 的旧箱体内，配上一对齿数为 $z_1 = 23$，$z_2 = 46$，模数 $m_n = 3\text{mm}$ 的斜齿圆柱齿轮。试问这对齿轮的螺旋角 β 应为多少？

3. 已知一渐开线标准直齿圆柱齿轮，齿数 $z = 25$，齿顶高系数 $h_a^* = 1$，齿顶圆直径 $d_a = 135\text{mm}$，计算其模数大小。

4. 试设计一对外啮合圆柱齿轮，已知 $z_1 = 23$，$z_2 = 34$，$m_n = 2$，实际中心距为 $a' = 59\text{mm}$，问：

1）该对齿轮能否采用标准直齿圆柱齿轮传动？

2）若采用标准斜齿圆柱齿轮传动来满足中心距要求，其分度圆螺旋角 β、分度圆直径 d_1、d_2 和节圆直径 d'_1、d'_2 各为多少？

5. 已知一对外啮合标准直齿圆柱齿传动的传动比 $i_{12} = 2.5$，$z_1 = 40$，$m = 5\text{mm}$，$\alpha = 20°$，$h_a^* = 1$，试求：

1）轮 2 的齿数 z_2 和这对齿轮的中心距 a。

2）两个齿轮的分度圆直径、齿顶圆直径、齿根圆直径和基圆直径。

3）这对齿轮的齿厚、齿槽宽、齿距和基圆齿距。

6. 已知一对斜齿圆柱齿轮传动，$z_1=18$，$z_2=36$，$m_n=2.5\text{mm}$，$a=68\text{mm}$，$\alpha_n=20°$，$h_{an}^*=1$，$c_n^*=0.25$。试求：

1）这对斜齿轮的螺旋角β。

2）两轮的分度圆直径d_1、d_2和齿顶圆直径d_{a1}、d_{a2}。

7. 一对外啮合标准直齿圆柱齿轮传动，$z_1=20$、$z_2=60$、$m=5\text{mm}$、$\alpha=20°$。试求：

1）标准中心距时的啮合角和节圆直径。

2）非标准中心距$a'=205\text{mm}$时的啮合角。

8. 某齿轮传动的小齿轮已丢失，但已知与之相配的大齿轮为标准齿轮，其齿数$z_2=52$，齿顶圆直径$d_a=135\text{mm}$，标准中心距$a=112.5\text{mm}$。试求丢失的小齿轮的模数、齿数、分度圆直径、齿顶圆直径和齿根圆直径。

9. 已知一对外啮合标准直齿圆柱齿轮传动的传动比$i=1.6$，中心距$a=78\text{mm}$，模数$m=3\text{mm}$，压力角$\alpha=20°$。试确定这对齿轮的齿数z_1、z_2，并计算小齿轮的分度圆直径d_1、齿顶圆直径d_{a1}和齿根圆直径d_{f1}。

10. 已知一对外啮合标准直齿圆柱齿轮传动，采用标准安装，其传动比$i=3$，模数$m=3\text{mm}$，小齿轮齿数为$z_1=20$，试计算：

1）两齿轮轮齿的齿顶高和齿根高。

2）两齿轮轮齿的分度圆齿厚、齿槽宽和齿距。

3）大齿轮的分度圆直径、齿顶圆直径、齿根圆直径和基圆直径。

4）两轮的中心距。

11. 有一对标准直齿圆柱齿轮传动，丢失了一个齿轮，现测得中心距$a=78\text{mm}$，现有齿轮齿数为$z_1=18$，压力角$\alpha=20°$，模数$m=3\text{mm}$。试确定丢失齿轮的齿数z_2，并计算其分度圆直径d_2、齿顶圆直径d_{a2}、齿根圆直径d_{f1}和基圆直径d_{b2}。（$\cos20°=0.94$）

项目 6　设计汽车机械式变速器中的轮系

教学导航

知识目标

1. 熟悉轮系的组成及其分类
2. 掌握定轴轮系、周转轮系、复合轮系的传动比计算
3. 熟悉轮系的功用

能力目标

1. 根据使用要求，合理选择轮系类型
2. 学会在不同类型的轮系中，利用齿数的反比求解传动比，再利用传动比求解输出轮转速的设计思路
3. 注重轮系在实际工程中的应用

项目目标

1. 能熟悉汽车变速器结构及工作原理，合理选择齿轮类型
2. 判断变速器中轮系能实现几档变速，其传动比如何计算？
3. 分析轮系的功用

建议学时

6 学时

典型案例

汽车变速器的变速变向、差速器的运动分解、滚齿机的分路传动等

项目引入

上一个项目我们研究了一对齿轮的啮合原理和设计问题，一对齿轮组成的机构是齿轮传动的最简单形式，适合中心距较小的情况，但是在很多机械中，为了将输入轴的一种转速变换为输出轴的多种转速，或者为了获得很大的传动比，常采用一系列相互啮合的齿轮所组成的传动系统，将输入轴和输出轴连接起来。例如，钟表、机床变速箱、汽车变速箱、汽车差速器、机器人等。下面我们以汽车机械变速器为例说明其设计过程。变速器可以在汽车行驶过程中在发动机和车轮之间产生不同的变速比，通过换挡可以使得发动机工作在最佳的动力性能状态。图 6-1 所示的汽车变速器是一个两档变速器，其工作过程为：输入轴Ⅰ由发动机驱动，通过一对常啮合齿轮 1 和 2 带动中间轴Ⅱ转动，中间轴通过键带动齿轮 3 和 4 转动，齿轮 4 与齿轮 5 的啮合通过套筒和花键轴将运动和动力传递至输出轴Ⅲ，实现一档转速；同时齿轮 6 空套在输出轴Ⅲ上，但由于没有和套筒啮合，所以不输出动力。当套筒在齿轮 5 和 6 中间时，变速器处于空档位置；当拨叉向左移动将套筒与齿轮 6 上的花键轴接合，通过一对齿轮 3 和 6 将运动和动力传递至输出轴Ⅲ，实现二档转速。

项目提出

如图6-1所示为某汽车变速器的简单结构示意图，该汽车采用的是机械变速器。已知$z_1=19$，$z_2=38$，$z_3=31$，$z_4=21$，$z_5=39$，$z_6=26$，输入轴Ⅰ的转速$n_1=3000\text{r/min}$，试问该汽车能实现几种车速？如何计算？

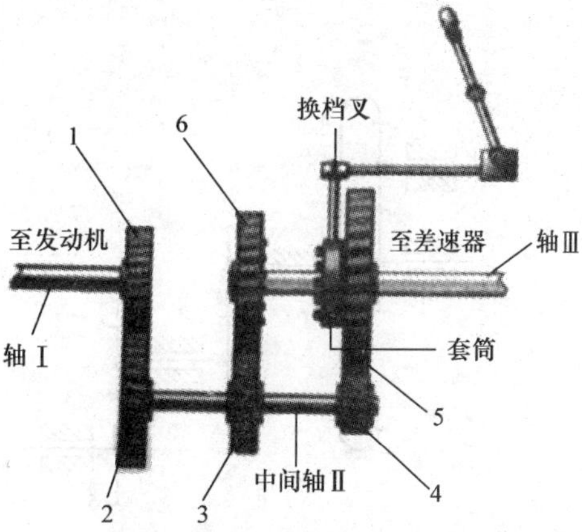

图6-1 汽车变速器结构图

项目分解

在许多机械中，一对齿轮传动往往不能满足工作要求，而需要用一系列相互啮合的齿轮来传动，这种由一系列齿轮相互啮合所组成的传动系统称为齿轮系，简称轮系。轮系的作用是把原动机的运动和动力按照需要传递给工作机或执行机构。汽车机械式变速器是应用轮系变速变向的功用制成的。要想设计变速器，首先应该知道轮系的分类，变速器中采用哪种类型的轮系？其传动比是如何进行计算的？轮系还有哪些应用？项目分解如下：

项目　轮系设计计算 ⟶ 任务1　分析轮系特点，确定轮系类型

⟶ 任务2　轮系传动比的计算 ⟶ 项目实践

相关知识

6.1 分析各种轮系的特点

轮系的类型很多，其组成也各式各样，在一个轮系中可以同时包括圆柱齿轮、锥齿轮和蜗轮蜗杆等。通常根据轮系运转时各个齿轮的轴线相对于机架的位置是否都是固定的，而将轮系分为定轴轮系和周转轮系两大类。

6.1.1 定轴轮系

轮系运转时，如果轮系中各齿轮的轴线相对机架的位置都是固定的，这种轮系就称为定轴轮系，又称为普通轮系。根据轮系中各齿轮轴线是否相互平行，定轴轮系又可分为平面定轴轮系（图6-2a）和空间定轴轮系（图6-2b）。

6.1.2 周转轮系

1. 周转轮系的组成

轮系运转时，若其中至少有一个齿轮的几何轴线位置不固定，而是绕着某一固定轴线旋转，则这种轮系称为周转轮系。如图6-3所示，其中齿轮1、3轴线重合且固定，这些绕固定轴线回转的齿轮称为中心轮（或太阳轮）；而齿轮2空套在构件H上，在构件H的带动下，齿轮2一方面与齿轮1、3相啮合，绕自身轴线自转，另一方面又绕着齿轮1、3的轴线

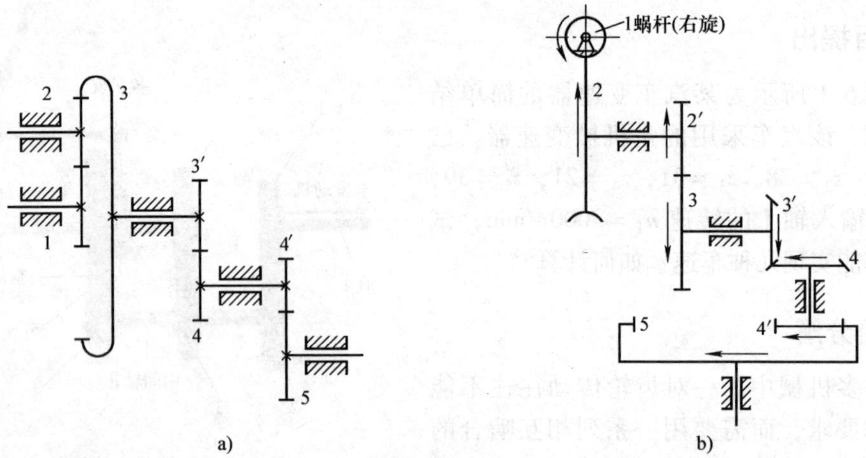

图 6-2　定轴轮系

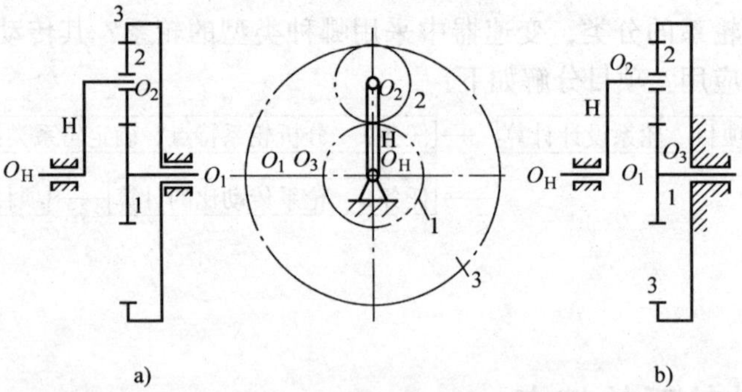

图 6-3　周转轮系

作公转。轮系中这种轴线不固定的齿轮称为行星轮，支承行星轮的构件 H 称为系杆或行星架。

在周转轮系中，一般以太阳轮或系杆作为运动输入或输出的构件，故称它们为周转轮系的基本构件。基本构件都是绕着固定轴线回转的。

2. 周转轮系的分类

（1）周转轮系按其自由度数目不同可划分为差动轮系和行星轮系。

1）差动轮系。

如图 6-3a 所示轮系中，太阳轮 1、3 都不固定，则活动构件数 $n=4$，$p_1=4$，$p_h=2$

则轮系的自由度为　　$F=3n-2p_1-p_h=3\times4-2\times4-2=2$

机构自由度为 2 的周转轮系称为差动轮系。显然，为确定该轮系的运动，需要给定轮系中两个构件的独立运动规律。轮系的运动合成与分解功用就是由差动轮系来实现的。

2）行星轮系。

如图 6-3b 所示轮系中，当太阳轮 3 被固定时，则活动构件数 $n=3$，$p_1=3$，$p_h=2$

则轮系的自由度为　　$F=3n-2p_1-p_h=3\times3-2\times3-2=1$

机构自由度为 1 的周转轮系称为行星轮系。显然，为确定该轮系的运动，需要给定轮系中一个构件的独立运动规律即可。

(2) 周转轮系按其组成又可分为2K-H型和3K型

在周转轮系中，K为太阳轮，H为系杆。由两个太阳轮一个系杆组成的周转轮系称为2K-H型周转轮系，如图6-4所示。

由三个太阳轮一个系杆组成的周转轮系称为3K型周转轮系，如图6-5所示。

在一个周转轮系中，由两个太阳轮、一个系杆和几个行星轮组成，且太阳轮与系杆的轴线重合，就构成了一个基本（单一）周转轮系。显然，2K-H型周转轮系是一个基本周转轮系，而3K型周转轮系不是一个基本周转轮系。本教材所研究的都是基本周转轮系。

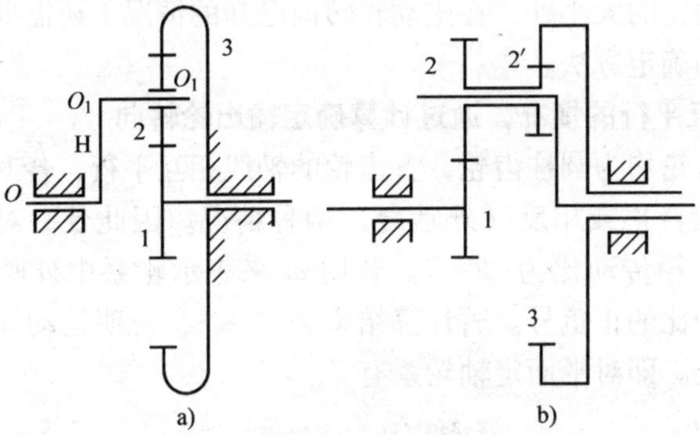

图6-4 2K-H型周转轮系

a）单排 b）双排

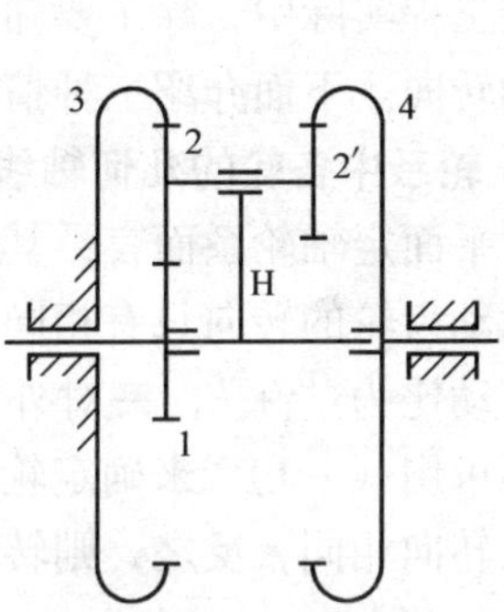

图6-5 3K型周转轮系

6.2 计算定轴轮系的传动比

6.2.1 定轴轮系传动比大小的计算

由前面知识可知，对一对齿轮传动来讲，无论是圆柱齿轮、锥齿轮还是蜗杆传动，其传动比都是主、从动齿轮的角速度或转速之比，也等于二者齿数的反比。若主动齿轮为1，从动齿轮为2，则其传动比的大小为

$$i_{12}=\frac{\omega_1}{\omega_2}=\frac{n_1}{n_2}=\frac{z_2}{z_1}$$

对轮系来说，其传动比是指轮系中运动输入齿轮与运动输出齿轮的角速度或转速之比。若轮系中运动输入齿轮为1，运动输出齿轮为k，则轮系传动比的大小为

$$i_{1k}=\frac{\omega_1}{\omega_k}=\frac{n_1}{n_k}$$

如图6-2a所示的平面定轴轮系中，设运动从齿轮1输入，经过4对齿轮传动后，从齿轮5输出，则该轮系的传动比大小为$i_{15}=\frac{\omega_1}{\omega_5}=\frac{n_1}{n_5}$。

因为齿轮4与4′为同轴齿轮，故$n_4=n_{4'}$，同理$n_3=n_{3'}$，所以有

$$i_{15}=\frac{n_1}{n_5}=\frac{n_1}{n_2}\cdot\frac{n_2}{n_3}\cdot\frac{n_{3'}}{n_4}\cdot\frac{n_{4'}}{n_5}=i_{12}\cdot i_{23}\cdot i_{3'4}\cdot i_{4'5}=\frac{z_2z_3z_4z_5}{z_1z_2z_{3'}z_{4'}} \tag{6-1}$$

上式表明，定轴轮系传动比大小等于该轮系中各对齿轮传动比的连乘积；也等于该轮系各对啮合齿轮中，所有从动齿轮齿数的连乘积与所有主动齿轮齿数的连乘积之比。即

$$i_{1k}=\frac{n_1}{n_k}=\frac{z_2z_3\cdots z_k}{z_1z'_2\cdots z'_{k-1}}=\frac{\text{所有从动轮齿数连乘积}}{\text{所有主动轮齿数连乘积}} \quad (6\text{-}2)$$

图中齿轮 2 既是从动轮又是主动轮，其齿数多少对轮系传动比大小无影响，仅仅是改变齿轮 5 的转向。这种只改变轮系从动轮转向，而对轮系传动比大小没有影响的齿轮称为惰轮。

6.2.2 确定定轴轮系主、从动轮转向关系

在工程实际中，除了要知道传动比的大小外，在主动轮转向已知的情况下还需要确定从动轮的转向。下面介绍三种情况下的确定方法。

1. 轮系中各轮的几何轴线均相互平行的情况，通过计算确定输出轮转向

对平面定轴轮系而言，其所有齿轮均为圆柱齿轮，各齿轮的轴线相互平行，各对啮合的主、从动齿轮的转向只有相同（内啮合）或相反（外啮合）两种情况。因此令一对内啮合齿轮传动比为“+”，一对外啮合齿轮传动比为“-”。若用 m 来表示轮系中外啮合的对数，则可用 $(-1)^m$ 来确定轮系传动比的正负号。若计算结果为“+”，说明运动输入、输出齿轮转向相同，反之，则转向相反。即对平面定轴轮系有

$$i_{1k}=\frac{n_1}{n_k}=(-1)^m\frac{z_2z_3\cdots z_k}{z_1z'_2\cdots z'_{k-1}} \quad (6\text{-}3)$$

式中 n_1——输入齿轮转速；

n_k——输出齿轮转速；

m——外啮合对数；

$z_2z_3\cdots z_k$——所有从动齿轮齿数的连乘积；

$z_1z'_2\cdots z'_{k-1}$——所有主动齿轮齿数的连乘积。

2. 轮系中各轮的几何轴线不都相互平行的情况，通过标注箭头确定输出轮转向

对于空间定轴轮系而言，由于锥齿轮或蜗轮蜗杆的存在，使得该轮系中各轮的几何轴线不都相互平行，其主、从动齿轮的转向无所谓相同或相反，因而不能用 $(-1)^m$ 来确定轮系中各齿轮的转向关系。其转向关系只能在运动简图上用箭头确定。

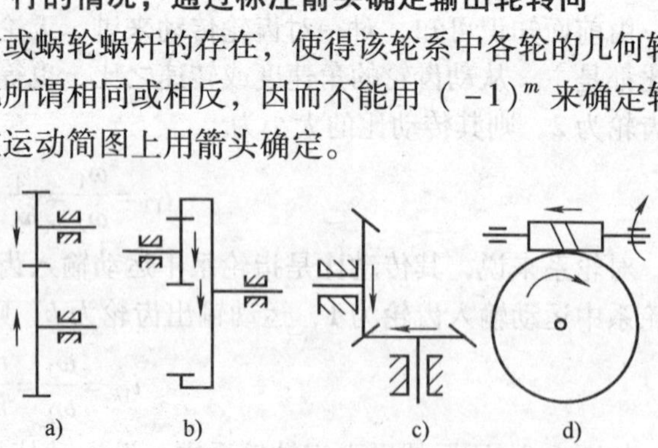

图 6-6 单一轮系两轮转动方向的判定

一对圆柱齿轮外啮合传动时，其转向箭头方向相反，如图 6-6a 所示；内啮合时，其转向箭头方向相同，如图 6-6b 所示；一对锥齿轮传动转向箭头同时指向啮合节点，或者同时背离啮合节点，如图 6-6c 所示；一对蜗杆传动转向箭头按左、右手定则来确定：对于蜗杆来说，左旋用左手，右旋用右手，四个手指环绕的方向为蜗杆的转向，大拇指所指相反方向就是蜗轮圆周速度方向，由此可以判定蜗轮的转向，如图 6-6d 所示。当轮系中运动输入齿轮转向已知时，用标注箭头的方法就能确定其余各轮转向。

3. 轮系中首、末两轮的几何轴线相互平行的情况

如图6-7所示，这是空间定轴轮系中的一种特例。因轮系中首、末两轮的几何轴线相互平行，所以主、从动齿轮的转向可以用正、负号表达，但由于是空间定轴轮系，所以此时的正、负号是由标注箭头的方法确定的。

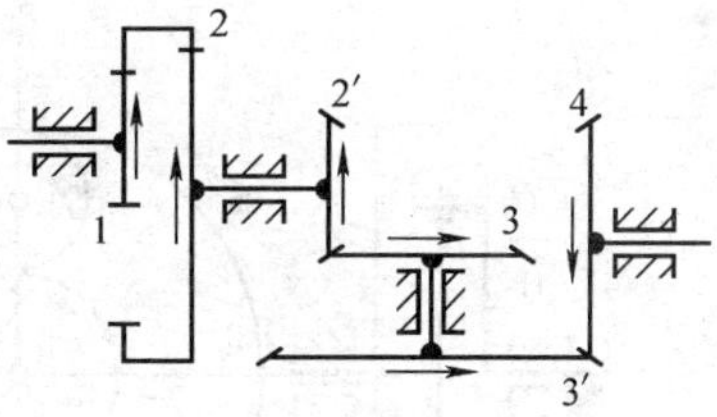

图6-7　首、末轴线平行的空间定轴轮系

该轮系的传动比大小为 $i_{14}=\frac{\omega_1}{\omega_4}=-\frac{z_2z_3z_4}{z_1z_{2'}z_{3'}}$，方向用箭头标注，如图6-7所示。

例题6-1　如图6-1b所示轮系中，已知 $z_1=2$，$z_2=52$，$z_{2'}=23$，$z_3=35$，$z_{3'}=27$，$z_4=30$，$z_{4'}=25$，$z_5=80$，$n_1=1440\text{r/min}$。试求轮5的转速 n_5 的大小与方向。

解　此轮系为一空间定轴轮系，则 $i_{15}=\frac{z_2z_3z_4z_5}{z_1z_{2'}z_{3'}z_{4'}}=\frac{52\times35\times30\times80}{2\times23\times27\times25}=140.7$

因为 $i_{15}=\frac{n_1}{n_5}$，所以 $n_5=\frac{n_1}{i_{15}}=\frac{1440}{140.7}\text{r/min}=10.2\text{r/min}$

轮5的转向如图6-1b所示。

例题6-2　如图6-8所示轮系中，齿轮1、3、3′、5同轴线，且各齿轮均为标准齿轮，已知 $z_1=z_2=z_{3'}=z_4=25$，齿轮1的转速 $n_1=1440\text{r/min}$。试求齿轮5的转速。

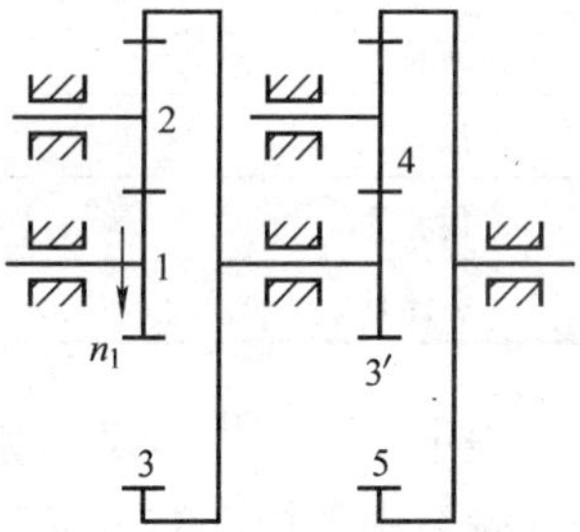

图6-8　定轴轮系传动比的计算

解　因为齿轮1、3同轴，且均为标准齿轮，

故有 $m_1=m_2=m_3=m$

根据中心距关系可得出 $r_1+r_2=r_3-r_2$

即　$$\frac{m}{2}z_3=\frac{m}{2}z_1+mz_2$$

从而可得　$z_3=z_1+2z_2=25+2\times25=75$

同理可得　$$z_5=z_{3'}+2z_4=25+2\times25=75$$

又　$$i_{15}=\frac{n_1}{n_4}=(-1)^m\frac{z_2z_3z_4z_5}{z_1z_2z_{3'}z_4}=(-1)^2\frac{z_3z_5}{z_1z_{3'}}=\frac{75\times75}{25\times25}=9$$

所以，$n_5=\frac{n_1}{i_{15}}=\frac{1440}{9}\text{r/min}=160\text{r/min}$，$n_5$ 为正，说明齿轮5与齿轮1转向相同。

6.3　计算周转轮系的传动比

周转轮系中由于含有轴线不固定的行星齿轮，它既自转又公转，故其传动比计算不能像定轴轮系那样，直接用齿数积的反比形式来计算。周转轮系传动比通常用“转化机构法”来求解。根据相对运动理论，在不改变机构中各构件相对运动的情况下，假想给整个轮系机构加上一个绕中心轮轴线旋转的公共角速度（$-\omega_H$），此时系杆H的角速度变成 $\omega_H-\omega_H=0$。如此，则原周转轮系转化为以系杆H为机架的假想的定轴轮系，通常称这个假想的定轴轮系为原周转轮系的转化机构或转化轮系。对转化轮系其传动比计算则可按定轴轮系传动比计算方法进行计算，进而可求得原周转轮系的传动比。下面以图6-9为例来说明。

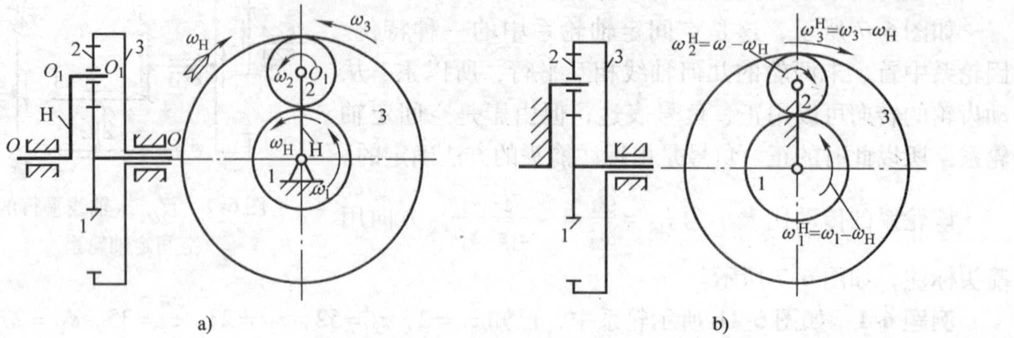

图 6-9　周转轮系传动比的计算

a）原周转轮系　b）转化轮系

由图可知，轮系转化后机构中各构件角速度变化情况见表 6-1。

表 6-1　转化轮系的角速度

构件	原周转轮系中的角速度	转化轮系中的角速度
齿轮 1	ω_1	$\omega_1^H=\omega_1-\omega_H$
齿轮 2	ω_2	$\omega_2^H=\omega_2-\omega_H$
齿轮 3	ω_3	$\omega_3^H=\omega_3-\omega_H$
系杆 H	ω_H	$\omega_H^H=\omega_H-\omega_H=0$

表中 ω_1^H、ω_2^H、ω_3^H 分别表示在系杆固定后所得的转化轮系中齿轮 1、2、3 的角速度。转化轮系中各构件的角速度的右上方都带有角标 H，表示这些角速度是各构件对系杆 H 的相对角速度。由于转化轮系为定轴轮系，因而可用定轴轮系传动比的计算方法对其进行传动比计算，即

$$i_{13}^H=\frac{\omega_1^H}{\omega_3^H}=\frac{\omega_1-\omega_H}{\omega_3-\omega_H}=-\frac{z_3}{z_1} \tag{6-4}$$

这里应该明确，$i_{13}=\omega_1/\omega_3$ 和 $i_{13}^H=\omega_1^H/\omega_3^H$ 的概念是不同的，前者是两轮在周转轮系中真实的传动比；而后者是假想的转化轮系中两轮的传动比。可见上式右边的负号表示齿轮 1 与齿轮 3 在转化轮系中的角速度 ω_1^H 和 ω_3^H 反向，而原周转轮系中实际的角速度 ω_1 和 ω_3 同向。

现将以上分析推广到一般情形。设周转轮系中的两个太阳轮分别为 1 和 K，系杆为 H，则其转化轮系的传动比可表示为

$$i_{1K}^H=\frac{\omega_1^H}{\omega_3^H}=\frac{\omega_1-\omega_H}{\omega_K-\omega_H}=(-1)^m\frac{\text{转化轮系所有从动轮齿数的连乘积}}{\text{转化轮系所有主动轮齿数的连乘积}} \tag{6-5}$$

上式中，如果已知各轮的齿数及 ω_1、ω_K 和 ω_H 中的任意两个参数（包括大小和方向），即可求出第三个参数，从而可以求出周转轮系的三个基本构件中任意两个基本构件之间的传动比。符号判断可按定轴轮系的方法确定，但表示的是转化轮系中轮 1 和轮 K 的转向，并不代表轮 1 和轮 K 的真实方向。

应用上式时，还需注意：

1）此式只适用于基本周转轮系中两个太阳轮和系杆的轴线平行（重合）。

2）公式中轮1和轮K可以是两个中心轮，也可以一个是中心轮，而另一个是行星轮。

3）公式中的角速度ω_1、ω_K和ω_H，在计算时必须连同符号一起代入，设定某一转向为正，则与其相反的方向即为负。

例题6-3　如图6-10所示的周转轮系中，已知$z_1=100$，$z_2=101$，$z'_2=100$，$z_3=99$。试求传动比i_{H1}。

解　图示轮系为一平面基本周转轮系，由于太阳轮3固定，故该轮系为一行星轮系。由式（6-4）可得

$$i_{13}^{H}=\frac{n_1-n_H}{n_3-n_H}=(-1)^2\frac{z_2z_3}{z_1z'_2}=\frac{101\times99}{100\times100}=\frac{9999}{10000}$$

$$n_3=0$$

$$i_{1H}=1-i_{13}^{H}=1-\frac{9999}{10000}=\frac{1}{10000}$$

得
$$i_{H1}=\frac{1}{i_{1H}}=10000$$

即系杆转10000转，齿轮1转1转，可见传动比极大。

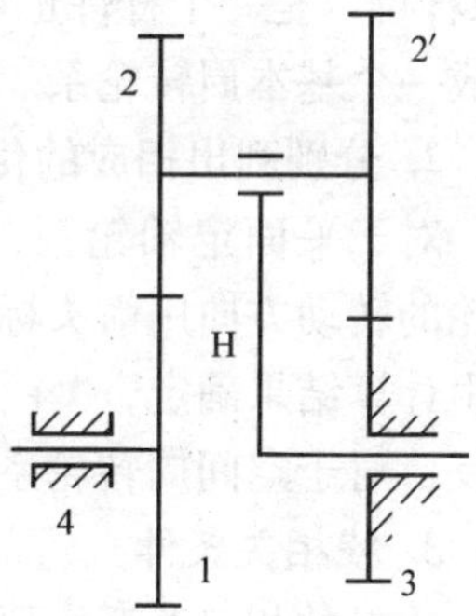

图6-10　行星轮系

如果将本例中z_1由100改为99，则

$$i_{13}^{H}=\frac{n_1-n_H}{n_3-n_H}=\frac{z_2z_3}{z_1z'_2}=\frac{101\times99}{99\times100}=\frac{9999}{9900}$$

$$i_{1H}=1-i_{13}^{H}=1-\frac{9999}{9900}=-\frac{99}{9900}=-\frac{1}{100}$$

得
$$i_{H1}=-100$$

即系杆转100转，齿轮1反向转1转，可见：输出齿轮的转向不仅与输入齿轮的转向有关，还与各轮的齿数有关。

6.4　计算复合轮系的传动比

在一些复杂传动系统中，不完全是由单纯的定轴轮系或单纯的周转轮系所组成，而是由复合轮系所组成。所谓复合轮系就是在该轮系中，既有定轴轮系部分，又有周转轮系部分，如图6-11a所示，或由几个周转轮系部分组成，如图6-11b所示。

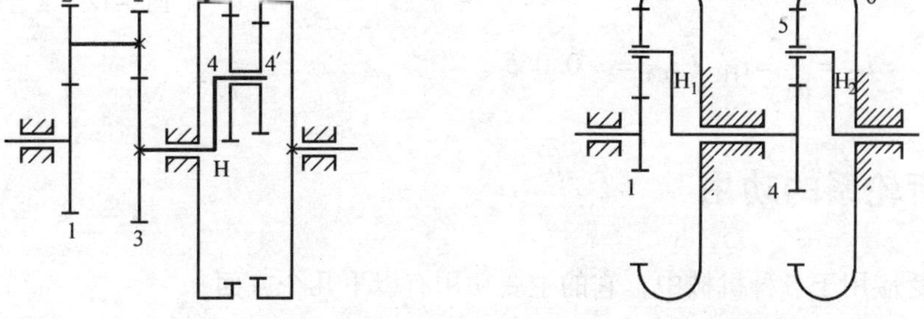

图6-11　复合轮系

由以上定义可知，对复合轮系进行传动比计算时，不能将其整体作为单纯的定轴轮系或单纯的周转轮系看待，而需要将其中的定轴轮系部分与周转轮系部分分开处理。复合轮系的传动比计算可遵循以下步骤：

1. 正确划分定轴轮系和周转轮系

首先找出复合轮系中所有单纯（基本）周转轮系部分，剩下部分则为定轴轮系。在找单纯周转轮系时，其关键是先找出轴线不固定的行星轮，支承该行星轮的构件就是系杆（系杆可以是一个杆件也可以是齿轮），与行星轮相啮合的齿轮就是太阳轮，这一系列构件构成一个基本周转轮系。

2. 分别列出相应的传动比计算式

对于平面定轴轮系，按式（6-3）列方程；对于空间定轴轮系，按式（6-2）列方程，各轮的转动方向用箭头标注。对于平面周转轮系，按式（6-5）列方程，输出齿轮的转动方向由计算结果确定，“+”表示与输入齿轮转动方向相同，“-”表示与输入齿轮转动方向相反；对于空间周转轮系（基本），按式（6-5）列方程，公式中的正、负用标注箭头确定。

3. 找相关条件

这里的相关关系主要有：同轴上两齿轮的转速或角速度相等；齿轮固定时，其转速或角速度为零。

4. 将各传动比计算式联合在一起求解

求解时一般采用消元法。根据所求的传动比是两齿轮转速或角速度之比，确定留哪两个转速或角速度，其余均消元。

例题 6-4　求解图 6-12 所示轮系的传动比 i_{14}。已知各轮的齿数 $z_1 = z_{2'} = 28$，$z_2 = z_3 = 23$，$z_H = 90$，$z_4 = 18$。

解　如图 6-12 所示为一复合轮系。

齿轮 1、2 -2′、3 和 H 组成一个基本周转轮系；

轮 4 和 H（系杆为外啮合齿轮）组成定轴轮系。

在周转轮系中

$$i_{13}^{H} = \frac{n_1 - n_H}{n_3 - n_H} = \frac{z_2 z_3}{z_1 z'_2} = \frac{23 \times 23}{28 \times 28}$$

由于 $n_3 = 0$ 代入上式得

$$i_{1H} = 1 - i_{13}^{H} = 0.325$$

在定轴轮系中 $i_{H4} = \dfrac{n_H}{n_4} = -\dfrac{z_4}{z_H} = -\dfrac{18}{90} = -\dfrac{1}{5}$

则　$$i_{14} = \frac{n_1}{n_4} = i_{1H} \cdot i_{H4} = -0.065$$

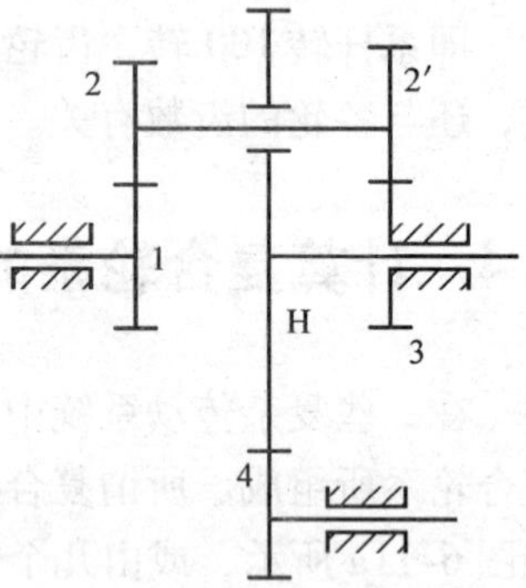

图 6-12　复合轮系

6.5　分析轮系的功用

轮系广泛应用于各种机械中，它的主要功用有以下几个方面：

1. 实现较远距离两轴的传动

当需要传递运动的两轴相距较远时，用一对齿轮传动会使两齿轮径向尺寸都很大，如图

6-13 中双点画线所示，如果改用图中点画线所示的轮系（3、4、5、6）传动，既可以缩小占用空间，便于加工，又可以减轻重量，降低成本。

2. 实现大传动比传动

当需要较大的传动比传动时，若用一对齿轮传动，如图 6-14 中双点画线所示，则会造成大、小齿轮径向尺寸相差悬殊，导致机构外廓尺寸庞大，且小齿轮容易损坏。如果改用图中点画线所示的定轴轮系（3－4，4′－5）传动，则结构紧凑，可实现同样大的传动比，具体见式（6-1）。若改用行星轮系，则用少数几个齿轮就可获得特别大的传动比，如图 6-10 所示的行星轮系。

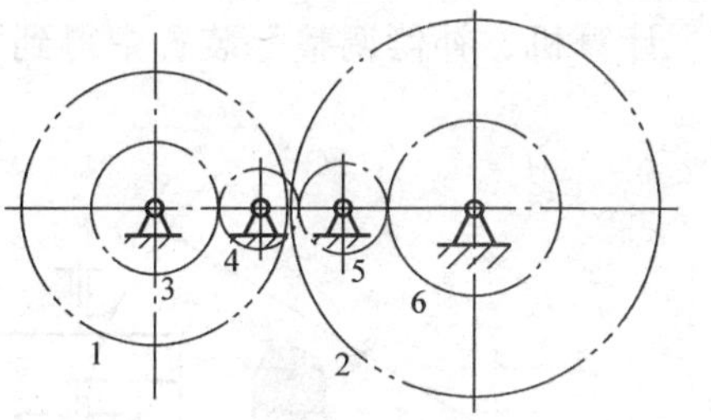

图 6-13　实现较远距离两轴的传动

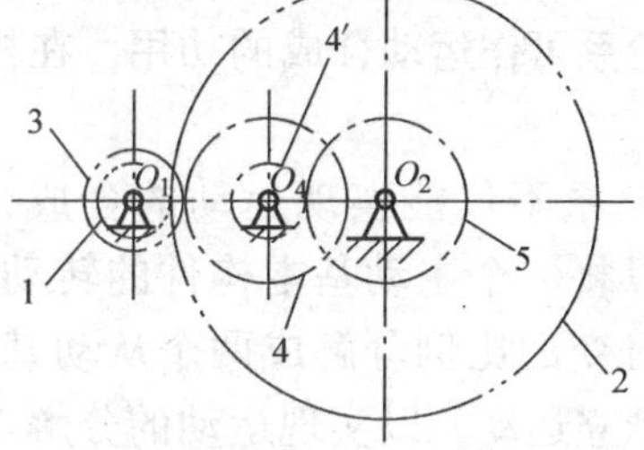

图 6-14　实现大传动比传动

3. 实现变速和变向传动

在主动轴的转速和转向不变的情况下，利用轮系可使从动轴获得不同的转速和转向。如图 6-15 所示的汽车变速箱。主动轴 Ⅰ 由发动机驱动，通过齿轮 1 与 2、3 与 4 啮合，从动轴 Ⅱ 可得到一档的转速；通过齿轮 1 与 2、5 与 6 啮合，从动轴 Ⅱ 可得到二档的转速；通过拨叉使牙嵌离合器 *A*、*B* 结合，主动轴 Ⅰ 的转速直接传递给从动轴 Ⅱ，实现直接档；通过齿轮 1 与 2、7 与 8、8 与 6 啮合即可获得一个档位的倒车转速。因此，实现了变速和变向传动。

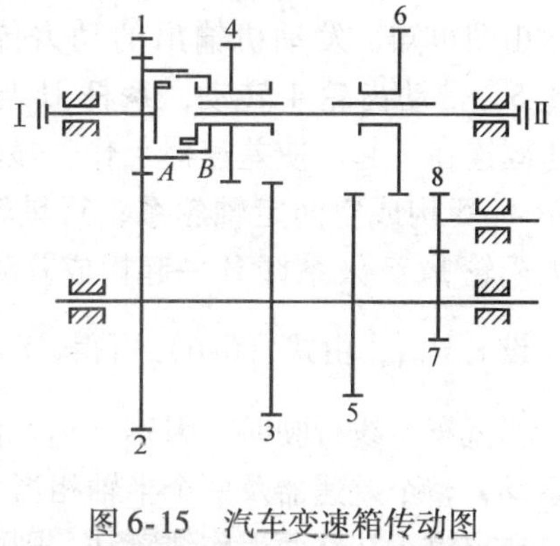

图 6-15　汽车变速箱传动图

4. 实现分路传动

利用轮系可以使一个主动轴同时带动若干个从动轴转动，以实现分路传动。图 6-16 所示为滚齿机上滚刀与齿坯之间形成范成运动的传动简图。滚刀的转速 $n_{\text{刀}}$ 与齿坯的转速 $n_{\text{坯}}$ 必须满足 $i_{\text{刀坯}}=\dfrac{n_{\text{刀}}}{n_{\text{坯}}}=\dfrac{z_{\text{坯}}}{z_{\text{刀}}}$ 的传动比关系。其中 $z_{\text{刀}}$ 和 $z_{\text{坯}}$ 分别为滚刀的头数和齿坯加工后的齿数。运动路线从主动轴开始，一条路径是由锥齿轮 1、2 传到滚刀；另一条路径是由齿轮 3、4、5、6、7 和蜗杆 8、蜗轮 9 传到齿坯。其范成运动的传动比，$i_{\text{刀坯}}=\dfrac{n_{\text{刀}}}{n_{\text{坯}}}$，由上述两条分路传动得到保证。

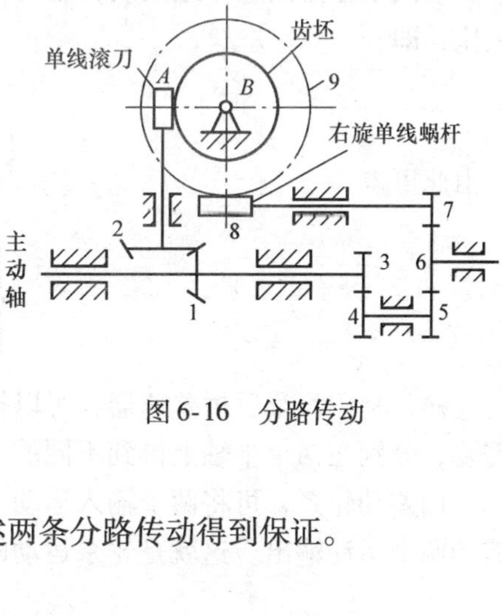

图 6-16　分路传动

5. 实现运动的合成与分解

如前所述，差动轮系有两个自由度，所以必须给定三个基本构件中的任意两个已确定的运动，第三个构件的运动才能确定。即第三个基本构件的运动为另两个基本构件运动的合成。图 6-17 所示的差动轮系，常用来做运动的合成。在该轮系中，若 $z_1 = z_3$，则

$$i_{13}^{H} = \frac{n_1 - n_H}{n_3 - n_H} = -\frac{z_3}{z_1} = -1 \quad (6\text{-}6)$$

即

$$n_1 + n_3 = 2n_H$$

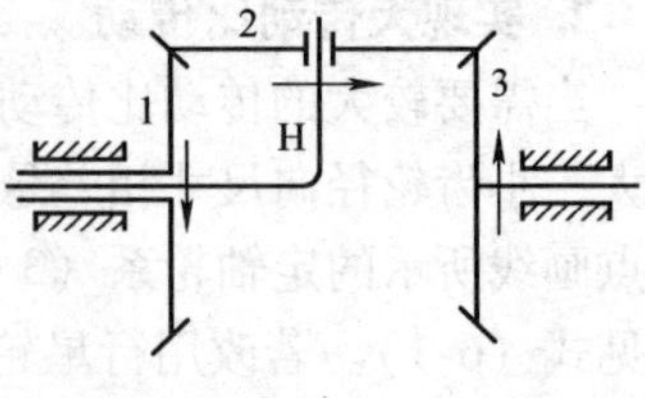

图 6-17　空间差动轮系

上式表面，系杆 H 的转速是轮 1 与轮 3 转速的合成。

差动轮系可作运动合成的功用，在机床、计算机、补偿调整等装置中得到了广泛的应用。

差动轮系不仅能实现运动的合成，而且还可以将一个主动基本构件的转动按所需的可变的比例分解成两个从动基本构件的独立运动，以实现运动的分解。如图 6-18 所示的汽车后桥差速器，就是利用了轮系这一功用。

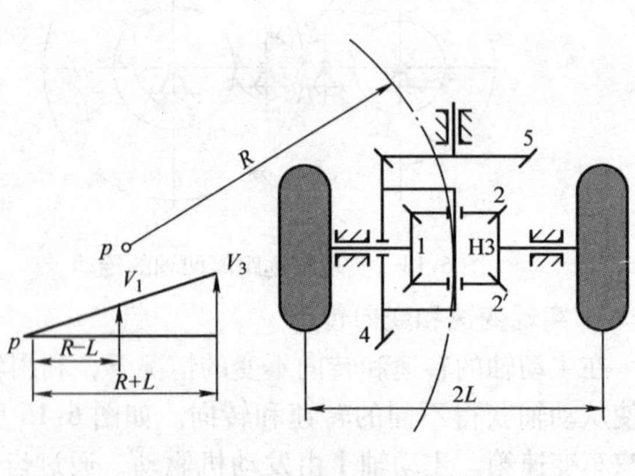

图 6-18　汽车后桥差速器传动图

由图可知，发动机输出的动力传至齿轮 5，带动齿轮 4 转动，系杆 H 与齿轮 4 固连在一起，使差速器工作。显然，齿轮 4、5 构成空间定轴轮系；行星轮 2 与太阳轮 1、3 及系杆 H 一起构成差动轮系。设 $z_1 = z_3$，由式（6-6）可得，$n_4 = n_H = \frac{1}{2}(n_1 + n_3)$。

当汽车直线行驶时，因 $n_1 = n_3$，由上式可得，$n_4 = n_H = n_1 = n_3$，此时，行星齿轮 2 无自转运动，整个差速器及两个半轴相当于一个刚体作同速转动，差速器无作用；当汽车左转弯时，要求汽车在路面上作纯滚动，则两轮的转速 n_1、n_3 应与其转弯半径 $(R-L)$、$(R+L)$ 成正比，即

$$\frac{n_1}{n_3} = \frac{v_1}{v_3} = \frac{R-L}{R+L}$$

由此可得

$$\begin{cases} n_1 = \dfrac{R-L}{R} n_H \\ n_3 = \dfrac{R+L}{R} n_H \end{cases}$$

这样，利用汽车后桥差速器，可以把从发动机传出的运动和动力，按实际转弯半径不同的需要，分别在两个半轴上得到不同的转速输出，实现运动的分解。

利用差动轮系，可将两个输入运动，合成为一个运动输出。也可将一个输入运动分解成所需的两个运动输出。这就是轮系运动的合成与分解功用。

项目实践

通过对该车变速器结构的分析可知，该轮系属于定轴轮系，并通过该轮系实现两档变速的要求。

1）当套筒向右移动时，齿轮5通过套筒和花键轴接合，输出一档转速。

由式（6-3）定轴轮系传动比计算公式可得

$$i_{\mathrm{I}-\mathrm{III}}=\frac{n_{\mathrm{I}}}{n_{\mathrm{III}}}=(-1)^m\frac{z_2z_5}{z_1z_4}=(-1)^2\frac{38\times39}{19\times21}=\frac{26}{7}$$

由上式可得　$n_{\mathrm{III}}=\frac{7}{26}n_{\mathrm{I}}=\frac{7}{26}\times3000\mathrm{r/min}=808\mathrm{r/min}$

2）当套筒向左移动时，齿轮6通过套筒和花键轴接合，输出二档转速。

$$i_{\mathrm{I}-\mathrm{III}}=\frac{n_{\mathrm{I}}}{n_{\mathrm{III}}}=(-1)^m\frac{z_2z_6}{z_1z_3}=(-1)^2\frac{38\times26}{19\times31}=\frac{52}{31}$$

由上式可得　$n_{\mathrm{III}}=\frac{31}{52}n_{\mathrm{I}}=\frac{31}{52}\times3000\mathrm{r/min}=1788\mathrm{r/min}$

该车变速器可实现两档变速，低速档转速为269r/min、高速档的转速为596r/min。

知识梳理与总结

通过对本项目的学习，学会了定轴轮系、周转轮系和复合轮系传动比的计算方法，也学会了轮系在工程实际中的应用实例。知识点如下：

1）按照所有齿轮的轴线是否都是固定，将轮系分为定轴轮系和周转轮系两大类。

2）在周转轮系中，一般以太阳轮或系杆作为运动输入或输出的构件，故称它们为周转轮系的基本构件。

3）周转轮系按其自由度数目不同可划分为差动轮系和行星轮系，自由度为1的是行星轮系；自由度为2的是差动轮系。能实现运动合成与分解的轮系一定是差动轮系。

4）在周转轮系中，输出齿轮的转向不仅与输入齿轮的转向有关，还与各轮的齿数有关。

5）定轴轮系传动比的计算。

① 传动比大小的计算公式。

$$i_{1k}=\frac{\omega_1}{\omega_2}=\frac{n_1}{n_k}=\frac{\text{所有从动轮齿数的连乘积}}{\text{所有主动轮齿数的连乘积}}$$

② 传动比符号的确定。

a. 所有齿轮轴线均平行的平面定轴轮系，按 $(-1)^m$ 外啮合齿轮对数确定传动比的符号。

b. 所有齿轮轴线不都平行的空间定轴轮系，其齿数比之前不加“+”“-”号，只按标箭头的方法确定输出轮的转向。

c. 对于空间定轴轮系，若首、末两轮平行，其齿数比之前可以加“+”“-”号，但此时的符号是由标箭头的方法确定的，而不是用 $(-1)^m$ 来确定。

6）周转轮系传动比计算。

① 首先将周转轮系转化为定轴轮系，然后在转化轮系中，按下列公式进行传动比大小的计算。

$$i_{1K}^{H}=\frac{\omega_1^{H}}{\omega_3^{H}}=\frac{\omega_1-\omega_H}{\omega_K-\omega_H}=\frac{\text{转化轮系所有从动轮齿数的连乘积}}{\text{转化轮系所有主动轮齿数的连乘积}}$$

② 传动比符号的确定按照定轴轮系进行。

7）复合轮系传动比计算的步骤。

① 正确划分定轴轮系部分和周转轮系部分或几个周转轮系部分。

② 分别列出各部分传动比的计算公式。

③ 找相关关系。

④ 联立求解。

8）轮系的功用。

① 实现较远距离两轴的传动。

② 实现大传动比传动。

③ 实现变速和变向传动。

④ 实现分路传动。

⑤ 实现运动的合成与分解。

思考与练习

1. 定轴轮系与周转轮系有何区别？

2. 什么叫周转轮系的转化轮系？怎样确定转化轮系中传动比的正、负号？

3. 如何从复合轮系中找出周转轮系部分？

4. 轮系的功用有哪些？其中有哪些典型实例？

5. 如图 6-19 所示的钟表机构中，S、M 及 H 各为秒针、分针及时针。已知 $z_1=8$，$z_2=60$，$z_3=8$，$z_5=16$，$z_7=12$，齿轮 6 与齿轮 7 的模数相同，试求齿轮 4、6、8 的齿数。

6. 如图 6-20 所示为手动提升机构，已知：$z_1=z_3=18$，$z_2=z_6=60$，$z_4=36$，试求 i_{16}，并指出提升重物时手柄的转向。

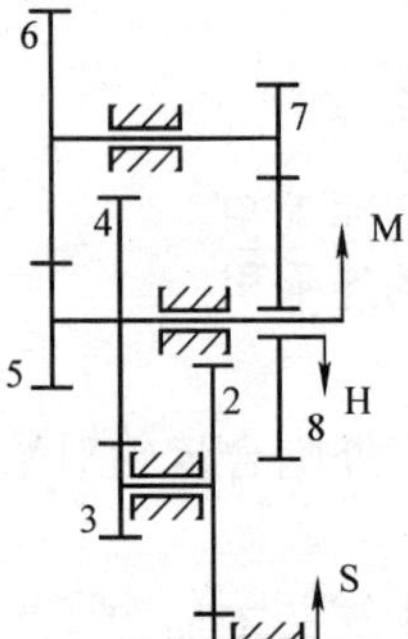

图 6-19　钟表机构

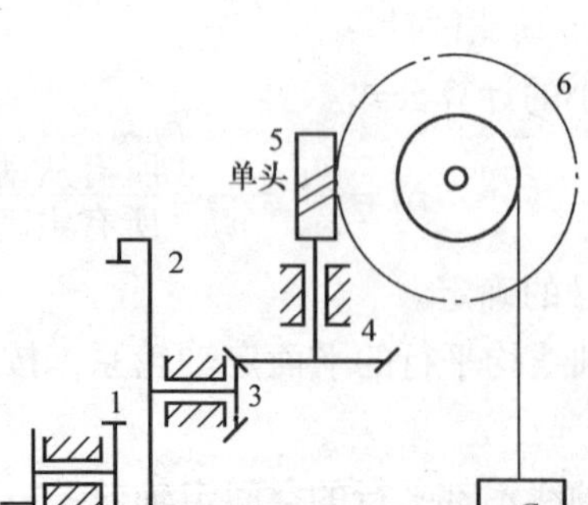

图 6-20　提升机构

7. 如图 6-21 所示的轮系中，已知各轮的齿数 $z_1=20$，$z_2=30$，$z_3=20$，$z_4=30$，$z_5=$

80，轮 1 的转速 $n_1 = 300\text{r/min}$，求系杆 H 的转速 n_H。

8. 如图 6-22 所示为纺织机中的差动轮系，已知各轮齿数，$z_1 = 30$，$z_2 = 25$，$z_3 = z_4 = 24$，$z_5 = 18$，$z_6 = 121$，$n_1 = 48 \sim 200\text{r/min}$，$n_H = 316\text{r/min}$，求：齿轮 6 的转速 n_6 的范围。

9. 如图 6-23 所示的轮系中，若已知各齿轮的齿数，试用齿数写出传动比 i_{16}。

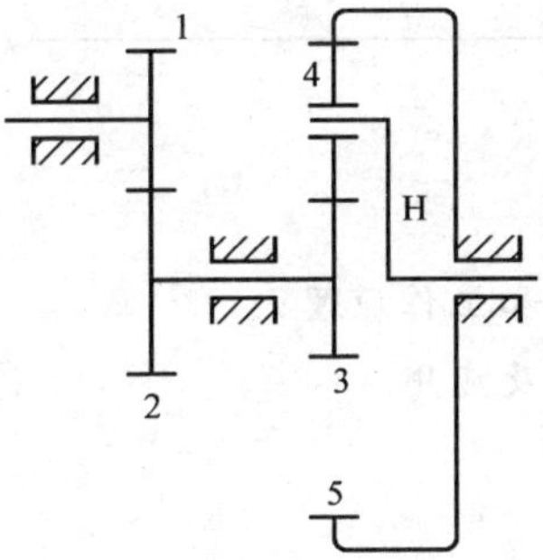

图 6-21　复合轮系（一）

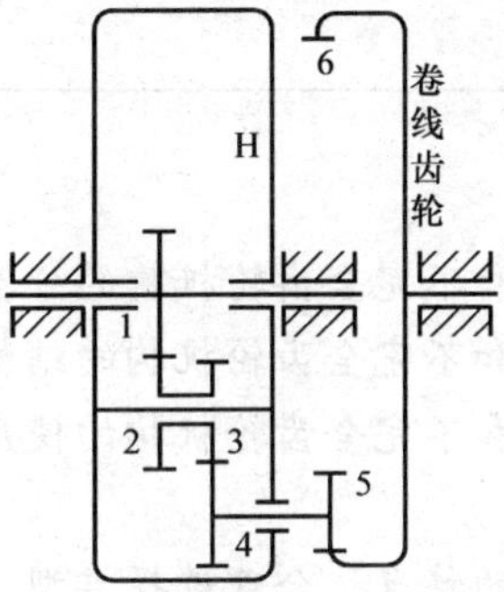

图 6-22　纺织机中的差动轮系

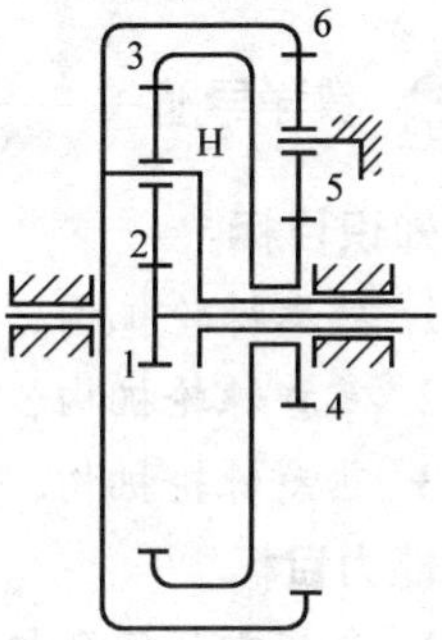

图 6-23　复合轮系（二）

10. 如图 6-24 所示的轮系中，已知各轮齿数 $z_1 = 32$，$z_2 = 34$，$z'_2 = 36$，$z_3 = 64$，$z_4 = 32$，$z_5 = 17$，$z_6 = 24$。轮 1 按图示方向以 $n_1 = 1250\text{r/min}$ 的转速回转，而轮 6 按图示方向以 $n_6 = 600\text{r/min}$ 的转速回转，试求轮 3 的转速 n_3。

11. 如图 6-25 所示的轮系中，已知 $z_1 = 30$，$z_2 = 26$，$z_{2'} = z_3 = z_4 = 21$，$z'_4 = 30$，$z_5 = 2$，右旋蜗杆，又知齿轮 1 的转速为 $n_1 = 260\text{r/min}$（方向如图 6-25 所示），蜗杆 5 的转速为$n_1 = 600\text{r/min}$（方向如图 6-25 所示），求传动比 i_{1H}。

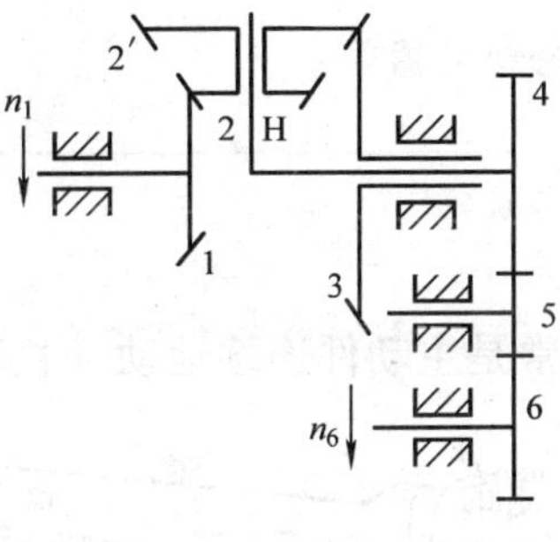

图 6-24　复合轮系（三）

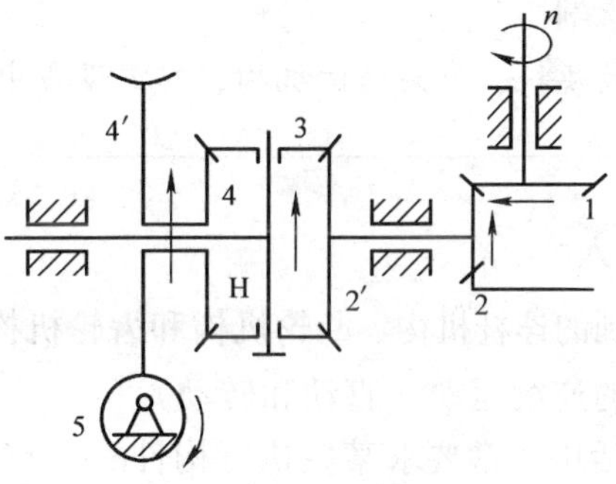

图 6-25　复合轮系（四）

项目7 设计牛头刨床中的间歇机构

教学导航

知识目标

1. 熟悉棘轮机构、槽轮机构和不完全齿轮机构的分类
2. 掌握棘轮机构、槽轮机构和不完全齿轮机构的结构组成和工作原理
3. 熟悉棘轮机构、槽轮机构和不完全齿轮机构的使用特点及应用

能力目标

1. 分析常用间歇机构各类型的特点，合理选择类型
2. 分析棘轮机构、槽轮机构和不完全齿轮机构的组成原理和运动特性
3. 设计棘轮和槽轮机构的几何尺寸

项目目标

1. 合理选择间歇运动机构
2. 分析牛头刨床横向进给运动的组成原理和结构特点
3. 设计棘轮机构的几何尺寸

建议学时

2 学时

典型案例

电影放映机、刀架转位机构、起重设备中的棘轮制动器等

项目引入

前面讲到的连杆机构、凸轮机构和齿轮机构，通常是主动件连续运动（直动和转动），实现从动件的连续运动（直动和转动）。在生产和生活中，常要求某些执行构件实现周期性的运动和间歇。能够将主动件的连续运动转换成从动件有规律的运动和停歇的机构称为间歇运动机构。常用的间歇运动机构有棘轮机构、槽轮机构和不完全的齿轮机构。它们广泛用于自动及半自动机床的进给运动、送料机构、刀架转位机构及包装机等机构中。牛头刨床的横向进给运动就是采用的间歇机构中的棘轮机构。

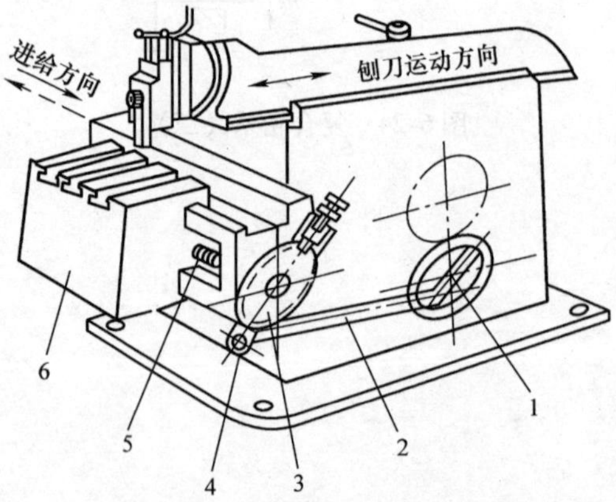

图 7-1 牛头刨床工作台横向进给机构

1—曲柄 2—连杆 3—棘轮 4—摇杆 5—丝杠 6—工作台

如图 7-1 所示的牛头刨床，为了完

成刨削平面的任务，就需要有两个执行运动来完成。一个是刨头带着刨刀做纵向的往复直线切削运动（是由摆动导杆机构来完成）；一个是工作台的横向进给运动。进给运动需要在刨头空行程时实现，所以必须选用间歇运动机构来完成，具体采用的是棘轮机构。运动首先由一对齿轮传给固连在大齿轮上的曲柄1，再经连杆2带动摇杆4作往复摆动，摇杆4上装有双向式棘轮机构的棘爪，而棘轮机构的棘轮3与丝杠5固连，这样，当棘爪带动棘轮做单向间歇转动时，丝杠可使与工作台6固连的螺母做间歇进给运动。如果将棘爪提起绕自身轴线旋转180°后放下，即改变棘爪的位置，就可以改变螺母6的进给方向。

项目提出

如图7-2所示的牛头刨床工作台的横向进给机构，已知棘轮的最小转角 $\theta_{\min}=15°$，模数 $m=4$，试设计此棘轮机构的几何尺寸。

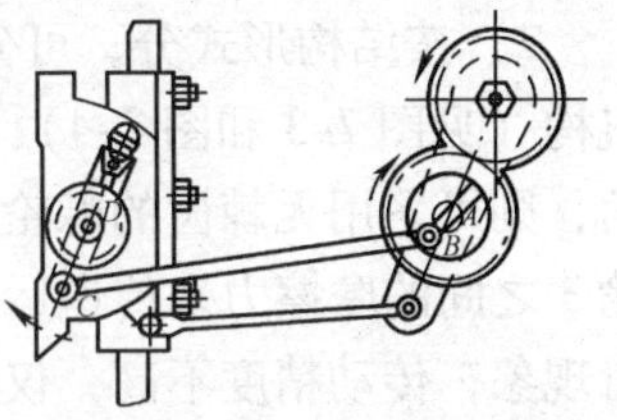

图7-2　横向进给机构

项目分解

牛头刨床的横向进给运动是由棘轮机构来完成的。首先熟悉棘轮机构的组成以及工作原理；然后分析棘轮机构的类型特点，为合理选择棘轮机构类型做好准备；最后设计棘轮机构（包括棘轮齿形的选择、棘爪顺利进入棘轮齿槽的条件、棘轮机构主要参数的确定及几何尺寸计算）。

相关知识

7.1　设计棘轮机构

7.1.1　认识棘轮机构

1. 棘轮机构的组成及工作原理

典型的棘轮机构如图7-3所示，它主要由摇杆3、工作棘爪2、棘轮1、止动棘爪5和机架6等组成。摇杆3空套在与棘轮1固连的从动轴上，棘轮1是一个切有阶梯齿的特殊轮子，一般棘轮是从动件。

当主动曲柄4连续转动时，摇杆3做往复运动。当摇杆3逆时针摆动时，铰接于摇杆上的工作棘爪尖嵌入棘轮1齿槽内，推动棘轮沿逆时针方向转过一个角度，而止回棘爪5则在棘轮的齿背上滑过；当摇杆3顺时针摆动时，工作棘爪2在棘轮的齿背上滑过，而止回棘爪5则阻止棘轮做顺时针转动。工作棘爪2与止动棘爪5都是利用弹簧与棘轮始终保持接触和分离。因此，当主动摇杆3往复摆动时，从动棘轮便做单向间歇运动。

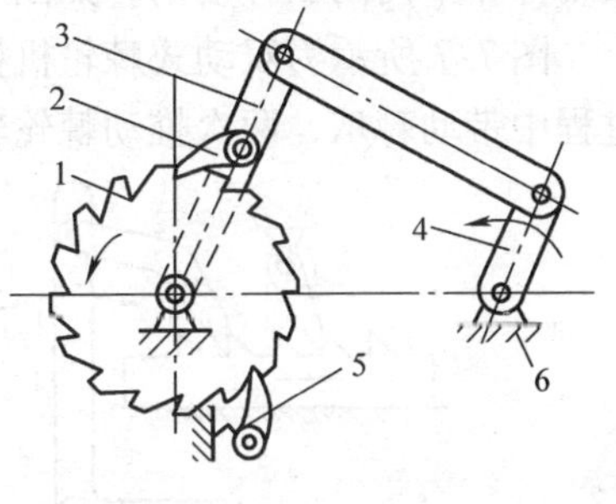

图7-3　棘轮机构

1—棘轮　2—工作棘爪　3—摇杆
4—主动曲柄　5—止动棘爪　6—机架

2. 棘轮机构的特点

棘轮机构的优点是结构简单、加工制造容易，尤其是棘轮每次转角和动停时间比可调（通过改变曲柄摇杆机构中曲柄的长度和采用棘轮罩遮盖摇杆摆角）。棘轮机构的缺点是工作时有较大的冲击，运动精度较差。故棘轮机构只适用于低速和载荷不大的间歇运动场合。

7.1.2　分析棘轮机构的类型和应用

1. 棘轮机构的类型

棘轮机构的类型较多，分类方法也各不相同，一般常用的分类方法有三种：

1）按啮合方式分，可分为外啮合式和内啮合式两种，图 7-3 所示为外啮合式棘轮机构，图 7-4 所示为内啮合式棘轮机构。

2）按结构形式分，可分为齿式棘轮机构和摩擦式棘轮机构两种。上述具有棘齿的棘轮机构（见图 7-3 和图 7-4），每转过一个棘齿，棘轮的转角不变。若需无级地改变棘轮的转角，则可采用无棘齿的棘轮，如图 7-5 所示的摩擦式棘轮机构。这种机构是通过棘爪 2 和棘轮 3 之间的摩擦力来传递运动的。这种机构传动平稳、无噪音，但因靠摩擦传动，会出现打滑现象，传动精度不高，仅适用于低速轻载的场合。图 7-5a 所示为外啮合式，图 7-5b 所示为内啮合式。

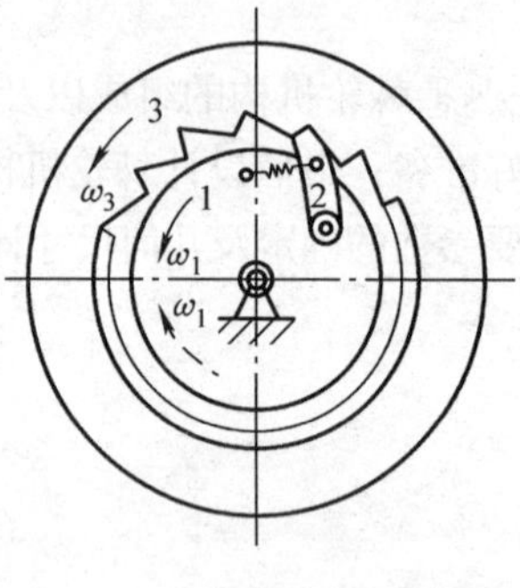

图 7-4　内啮合式棘轮机构

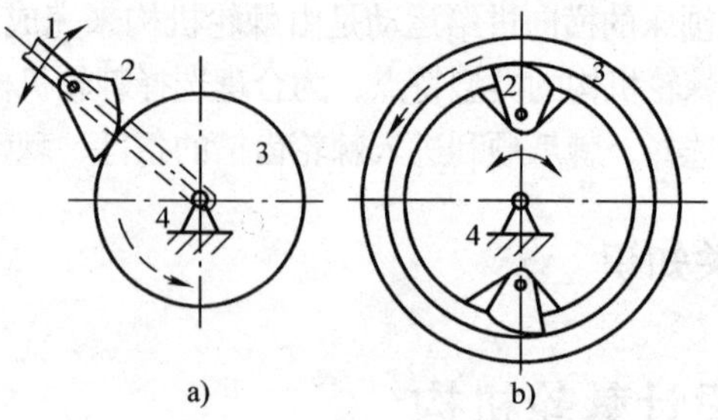

图 7-5　摩擦式棘轮机构

3）按运动形式分，可分为单动式棘轮机构、双动式棘轮机构和双向式棘轮机构三种。单动式棘轮机构的特点是摇杆向一个方向摆动时，棘轮向同一方向转过一个角度，而反方向摆动时，棘轮静止不动，如图 7-3 ~ 图 7-5 所示。在这些图中从动件做单向间歇转动，也有从动件作单向间歇移动的，如图 7-6 所示。

图 7-7 所示为双动式棘轮机构，其上装有两个棘爪的主动摆杆在其两个方向往复摆动的过程中带动棘爪，两次推动棘轮转动。

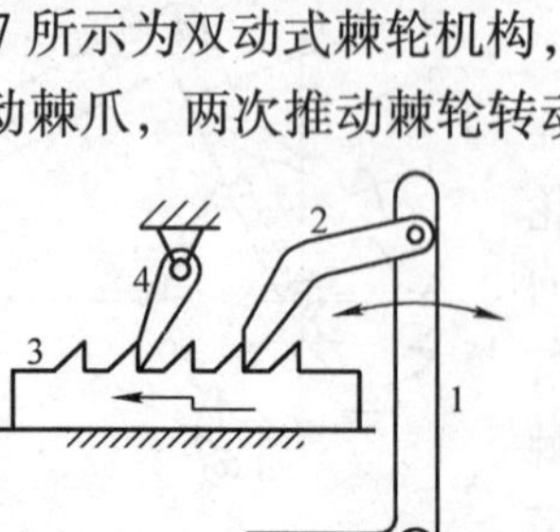

图 7-6　移动式棘轮机构

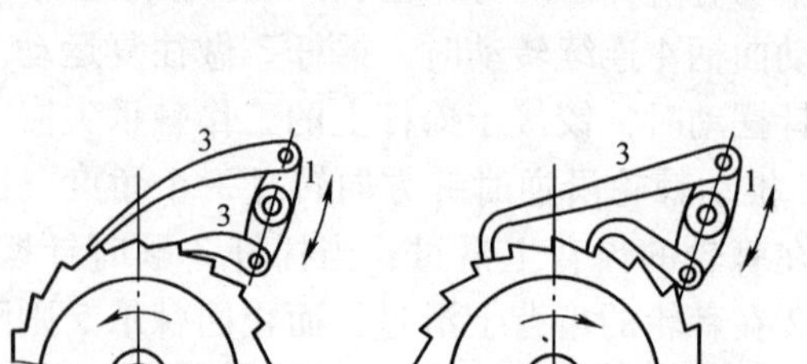

图 7-7　双动式棘轮机构

图 7-8 所示为双向式棘轮机构。图 7-8a 所示棘轮机构的特点是：当棘爪处在实线和虚线位置时，棘轮分别按逆时针和顺时针两个方向做间歇运动。图 7-8b 所示的棘轮机构是采

用回转棘爪，当棘爪在图示位置时，棘轮将沿逆时针方向做间歇运动；若将棘轮提起并绕本身轴线转 180°后放下，则实现棘轮沿顺时针方向做间歇运动；若将棘轮提起并绕本身轴线转 90°后放下，棘轮将架在壳体的平台上，使棘轮与棘爪分开，棘轮静止不动。

2. 棘轮机构的应用

由于棘轮机构的类型和运动形式的多样性，在工程实际中得到了广泛应用。棘轮机构的特点是结构简单、易于制造、转角大小可调并能实现超越离合；但它传动的动力不大，且传动平稳性差，因此只适用于转速不高的场合，如各种机床和自动机床的进给、转位和分度机构中。

图 7-9 所示为棘轮机构用于冲床工作台自动转位的例子。机构中转盘式工作台与棘轮固连，*ABCD* 为一空间四杆机构，当冲头上下移动时，通过连杆 *BC* 带动摇杆 *AB* 来回摆动，冲头上升时，摇杆顺时针摆动，通过棘爪带动棘轮和工作台将料送到冲压位置。当冲头下降时，摇杆逆时针摆动，棘爪在棘轮的齿背上滑动，工作台静止。另外，棘轮机构还常做防止机器逆转的制动器，广泛应用于提升机、卷扬机中，如图 7-10 所示为提升机中的棘轮制动器。

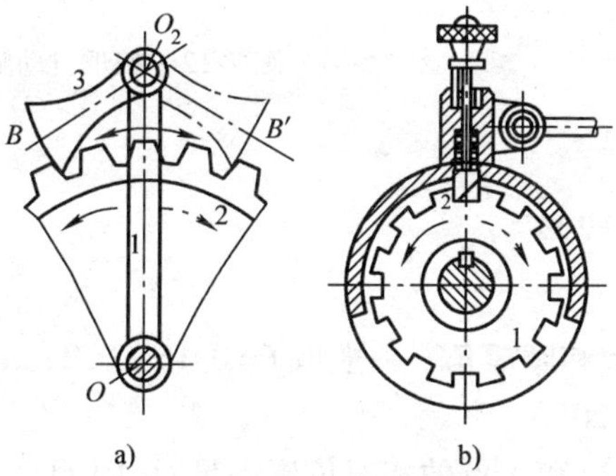

图 7-8　双向式棘轮机构

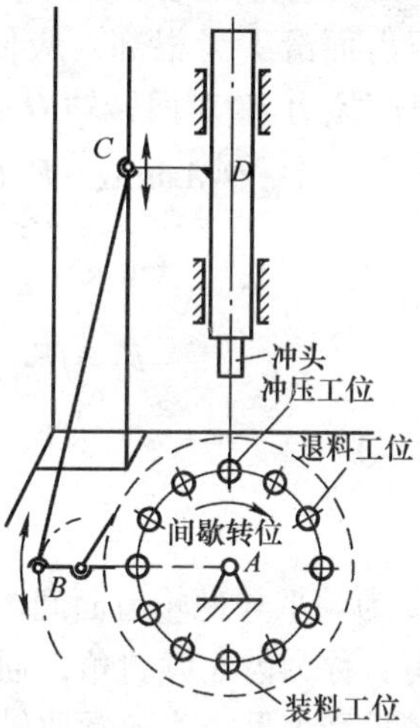

图 7-9　冲床自动转位机构

图 7-11 所示的摩擦式棘轮机构在工程上可用作单向离合器和超越离合器。其工作原理是：当外套筒 1 沿逆时针方向转动时，由于摩擦力使滚子 3 楔紧在内、外套筒之间，因此带动内套筒 2 一起转动；当外套筒 1 沿顺时针方向转动时，滚子松开，故内套筒静止不动。自行车中的"飞轮"也是一种超越离合器的应用实例。

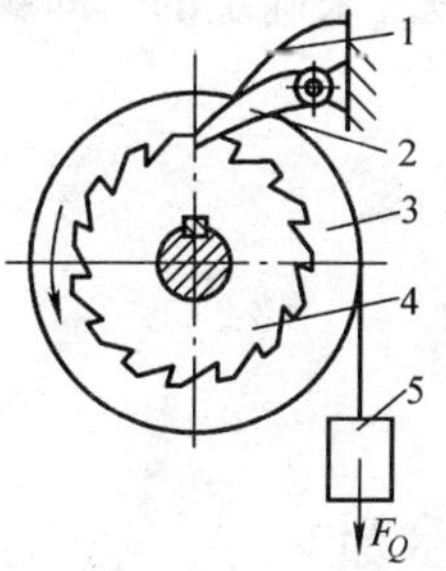

图 7-10　提升机中的棘轮制动器

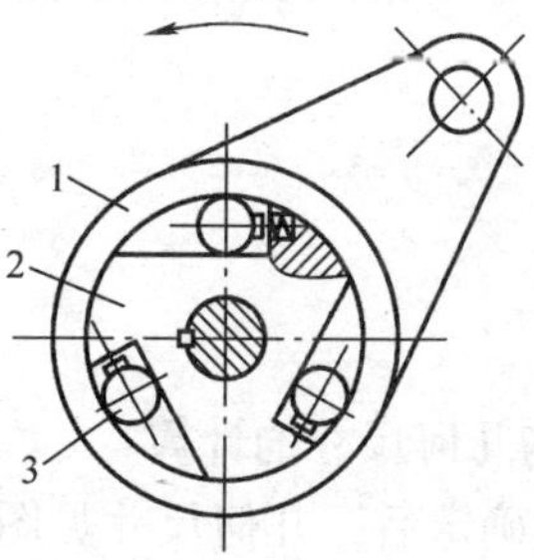

图 7-11　超越式棘轮机构

7.1.3　齿式棘轮机构的设计要点

1. 棘轮齿形的选择

棘轮的齿形一般为不对称的梯形，如图 7-3 所示。为了便于加工，当棘轮机构承受不大的载荷时，棘轮的轮齿可采用三角形结构，如图 7-7 所示，三角形轮齿的非工作面可做成直线形或圆弧形。对于双向式棘轮机构，由于需要双向驱动，因而常采用矩形或对称梯形作为棘轮的齿形，如图 7-8 所示。

2. 棘爪自动啮入的条件

为了保证棘轮机构工作的可靠性，在工作行程中，棘爪应能顺利地啮入棘轮齿底并楔紧。如图 7-12 所示，主动棘爪 1 顺时针转动，棘爪进入棘轮 2 的齿槽，棘齿作用在棘爪上的正压力为 F_N，摩擦力为 F_f。为使棘爪在推动棘轮的过程中紧压齿面滑下齿根部，应使正压力 F_N 对回转轴 O_1 的力矩大于摩擦力 F_f 对回转轴 O_1 的力矩，即

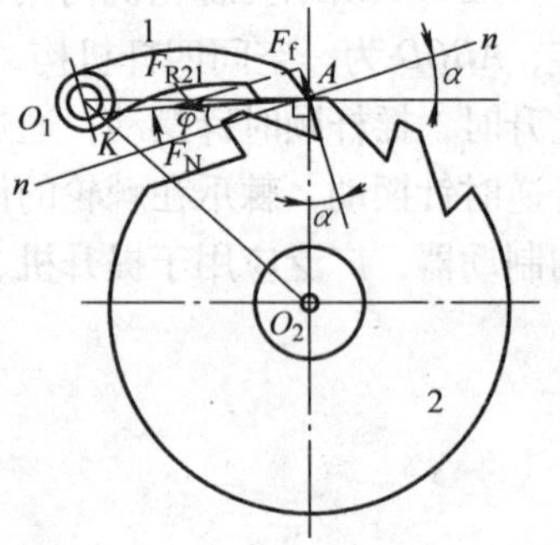

图 7-12　棘爪自动啮入的条件

$$F_N\,\overline{O_1A}\sin\alpha > F_f\,\overline{O_1A}\cos\alpha$$

又
$$\tan\alpha > \frac{F_f}{F_N}$$

$$F_f = fF_N$$

$$f = \tan\varphi = \frac{F_f}{F_N}$$

故
$$\alpha > \varphi$$

式中，f、φ 为棘爪与棘轮齿面间的摩擦系数和摩擦角，一般取 $f = 0.15 \sim 0.2$；α 为齿面与径向线的夹角，称为齿面倾斜角，通常取 $\alpha = 20°$。

为使棘爪受力最小，通常取轴心 O_1、O_2 和 A 点的相对位置满足 $O_1A \perp O_2A$。

3. 棘轮机构的模数和齿数的确定

与齿轮一样，棘轮轮齿的有关尺寸也是用模数作为计算的基本参数，模数的标准值见表 7-1。

表 7-1　棘轮模数的标准值　　（单位：mm）

模数 m	0.6	0.8	1	1.25	1.5	2	2.5	3	4	5	6	8	10	12	14	16	18	20	22	24	26	30

棘轮的齿数 z 一般是根据所要求棘轮的最小转角 θ_{min} 来确定的，即棘轮的齿距角为

$$\frac{2\pi}{z} \leqslant \theta_{min}$$

则有
$$z \geqslant \frac{2\pi}{\theta_{min}} \tag{7-1}$$

通常 $z = 12 \sim 25$。

4. 棘轮机构几何尺寸的计算

齿数和模数确定后，几何尺寸见图 7-13，计算公式如下：

齿顶圆直径/mm：$d_a = mz$

齿根圆直径/mm：$d_f = d_a - 2h$（h 为齿高）

齿高/mm：$h = 0.75m$

齿距/mm：$p = \pi m$

齿顶厚/mm：$a = m$

齿槽夹角/°：φ

棘爪长度/mm：$L = 2\pi m$

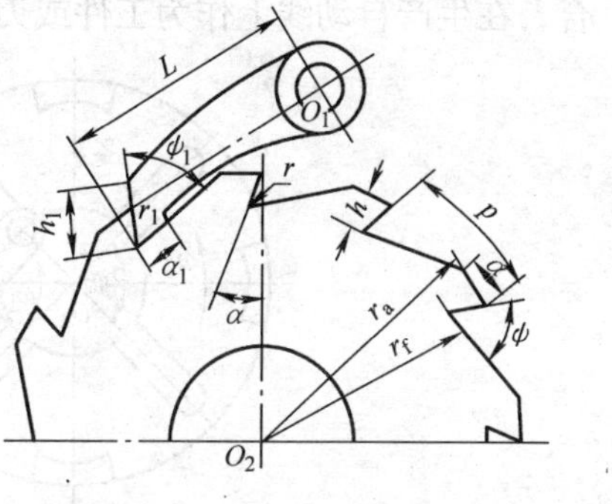

图7-13　棘轮几何尺寸

7.2　设计槽轮机构

7.2.1　认识槽轮机构

1. 槽轮机构的组成及工作原理

槽轮机构又称马耳他机构，如图7-14所示。槽轮机构由带有圆销的拨盘1、具有径向槽的槽轮2及机架组成。主动拨盘以等角速度作连续转动，当拨盘上的圆销*A*未进入径向槽时，由于槽轮2的内凹锁止弧*nn*被拨盘1的外凸锁止弧*mm*锁住，故槽轮静止。当圆销*A*开始进入径向槽时，两锁止弧脱开，槽轮在圆销*A*的驱动下顺时针转动；当圆销*A*在另一侧脱离径向槽时，锁止弧又被锁住，槽轮静止，从而实现槽轮的间歇运动。

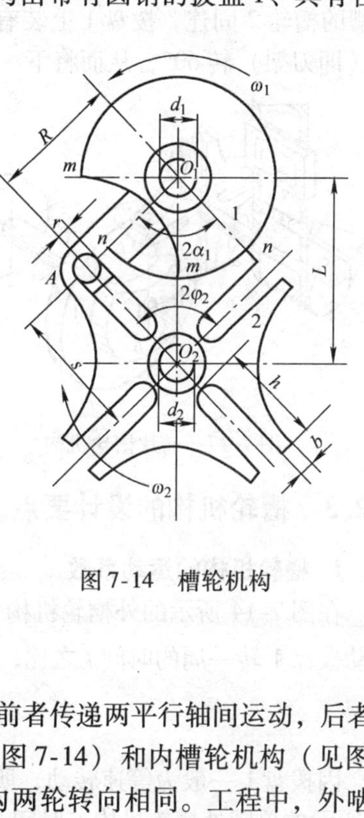

图7-14　槽轮机构

2. 槽轮机构的特点

槽轮机构结构简单，工作可靠，运动较平稳。但在起动和停止时加速变化大，有冲击现象，因此一般用在低速场合。在每个运动循环中，动程不可调节，转角不可太小。所以，一般应用在不需要调节转角的传送机构和转位机构中。

7.2.2　分析槽轮机构类型及应用

1. 槽轮机构的类型

槽轮机构分平面槽轮机构和空间槽轮机构两种类型。前者传递两平行轴间运动，后者用来传递两相交轴间运动。平面槽轮机构有外槽轮机构（见图7-14）和内槽轮机构（见图7-15）两种。外槽轮机构主、从动轮转向相反，内槽轮机构两轮转向相同。工程中，外啮合槽轮应用较多。如图7-16所示为空间槽轮机构，其从动槽轮2呈半球形，槽轮上的槽及锁止弧分布在球面上，主动销轮1的轴线、拨销*A*的轴线及槽轮的轴线都汇交于槽轮球心，故也称球面槽轮机构。

2. 槽轮机构的应用

槽轮机构一般应用在自动机械、仪器仪表中，如图7-17所示为外槽轮机构在电影放映机中作送片机构的应用。当拨盘转一周时，圆销*A*拨动槽轮转过1/4周，胶片移动一个画格，并停歇一定时间（即放映一个画格）。拨盘继续转动，重复上述运动。利用人眼的视觉暂留特性，当每秒放映24幅画面时，即可使人看到连续的画面。该机构也常同其他机构组合，在生产自动线上作为工件或刀架的转位机构。

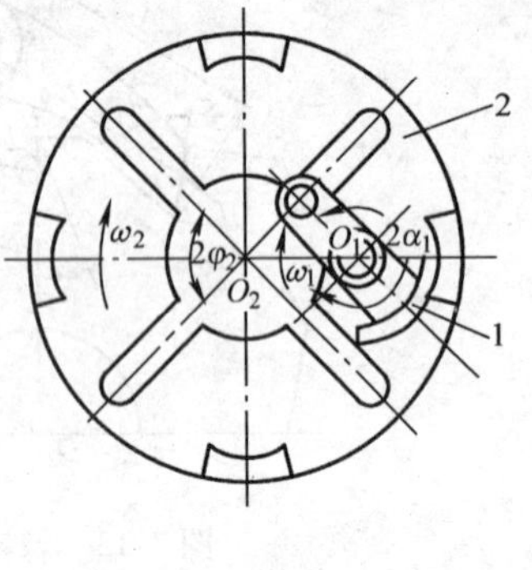

图 7-15　内槽轮机构

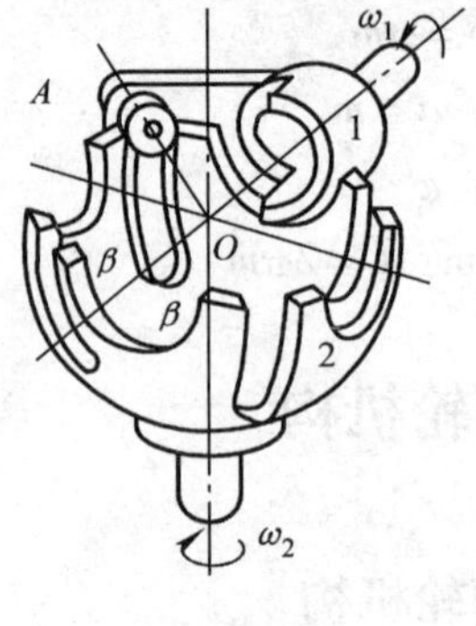

图 7-16　空间槽轮机构

图 7-18 所示的六角车床刀架转位槽轮机构，刀架 3 上可装六把刀具，并与具有相应径向槽的槽轮 2 固连，拨盘 1 上装有一个圆销 A。拨盘每转 1 周，圆销进入槽轮一次，驱使槽轮（即刀架）转 60°，从而将下一工序的刀具转换到工作位置。

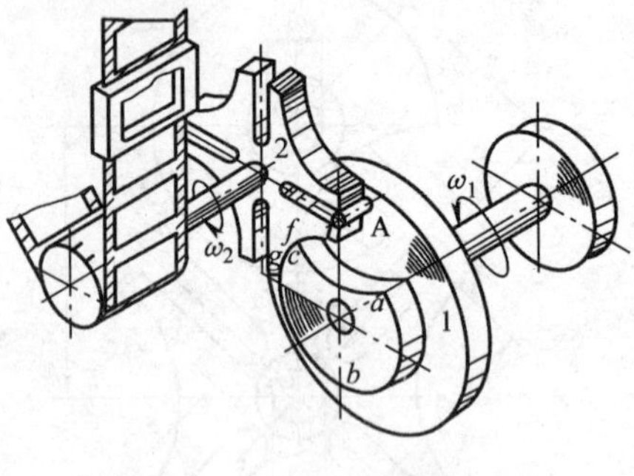

图 7-17　卷片槽轮机构

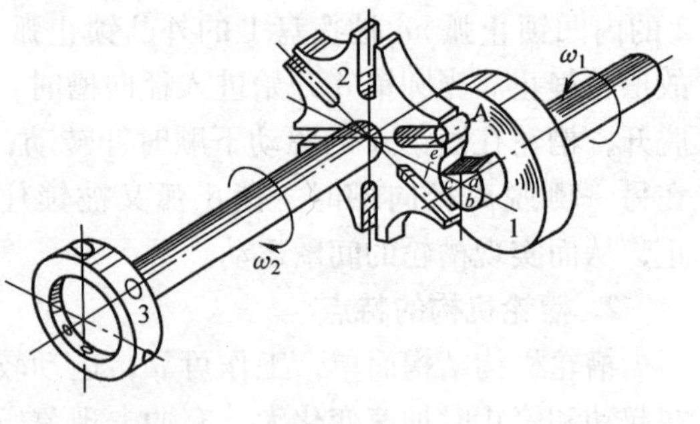

图 7-18　刀架转位槽轮机构

7.2.3　槽轮机构的设计要点

1. 槽轮机构的运动系数

在图 7-14 所示的外槽轮机构中，当主动拨盘回转一周时，从动槽轮 2 的运动时间 t_d 与主动拨盘 1 转一周的时间 t 之比，称为槽轮机构的运动系数，以 τ 表示，即

$$\tau = \frac{t_d}{t} \tag{7-2}$$

因拨盘 1 一般为等速转动，所以上述时间的比值可以用拨盘转角的比值表示。对于图 7-14 所示的单销外槽轮机构，时间与所对应的转角分别为 $2\alpha_1$ 与 2π。为减少槽轮起动和停止的冲击，使圆销顺利进入、脱出径向槽，要求径向槽的中心线切于圆销中心的回转圆。即 $O_1A \perp O_2A$，于是可得

$$2\alpha_1 + 2\varphi_2 = \pi \tag{7-3}$$

设槽轮槽数为 z，则

$$2\varphi_2 = \frac{2\pi}{z}$$

$$2\alpha_1 = \pi - 2\varphi_2 = \pi - \frac{2\pi}{z}$$

代入式（7-2）得

$$\tau=\frac{t_{\mathrm{d}}}{t}=\frac{2\alpha_1}{2\pi}=\frac{\pi-\frac{2\pi}{z}}{2\pi}=\frac{1}{2}-\frac{1}{z}=\frac{z-2}{2z} \tag{7-4}$$

因运动系数 τ 应大于零，由式（7-4）可知，外槽轮径向槽的数目 z 应大于或等于3。从式（7-4）还可看出，τ 总小于0.5，即槽轮的运动时间总是小于槽轮的停歇时间。若要使 τ 大于或等于0.5，即让槽轮的运动时间大于停歇时间，可在拨盘1上安装多个圆销。设均匀分布的圆销数为 n，则运动系数为

$$\tau=n\left(\frac{z-2}{2z}\right)$$

因 τ 应小于1，即

$$n\left(\frac{z-2}{2z}\right)<1$$

由此得

$$n<\frac{2z}{z-2} \tag{7-5}$$

由式（7-5）可得槽轮的槽数 z 与圆销数 n 之间的关系，列于表7-2。设计时，选择不同的 z 和 n，可获得不同间歇运动规律的槽轮机构。

表7-2　圆销数 n 与槽数 z 的关系

槽数 z	3	4~5	≥6
圆销数 n	1~5	1~3	1~2

2. 几何尺寸的计算

对于径向槽均匀分布的外槽轮机构，在设计计算时，首先根据工作要求确定槽轮的槽数 z、根据受力和结构尺寸选定中心距 a 和圆销半径 r，最后可按图7-14所示的几何关系设计出其他尺寸。外啮合槽轮机构的尺寸计算公式见表7-3。

表7-3　外啮合槽轮机构的尺寸计算公式

圆销中心回转半径	$R=L\sin\phi_2=L\sin\frac{\pi}{z}$
槽轮外圆半径	$S=L\cos\phi_2$
槽轮槽长	$h\geqslant R+S-L+r$
槽间夹角	$2\varphi_2=\frac{2\pi}{z}$
运动系数	$\tau=n\left(\frac{z-2}{z}\right)$

7.3　设计不完全齿轮机构

7.3.1　认识不完全齿轮机构

1. 不完全齿轮机构的工作原理及特点

不完全齿轮机构是由齿轮机构演变而来的一种间歇运动机构。如图7-19所示，主动轮

1 上有一个或几个齿，其余部分为外凸锁止弧，从动轮上有根据运动停歇时间的要求而做出的与主动轮相啮合的轮齿和内凹锁止弧。不完全齿轮机构分为外啮合（见图 7-19）和内啮合（见图 7-20）两种。

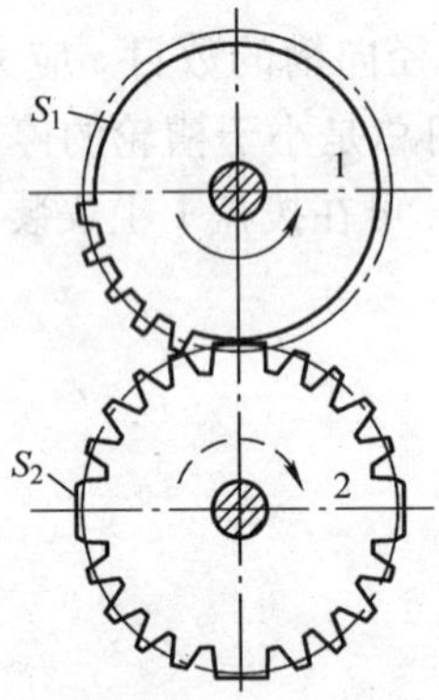

图 7-19　外啮合不完全齿轮机构

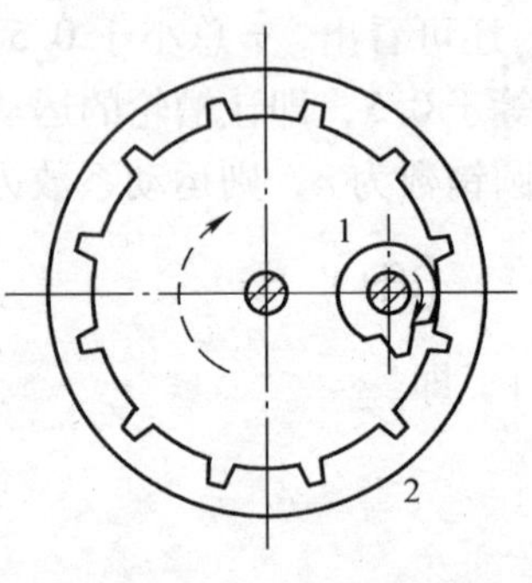

图 7-20　内啮合不完全齿轮机构

不完全齿轮机构的特点是结构简单，工作可靠。设计时，从动件的动、停时间比和从动轮每次转的角度不受机构结构的限制，可根据需要设计。其缺点是从动轮在开始啮合和脱离啮合时存在刚性冲击，故一般只适用于低速、轻载的场合。

2. 不完全齿轮机构的设计要点

当主动齿轮的首齿进入啮合时，其齿顶可能被从动轮齿顶挡住，如图 7-21 中 C 点虚线所示，不能进入啮合，发生齿顶干涉。为此，可将首齿齿顶降低，如图 7-21 中实线所示。此外，为让从动轮转位后停在预定位置上，主动轮末齿的齿顶也应降低。而首、末两齿以外的中间各齿保持正常齿高。

为了改善不完全齿轮机构的运动特性，减小开始和终止啮合时的冲击，可在主、从传动轮上分别装上 K、L 瞬心线附加杆，如图 7-22 所示。主动轮在首齿进入啮合前，使 K、L 先进入啮合，让从动轮由静止状态逐渐增加到正常速度，进而转为轮齿的正常啮合传动。同理，当轮齿退出啮合时，也可借助另一对瞬心线附加杆，使从动轮速度逐渐降至零。

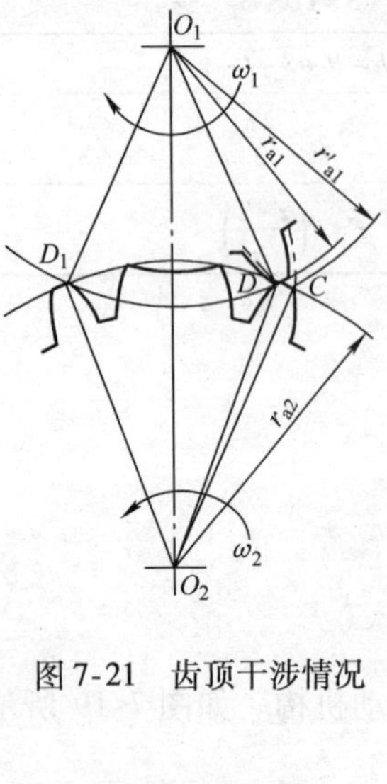

图 7-21　齿顶干涉情况

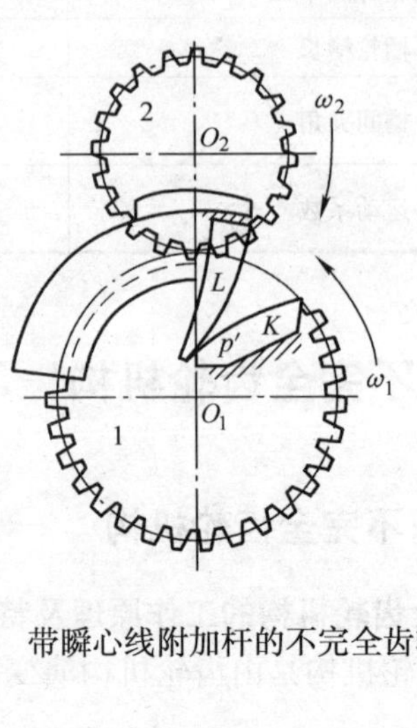

图 7-22　带瞬心线附加杆的不完全齿轮机构

项目实践

1. 选择棘轮机构的类型及齿形

牛头刨床工作台的横向进给运动是靠棘轮机构来实现的，由于需要双向驱动，所以选用双向式棘轮机构，采用图7-8b所示的矩形。

2. 确定双向棘轮机构的齿数

由式（7-1）得

$$z \geqslant \frac{2\pi}{\theta_{min}}$$

把已知棘轮的最小转角 $\theta_{min} = 15°$ 代入得

$$z = 24$$

3. 双向棘轮机构几何尺寸的计算

齿顶圆直径 $d_a = mz = 4mm \times 24 = 96mm$

根圆直径 $d_f = d_a - 2h =$ （$96 - 0.75 \times 4$） $mm = 93mm$

齿高 $h = 0.75m = 3mm$

齿距 $p = \pi m = 12.56mm$

齿顶厚 $a = m = 4mm$

知识梳理与总结

1. 棘轮机构可实现将主动件的往复摆动转换成从动棘轮的单向间歇运动。
2. 棘轮机构适用于低速和载荷不大的间歇运动场合。
3. 棘轮机构的主要参数为模数和齿数。
4. 自行车中的“飞轮”是一种超越离合器的应用实例。
5. 摩擦式棘轮机构是“无级”传动的。
6. 牛头刨床工作台的横向进给运动是靠棘轮机构来实现的。
7. 棘轮机构与槽轮机构相比，其主要优点是转角可调，并能实现超越离合。
8. 槽轮机构由装有圆销的拨盘、开有径向槽的槽轮和机架组成。
9. 不论是内啮合还是外啮合的槽轮机构，其槽轮的槽型都是径向的。
10. 槽轮机构分平面槽轮机构和空间槽轮机构两种类型。
11. 槽轮机构可实现将主动件的连续转动转换成从动槽轮的单向间歇运动。
12. 槽轮机构一般应用在不需要调节转角的传送机构和转位机构。
13. 外槽轮的主动拨盘为等速转动，则运动系数可以用拨盘转角的比值来表示。
14. 外槽轮机构径向槽的数目 z 应大于或等于3。
15. 单销槽轮机构的运动特性系数 τ 恒小于0.5。
16. 电影放映机中的送片机构应用的是槽轮机构。
17. 不完全齿轮机构的缺点是从动件在开始和脱离啮合时存在刚性冲击。
18. 不完全齿轮机构的设计要点是主动轮的首齿和末齿的齿顶必须降低。

思考与练习

思考题

1. 间歇运动机构，其中间歇运动是指主动件还是从动件？

2. 棘轮机构调节转角有几种方式？

3. τ 值表示什么意义？

4. 槽轮机构中，τ 值为什么大于零小于1？

5. 槽轮槽数 z 可以无限多吗？

6. 不完全齿轮机构存在什么性质的冲击？

练习题

某外啮合槽轮机构的槽数 $z=6$，圆柱销数目 $K=1$，若槽轮的静止时间 $t''=2s$，求主动拨盘的转速。

项目8　设计牛头刨床执行系统

教学导航

知识目标

1. 熟悉执行系统方案设计的内容

2. 掌握执行系统的功能原理设计、执行系统的运动规律设计、执行系统的形式设计和执行系统的协调设计方法

3. 掌握常用运动规律的选用和运动协调图绘制

能力目标

1. 学会对一些常用运动规律进行选用

2. 学会运动协调图的绘制方法

3. 对一些常用机械的执行系统进行运动分析

项目目标

1. 熟悉牛头刨床执行系统的功能原理设计、执行系统的运动规律设计、执行系统的形式设计和执行系统的协调设计方法

2. 合理分析作纵向切削运动和横向进给运动的所有机构，绘制机械运动简图

3. 合理选用和绘制运动协调图

建议学时

2~4 学时

典型案例

半自动钻床、插床、压床、印刷机送纸机构等

项目引入

机械系统的方案设计是机械设计中极其重要的一环。正确、合理地设计机械系统的方案，对于提高机械的性能、质量、市场竞争力和经济效益等都是至关重要的。

机械系统一般都是由原动件、传动系统、执行系统和操纵控制系统四个基本部分组成。机械系统的方案设计必须解决这四个方面的有关问题。本项目只解决执行系统方案设计问题。机械执行系统是一种机械区别于其他机械的主要标志，是一个机械系统的核心组成部分。机械执行系统的方案设计显然是机械系统总体方案设计的核心。

机械系统运动方案设计的内容及步骤如下：

1）根据机器的功能目标确定机器的工作原理。

2）按机器的工作原理确定机器的基本动作选择执行机构。

3）确定传动机构类型与原动机类型。

4）按机器的基本动作选择实现对应动作的执行机构。

5）进行运动协调设计，完成机械运动方案的总体设计。

6）对机械运动方案进行评估，选择最优方案。

7）进行尺度综合，设计机械系统的机构运动简图。

牛头刨床是一种靠刀具的往复直线运动及工作台的间歇运动来完成工件平面切削加工的机床。所以，牛头刨床的执行系统要完成纵向和横向两个方向的直线运动，选择执行机构形式，确定运动方案。

项目提出

牛头刨床执行系统运动方案的设计，要求绘制机械方案的运动简图，并绘制运动协调图。

项目分解

要对牛头刨床执行系统进行方案设计，就得先弄清楚执行系统的方案设计内容、功能原理设计、运动规律设计、形式设计和协调设计的内容，以及运动方案如何评价。

相关知识

8.1 机械执行系统的方案设计

执行系统的方案设计包括执行系统的功能原理设计、执行系统的运动规律设计、执行系统的形式设计、执行系统的协调设计以及执行系统的方案评价。

8.1.1 执行系统的功能原理设计和运动规律设计

机械的功能原理分析，就是根据所设计的机械预期实现的功能，选择采用何种工作原理来实现这一功能。实现某种预期的功能要求，可以采用不同的工作原理，根据不同的工作原理，可以实现不同的工艺动作。例如螺栓的螺纹加工，可以采用车削、套螺纹、滚压等工作原理。显然，选用的工作原理不同，其设计的执行系统方案也就不同。即使采用同一工作原理，也可以设计出不同的执行系统方案。

当确定了机械的功能原理后，接下来就要进行运动规律分析了。进行运动规律分析，就是根据工作原理所提出的工艺动作要求，设计出能够实现该工艺动作的各种运动规律，从中选择出最为简单实用的运动规律，定为机械的运动方案。这一方案的优劣，将直接关系到机械的设计质量。

运动规律分析也就是对工艺动作进行分析。任何复杂的工艺动作，都可将其分解成若干个基本动作，其工艺动作分解的方法不同，所设计的方案也就不同，它们在很大程度上决定了机械的性能、特点以及整机的复杂程度。

例如，现要设计一种加工平面的机械，可以选定工件与刀具之间作相对往复移动的工作原理。现将其工艺动作进行分解：第一种分解方法是让加工平面的刀具做纵向往复移动，工件作间歇的横向进给运动。刀具在工作行程即切削平面时工件静止不动，刀具在空行程时，工件做横向进给运动。这种工艺动作的分解，可设计出牛头刨床的机械运动方案，适用于加工结构尺寸不大的工件。第二种分解方法是让工件作纵向往复移动，刀具做间歇的横向进给运动，即切削时工件作往复移动，刀具静止不动，空回行程时刀具做间歇的横向进给运动。采用这种工艺动作可以设计出龙门刨床的机械运动方案，适用于加工结构尺寸较大的工件。从加工平面机械的工艺动作分析可见，加工中小型结构尺寸的平面工件时，选择牛头刨床的运动方案比较合理，操作简单，加工效率高，设计方便。显然，如果选择龙门刨床的运动方案，对加工尺寸过小的工件，就显得设备结构尺寸大，用料多，占地空间大，造价高，方案就不尽合理。所以，在进行运动规律分析时，要综合考虑各种因素，对工艺动作的各种分析方法所设计出的各种运动方案进行全面的分析比较，进而选出最佳设计方案。

8.1.2　选择执行系统的形式

当机械的功能原理和运动规律分析清楚后，也就是确定了机械的整个工艺过程所需的动作或功能，以及完成这些动作或功能所需的执行构件的数目和各执行构件的运动规律，即可根据各基本动作或功能要求，选择或创造合适的机构来实现这些动作，也就是要进行机构的选型设计。机构形式的选择是否合理，直接关系到方案设计的适用性、可靠性和先进性，将直接影响到机械的工作质量、使用效果和机械的结构性能。

机械选型设计就是选择或创造执行机构的合适形式，以实现机器所要求的各种执行动作和运动形式。一般按下列原则进行选型。

1. 按执行构件的运动形式进行选择

常见的机器工艺动作所要求的运动形式有连续转动、往复运动、间歇运动、预定轨迹以及其他一些特殊运动要求（换向、超越和过载保护）等。为了形象直观地进行分析选择，表 8-1 列出了常见运动形式及其对应机构。

表 8-1　常见运动形式及其对应机构

运动形式		对应机构
连续转动	定传动比（匀速）	平行四边形机构、齿轮机构、轮系、双万向联轴器
	变传动比（匀速）	混合轮系变速机构、行星无级变速机构
	变速（非匀速）	双曲柄机构、转动导杆机构、非圆齿轮机构、单万向联轴器
往复运动	往复移动	曲柄滑块机构、移动从动件凸轮机构、齿轮齿条机构、正弦机构
	往复摆动	曲柄摇杆、双摇杆、摆动导杆、摆动从动件凸轮机构、摇块机构
间歇运动	间歇转动	槽轮机构、棘轮机构、不完全齿轮机构
	间歇摆动	摆动从动件凸轮机构、齿轮 - 连杆组合机构
	间歇移动	摩擦传动机构、棘齿条机构、移动从动件凸轮机构
预定轨迹	直线轨迹	连杆近似直线机构
	曲线轨迹	多杆机构、凸轮 - 连杆组合机构、齿轮 - 连杆组合机构
特殊运动要求	换向	双向棘轮机构、定轴轮系换向结构
	超越	齿式棘轮机构、摩擦式棘轮机构
	过载保护	带传动机构、摩擦传动机构

表 8-1 中所列机构只是一部分典型代表机构，能实现各种运动形式的机构仍有多种，特殊需要时可查阅机械设计手册。

2. 按执行机构的功能要求选择机构

在进行方案设计时，应明确执行机构的功能要求，选择出相应功用的机构，见表 8-2。

表 8-2　常见功能要求及其对应机构

功能要求	机 构 类 型
1. 轨迹要求	平面连杆机构、行星轮系机构
2. 自锁要求	蜗杆机构、螺旋机构
3. 微位移要求	差动螺旋机构
4. 运动放大要求	平面连杆机构
5. 力的放大要求	平面连杆机构
6. 运动合成或分解	差动轮系与多自由度的其他机构

3. 尽可能简化缩短运动链，按先易后难的顺序选择机构形式

实现同一动作要求，应尽量采用构件数目和运动副数目最少的基本机构。这样可减轻机器的重量，降低制造成本，提高机器效率，也有利于减少运动链的积累误差，提高传动精度和工作可靠性。通常，先选择基本机构，再选机构组合，最后选组合机构。有时，在机构选型时，宁可选择具有较小误差的简单近似机构，而不选择理论上无误差的但结构复杂的长运动链机构。

4. 按不同动力源选择机构形式

在机构选型时，要充分考虑动力源和生产情况。选择适宜的动力源，有利于简化机构结构和改善力学性能。常用的动力源有电动机，气、液动力源，内燃机等。当有气、液动力源时，常采用气动、液压机构，这样既可简化机构结构，省去很多电动机、传动机构或转换运动的机构，又有利于操作、调节和减振。特别是对于有多个执行构件的工程机械、自动生产线或自动机等，更应优先选择。

在对某一具体执行系统进行选型时，应在以上基本原则基础上综合全面考虑。使选择的机构具有良好的传力条件和动力特性，具有调节某些运动参数的能力，保证机械使用要求与工作条件以及总体布局和安全运转等各方面的要求和条件。

8.1.3　执行系统的协调设计

1. 执行系统的协调设计

实现各执行构件所需运动的机构，称为执行机构。一般情况下，一个执行动作由一个执行机构来完成。但也有用一个执行机构完成多个执行动作，或用多个执行机构完成一个执行动作。这就要求使这些机构以一定次序协调动作，相互配合，以完成机械预定的功能和生产过程。这就是机械执行系统的协调设计问题，主要包括：

（1）各执行机构运动速度的协调配合　有些机械要求各执行构件运动之间必须保持严格的速比关系。例如按范成法加工齿轮时，刀具和工件的范成运动必须保持某一恒定的转速比；又如在车床上车削螺纹时，车刀的进给速度与机床主轴的转速必须保持严格的速比关系，否则就不能实现预期的加工目的。

（2）各执行机构动作的协调配合　机械系统中各执行机构的动作，在时间的先后顺序上、在空间位置的安排上必须准确而协调地相互配合。例如，牛头刨床的刨头和工作台的动作就必须协调配合，显然当刨头运动时，工作台必须静止不动，而刨头空行程过程中，工作台做进给运动，这样才能实现预期的工艺要求。

（3）多个执行机构操作上的协调配合　当多个执行机构同时作用于同一操作对象、完成同一工艺动作时，各执行机构之间的运动必须协调一致。也就是说，不仅要考虑各工艺动作的先后顺序，还要考虑各工艺动作在时间和空间上的协调性，防止在运动过程中出现空间位置上的相互干涉。

2. 运动循环图

在工程实际中，绝大多数机械中各执行机构的运动是周期性的，即经过一定的时间间隔后，各执行构件的位移、速度和加速度等运动参数周期性地重复，称其为固定运动循环机械。对于固定运动循环机械，为了描述各执行机构之间能按照工艺动作有序的互相配合的运动关系，提高生产率，可编制机械运动循环图。表明在机械的一个工作循环中各执行机构的运动配合关系的图形称为机械运动循环图。在编制机械运动循环图时，首先从机械中选择一个构件作为定标件，以该构件的转角或时间作为确定其他执行构件运动先后顺序的基准。机械运动循环图一般有三种形式：

（1）直线式运动循环图　直线式运动循环图是将机械在一个运动循环中，各执行构件各行程区段的起止时间和先后顺序，按比例绘制在直线坐标轴上。图 8-1 所示为牛头刨床的直线式运动循环图。它以牛头刨床的主体机构——摆动导杆机构中的曲柄为定标件，以曲柄转角 φ 为横坐标，曲柄每转一周为一个运动循环，描绘了刨头和工作台各执行区段的运动起止时间。从运动循环图上可以看出，工作台的进给行程是在刨头的空回行程中完成的，刨头的运动有急回特性。

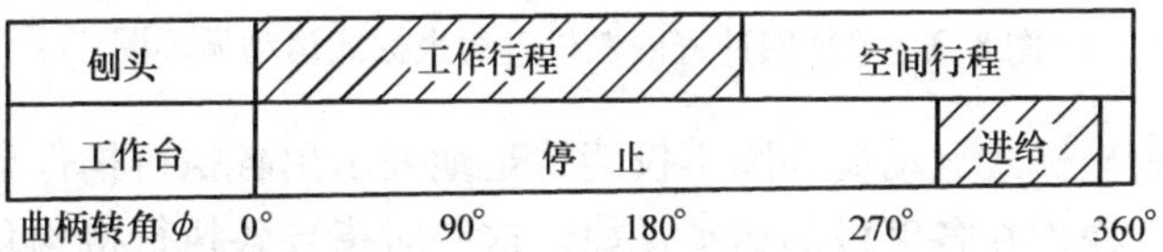

图 8-1　牛头刨床直线式运动循环图

直线式运动循环图绘制方法比较简单，能清楚地表示出一个运动循环内各执行构件运动的相互顺序和时间关系，但直线式运动循环图不能显示各执行构件的运动规律。

（2）圆周式运动循环图　圆周式运动循环图是以原点 O 为圆心，作若干个同心圆环，每一个圆环代表一个执行构件，由各相应圆环分别引径向直线表示各执行构件不同运动时段的起止位置。图 8-2 所示为单缸四冲程内燃机的圆周式运动循环图。它以曲柄为定标件，曲柄每转两周为一个运动循环。它描述了单缸内燃机的进气、压缩、燃烧做功和排气四个工艺过程的先后顺序。

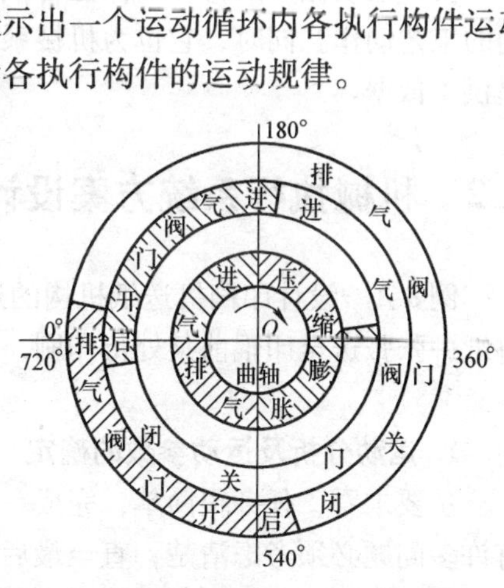

图 8-2　单缸四冲程内燃机圆周式运动循环图

进气行程：进气门开启，排气门关闭，活塞从上止点向下止点变速移动。

压缩行程：进、排气门全部关闭，活塞从下止点向上止点变速移动。

做功行程：进、排气门仍然关闭，在压缩行程将结束，当活塞接近上止点时，气缸盖上的火花塞打火，点燃被压缩的可燃性气体。此时，高温高压燃气推动活塞从上止点向下止点变速移动。

排气行程：排气门开启，活塞从下止点向上止点变速移动，当活塞到达上止点时，排气行程结束。

圆周式运动循环图能直观地看出各执行构件各工艺动作的次序和动作时间的长短，但同样不能显示各执行构件的运动规律。

（3）直角坐标式运动循环图 直角坐标式运动循环图的横轴表示主轴或分配轴（定标件）的转角，纵轴表示各执行构件的转角或线位移、角位移。图 8-3 所示为单缸四冲程内燃机的直角坐标式运动循环图。该图既表达了单缸四冲程内燃机的进气、压缩、燃烧做功、排气四个工艺过程的先后顺序，也清楚地表达了活塞在上、下止点间往复四个行程中的运动规律，即活塞所谓的变速移动，实为在一个行程中，前半个行程是加速运动，后半个行程是减速运动。

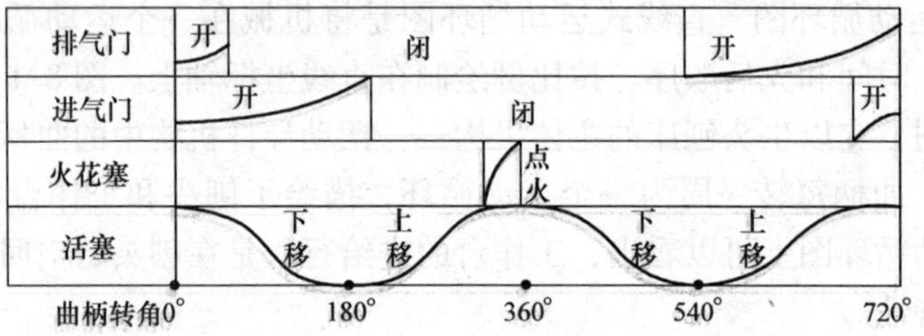

图 8-3 单缸四冲程内燃机直角坐标式运动循环图

由此可见，直角坐标式运动循环图不仅能清楚地表示出各执行构件动作的先后顺序，而且还能表示出各执行构件在各区段的运动规律。这些对指导各执行机构几何尺寸的设计非常有利。

机械运动循环图，可以保证各执行构件的动作相互协调、密切配合，使机械顺利实现预期的工艺动作。同时，它也为机械系统的安装、调试以及进一步设计各执行机构的运动尺寸提供了依据。

8.2 机械执行系统方案设计举例

例 8-1 设计印刷机送纸机构的运动方案。要求在摆放好的一叠纸张中，依次由上至下将纸一张张送至印辊前某处待印刷，印刷量为 30 张/min，不允许有同时送两张纸的情况发生。

1. 运动分析及运动参数的确定

从要求看，任务很简单，完成一张张纸的送出即可。但实际上进行运动方案设计之前，有许多问题必须考虑清楚，直至最后确定，如：①纸张送至多远的距离？②如何将最上面的第一张纸与第二张纸分开？③送纸机构是用电驱动还是液、气驱动？如果采用电动机驱动，电动机应放在哪里？有多长的传动距离？除送纸机构外，它还带动什么机构？如翻页机构、印刷机构等，这些机构之间应如何配置才最有利于印刷机的工作？如何实现电动机至送纸机构的传动？④送纸机构的执行构件应该按什么样的轨迹运动？是否应有严格的速度和加速度要求等？在设计任务到来之后，许多与设计相关的问题，如周边环境、运动要求、特殊要求都必须了解并分析清楚，同时应考虑出粗略的实施办法。在设计之初，任务分析十分重要。有时由于疏忽而忽略了某一点，哪怕是不甚重要的要求，也会给追加设计带来不小的麻烦，甚至会使已形成的设计方案推倒重来。

运动参数分两种，一种是用户明确提出的，如印刷量为30张/min，当然送纸也应是30张/min；另一种是经分析后确定的如送纸机构的运动轨迹，用户不曾给出，设计者则必须根据工作任务要求（工艺要求）自行确定执行构件的运动轨迹。因为后者的运动参数不是不可改变的，只要能满足工艺要求，可选用不同的执行机构，它们会实现不同的运动规律。图8-4所示的三种运动轨迹均可满足送纸要求。

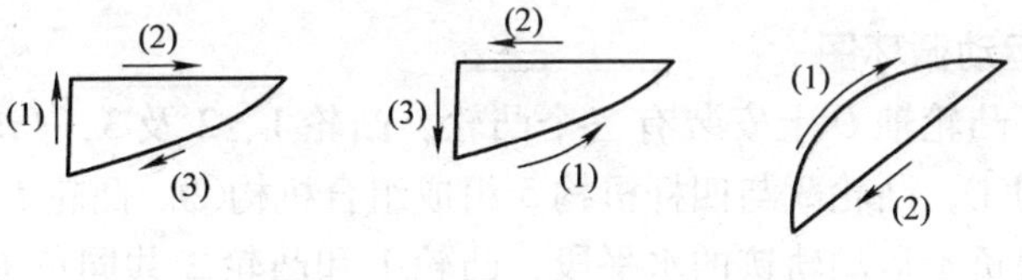

图8-4　送纸机构的运动轨迹

2. 动力源的选择和执行机构的确定

印刷机的驱动力不大，且在印刷环境中不应有油液出现，否则将会使印刷品沾染油污，因此该印刷机应选用电动机驱动。整个印刷机设备较庞大，为保证各机构协调一致工作，应由一台电动机驱动多个机构，所以送纸机构距电动机安装位置较远（约2.5m），传动系统设计较复杂。选择小型异步电动机中同步转速为1500r/min的一种，它的满载转速为1440r/min。整个传动链的减速比为$i=48$，这么大的传动比对于有多个减速环节的较长运动链是合适的。如选用同步转速更低的电动机，则电动机尺寸将会加大。

因纸张重量很轻，所以通常采用真空吸盘提起纸张。气动节拍快，能实现快吸快放，而且气动元器件小巧，节省空间，与液压驱动比较又不会出现油污。在印刷车间里总是有气源存在，所以在送纸机构中采用气吸附方式是合理的。

根据图8-4所示的运动轨迹分析，并参考已在使用的印刷机械，采用连杆机构或凸轮－连杆组合机构易实现上述运动轨迹。另外，此送纸机构应由回转运动产生送纸运动轨迹，而电动机恰恰能给出连续回转，所以采用电动机带动凸轮－连杆组合机构是合适的。凸轮的运动规律易于调整，所以末端执行器的轨迹易于实现。再者，压脚必须与吸纸动作紧密配合，要求同步性好，利用凸轮机构来协调这些运动，不会出现配合失误的现象。因此，最后选择了图8-5所示的执行机构设计方案。

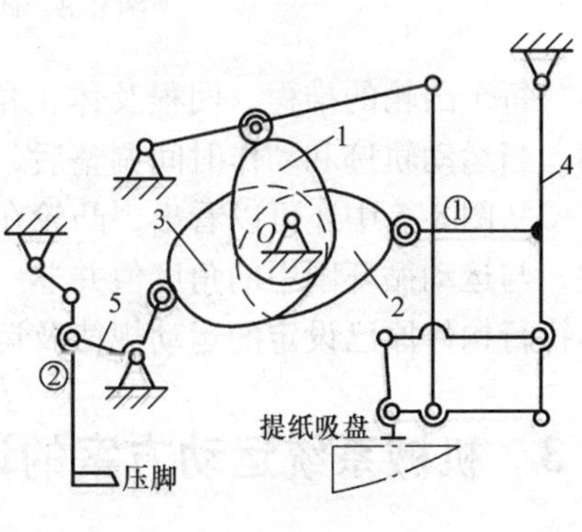

图8-5　送纸机构运动方案（一）

在上述机械运动方案设计中，可以提出多种设计方案，如图8-6和图8-7所示等。通过计算机仿真，可以发现其运动性能（轨迹、速度、加速度）的优劣。

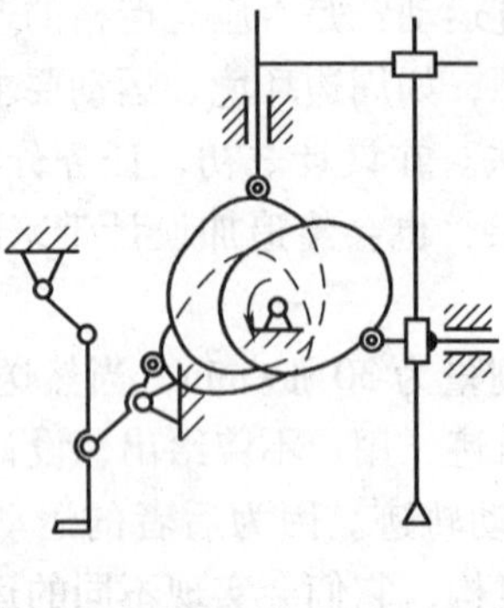

图 8-6　送纸机构运动方案（二）

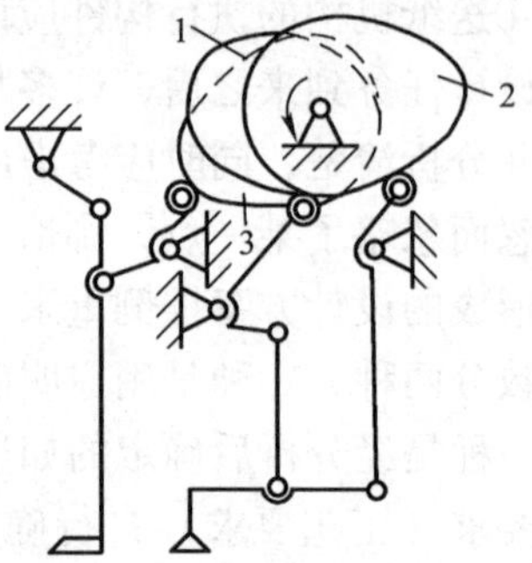

图 8-7　送纸机构运动方案（三）

3. 绘制机构的运动循环图

以图 8-5 为例，凸轮轴 O 上安装有三个凸轮，凸轮 1、2 及 3，凸轮 1 及凸轮 2 与七杆机构 4 组成组合机构①，凸轮 3 与四杆机构 5 组成组合机构②。凸轮 1 主要负责运动轨迹的上升段，凸轮 2 主要负责运动轨迹的水平段，凸轮 1 和凸轮 2 共同负责运动轨迹的返回段。组合机构②完成对第二张以下纸张的压紧功能。

组合机构①和机构②之间具有确定的运动配合关系，即在最上面第一张纸被机构①吸起时，同时机构②的压脚压住下面的一叠纸张，以防被吸起的纸将下面的纸带走。机构①中凸轮 1 与凸轮 2 之间也有准确的角度相位关系，其值依执行机构的运动轨迹确定。

以轴 O 回转一周为一个运动循环，以凸轮 1 的推程起点为绘制运动循环图的起点，可得到如图 8-8 所示的直线式运动循环图。

凸轮 1	推程	远休		回程	近休
凸轮 2	近休	推程		回程	近休
凸轮 3	近休	推程	远休	回程	近休

图 8-8　印刷机送纸机构直线式运动循环图

每个凸轮的推程、回程及休止角度的大小取决于运动轨迹及完成某一轨迹段的动作时间。当运动轨迹和动作时间调整后，相应的凸轮转角应随之发生变化。

从图 8-5 中还可以看出，凸轮在轴 O 上的安装相位角与各自的从动件所在空间位置有关，与运动循环图中的角度值并非一致。各凸轮间在轴 O 上的相位安装错误，将会完全破坏执行构件原已设定的运动规律及运动配合关系。

8.3　机械系统运动方案的评价

实现同一工作任务，且满足工艺要求和性能指标时，可以设计出多种机械运动方案来。必须再经过充分、细致的分析比较，以决定取舍。最后保留的设计方案应是最优方案。每一部机器都是由原动件、执行机构及传动机构组成的，因此需分别对原动件及各执行机构进行评价，然后经综合可获得对一部机器整机的评价。

建立评价体系是量化评价的方法之一。评价体系可将机构评价指标划分为五大类型。

1）机构的功能。

2）机构的工作性能。

3）机构的动力性能。

4）经济性。

5）机构结构紧凑性。

评价时分别对五大类型及更为细致的子程序给出分值，然后对整机进行比较。假定设计方案均满足1）、2）两大类型要求，则应对不同方案重点进行3）、4）、5）的比较。运转平稳、加速度小、无冲击和噪音，对大型机械是十分重要的评价指标，尤其对未获得在基座上平衡的连杆机构更是如此。机械的结构简单、尺寸紧凑、重量轻、传动链短、工作可靠是又一重要的评价指标。制造难易、操作是否灵活、维修是否方便直接影响着机构及机械的经济性，这是不可忽视的第三方面的评价指标。

综合考虑各方面评价指标，才能在诸多机械运动方案的设计中选出最优者。

项目实践

1. 牛头刨床机械执行系统方案设计

如图8-9为牛头刨床机械执行系统运动示意图。电动机经过减速传动装置（带传动和齿轮传动）带动执行机构中的摆动导杆机构完成刨刀的往复直线运动；并通过摆动凸轮的摆杆带动双向棘轮机构完成工作台的间歇移动。刨床工作时刨头6由曲柄2带动右行，刨头进行切削，称为工作行程。刨头左行时，即为空行程，此行程无工作阻力。在刨刀空行程时，由摆动从动件盘形凸轮机构通过四杆机构带动棘轮机构，棘轮机构带动螺旋机构使工作台连同工件在垂直纸面方向上做一次进给运动，以便刨刀继续切削。

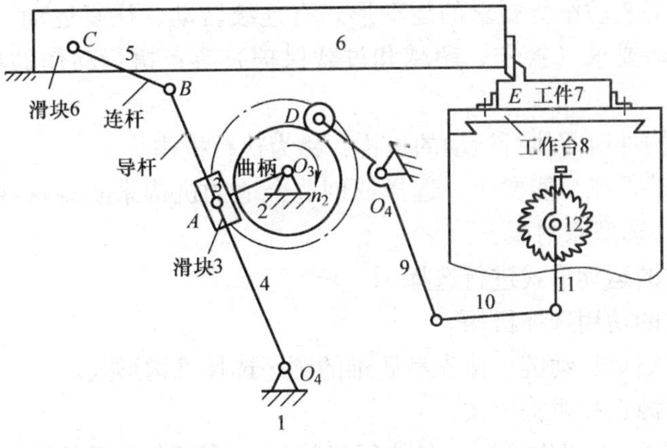

图8-9　牛头刨床执行系统运动简图

2. 绘制执行机构运动循环图

牛头刨床执行系统运动循环图如图8-10所示。图8-1所示为直线式运动循环图；图8-10a所示为圆周式运动循环图；图8-10b所示为直角坐标式运动循环图。

知识梳理与总结

1. 机械系统的方案设计要解决原动机、传动系统、执行系统和操纵控制系统四个方面的问题。

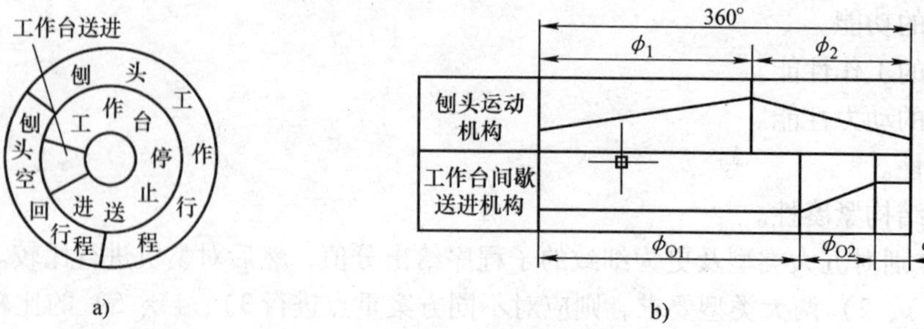

图 8-10　牛头刨床执行系统运动循环图

2. 机械系统运动方案设计的步骤：

1）根据机器的功能目标确定机器的工作原理。

2）按机器的工作原理确定机器的基本动作选择执行机构。

3）确定传动机构类型与原动机类型。

4）按机器的基本动作选择实现对应动作的执行机构。

5）进行运动协调设计，完成机械运动方案的总体设计。

6）对机械运动方案进行评估，选择最优方案。

7）进行尺度综合，设计机构系统的机构运动简图。

3. 机械执行系统的方案设计包括执行系统的功能原理设计、执行系统的运动规律设计、执行系统的形式设计、执行系统的协调设计以及执行系统的方案评价。

4. 机械的功能原理分析，就是根据所设计的机械预期要实现的功能，选择采用何种工作原理来实现这一功能。

5. 常见的机器工艺动作所要求的运动形式有连续转动、往复运动、间歇运动、预定轨迹以及一些特殊运动要求（换向、超越和过载保护）等；执行动作的功用有导向、制动、分度、定位等。

6. 实现各执行构件所需执行运动的机构，称为执行机构。

7. 根据各基本动作或功能要求，选择或创造合适的机构来实现这些动作，也就是要进行机构的选型设计。选型原则如下：

1）按执行构件的运动形式进行选择。

2）按执行机构的功用选择机构。

3）尽可能简化缩短运动链，按先易后难的顺序选择机构形式。

4）按不同动力源选择机构形式。

8. 表明在机械的一个工作循环中各执行机构的运动配合关系的图形称为机械运动循环图。运动循环图一般有三种形式：直线式、圆周式和直角坐标式。

思考与练习

思考题

1. 何谓机械的功能原理分析？工作原理相同则执行系统设计方案就相同吗？

2. 常见的机器工艺动作所要求的运动形式有哪些？执行动作的功用有哪些？

3. 机械执行系统的协调设计包括哪些内容？

4. 机械运动循环图有几种形式？每种形式的特点是什么？

填空题

1. 机械系统的方案设计必须解决原动机类型的选择、________和________的方案设计和操纵控制系统的选择四个方面的有关问题。

2. 机械运动循环图一般有三种形式，即直线式运动循环图、________运动循环图和________运动循环图。

3. 机械系统方案设计，首要的是设计出________。

4. 实现各执行构件所需执行运动的机构，称为________。

5. 机械执行系统的协调设计包括各执行机构________和________的协调配合以及多个执行机构操作上的协调配合。

6. 利用机构来实现传动称为________。

7. 机械传动按其传动原理又可分为________和________传动两大类。

判断题

1. 选用的工作原理不同，设计的机械执行系统的方案也就不同。（　）

2. 运动规律分析也就是对工艺动作进行分析。（　）

3. 机构的选型设计就是选择或创造执行机构的合适形式，以实现机器所要求的各种执行动作和运动形式。（　）

4. 常见的机器工艺动作所要求的运动形式有连续传动、往复运动、间歇运动、预定轨迹以及其他一些特殊运动要求等。（　）

5. 实现同一动作要求，应尽量采用构件数目和运动副数目最少的简单基本机构。（　）

6. 一般情况下，一个执行动作由一个执行机构来完成。（　）

7. 直线式运动循环图不能显示各执行构件的运动规律。（　）

8. 圆周式运动循环图不能显示各执行构件的运动规律。（　）

9. 直角坐标式运动循环图能表示出各执行构件在各区段的运动规律。（　）

参 考 文 献

[1] 金莹，程联社. 机械设计基础项目教程［M］. 西安：西安电子科技大学出版社，2011.
[2] 李康举，王晓方. 机械设计基础［M］. 北京：中国轻工业出版社，2013.
[3] 秦荣荣，崔可维. 机械原理［M］. 北京：高等教育出版社，2006.
[4] 陈立德. 机械设计基础［M］. 2 版. 北京：高等教育出版社，2008.
[5] 韩玉成，王少岩. 机械设计基础［M］. 北京：电子工业出版社，2009.
[6] 王大康. 机械设计基础［M］. 3 版. 北京：机械工业出版社，2014.
[7] 刘会英，张明勤，徐宁. 机械原理［M］. 3 版. 北京：机械工业出版社，2013.
[8] 濮良贵，纪名刚. 机械设计［M］. 8 版. 北京：高等教育出版社，2006.
[9] 吴宗泽，高志. 机械设计［M］. 2 版. 北京：高等教育出版社，2009.
[10] 于兴芝. 机械设计基础［M］. 北京：中国人民大学出版社，2008.
[11] 李树军. 机械原理［M］. 北京：科学出版社，2009.